江苏省高等学校重点教材

（编号：2021-1-101）

■ 高等学校网络空间安全专业系列教材

U0187233

现代密码学概论

（第2版）

潘森杉 仲红 潘恒 王良民 编著

清华大学出版社

北京

内 容 简 介

本书旨在向从事网络空间安全的入门者介绍什么是现代密码学,它从哪里来,包含哪些基本内容,在网络空间里有哪些应用。作为入门书籍,本书面向的主要读者对象是准备从事网络空间安全的研究者和计算类专业中对信息安全有兴趣的本科生,可为他们建立较为全面的密码知识体系视野、增加对密码学应用领域的了解。

本书从古代军事上的密码传递信息应用开始,分析密码的行程和密码技术的变迁;结合密码的发展与应用历史,穿插以历史故事,较为系统地介绍了 DES、AES、RSA 等经典密码算法;讨论了数字签名、密钥管理、秘密分享等经典密码协议;还介绍了椭圆曲线、量子密码等新兴密码技术,以及密码技术在电子商务与物联网中的应用等热点技术话题。

图书在版编目(CIP)数据

现代密码学概论/潘森杉等编著. —2 版.—北京:清华大学出版社,2023.12
高等学校网络空间安全专业系列教材
ISBN 978-7-302-65149-9

Ⅰ.①现⋯ Ⅱ.①潘⋯ Ⅲ.①密码学—高等学校—教材 Ⅳ.①TN918.1

中国国家版本馆 CIP 数据核字(2023)第 251468 号

责任编辑:袁勤勇
封面设计:傅瑞学
责任校对:李建庄
责任印制:沈 露

出版发行:清华大学出版社
   网 址:https://www.tup.com.cn,https://www.wqxuetang.com
   地 址:北京清华大学学研大厦 A 座   邮 编:100084
   社 总 机:010-83470000   邮 购:010-62786544
   投稿与读者服务:010-62776969,c-service@tup.tsinghua.edu.cn
   质量反馈:010-62772015,zhiliang@tup.tsinghua.edu.cn
   课件下载:https://www.tup.com.cn,010-83470236
印 装 者:三河市龙大印装有限公司
经 销:全国新华书店
开 本:185mm×260mm   印 张:16   字 数:373 千字
版 次:2017 年 5 月第 1 版 2023 年 12 月第 2 版 印 次:2023 年 12 月第 1 次印刷
定 价:49.00 元

产品编号:101905-01

第 2 版前言

随着国际网络对抗与攻击频繁,违法犯罪活动加速向互联网蔓延,网络空间安全关系到国家的主权、安全与发展,关系到广大人民群众在网络空间的获得感、幸福感、安全感。国家加强网络安全学科建设和人才培养,截至 2022 年 9 月,国内有 200 余所高校设立网络安全本科专业,每年网络安全专业毕业生超 2 万人。密码学是保障网络安全的核心技术和基础支撑,因此面向高校网络空间安全课程的密码学教材建设具有重要意义。

《现代密码学概论》自清华大学出版社 2017 年 5 月出版以来,已印刷 5次,累计印刷近 5000 册,作为教材在十几所高等学校的网络空间安全相关专业的研究生和高年级本科生课程中使用。然而,从首次出版至今,我国颁布了多项国家密码法律法规,我国自主设计的多个密码算法成为国际标准。这些发展成就不仅是增强网络安全意识的优秀素材,还是提升网络安全技术的实用范例。为此,作者在保持《现代密码学概论》语言风格的基础上,调整扩充了部分章节内容。其中,第 1 章增加了我国的密码标准和法律法规介绍;扩充伪随机序列的生成内容,单列成第 3 章流密码,并增加 3 个国际流密码标准方案,即 Trivium、ChaCha20 和 ZUC 密码;扩充散列函数单列成第 8章,并增加国际密码散列函数标准,包括 SHA 系列算法、国产 SM3 杂凑算法等;扩充椭圆曲线内容,增加 11.1.3 节国产 SM2 算法;扩充 12.3.3 节物联网网络层安全内容,增加 WLAN 标准 WAPI 和 IEEE 802.11i。根据各章节的知识点,扩充相应的计算与证明题。

本书列入江苏省高等学校重点教材(编号:2021-1-101),并得到了江苏大学信息安全与物联网工程两个国家级一流本科专业建设点、江苏高校品牌专业建设工程二期项目“信息安全一流专业建设”、江苏大学高等教育教改研究课题(编号 2021JGYB006)的支持。特别致谢东南大学王良民教授,他作为笔者博士后导师,规划和组织了第 1 版教材的出版,让我做第一编者。此次,又指导我进行第 2 版修订,带领我申请并获批了江苏省重点教材,并再次支持我做第一编者。感谢山东理工大学周世祥老师、淮北师范大学江明明老师关于增加国密算法、散列函数国际标准的建议。此次修订的扩展部分由王良民教授负责制订方案并安排章节任务;我负责统稿、审校和第 1 章扩充任务;安徽大学仲红教授负责第 8 章编写任务;中原工学院潘恒教授负责第 11 章编写任务;江苏大学物联网工程系冯丽老师负责第 12 章的扩充任务;我们科研组甘洋东、许德龙参与了部分编写工作和习题扩充。欢迎使用本书的教师、学生和读者提出宝贵意见。

潘森杉

2023 年 10 月

第1版前言

通常来说,大多数人都知道信息安全和网络安全的概念,但是并不一定知道密码学。信息技术的迅猛发展改变了人们的生活和工作方式,例如,亲人朋友更喜欢用手机视频聊天而不是打电话,手机买菜、点外卖、居家工作、上网课逐渐成为更多人日常生活的一部分,老年人出门买东西大多用手机支付而不是带钱或银行卡。信息技术的这些变化在使人们的生活更加便捷的同时,也面临着信息安全和网络安全问题,著名的新闻就有"LinkedIn"数据泄露事件,"偷脸"事件与"护脸计划"等。然而,这些事情并未引起社会大众的广泛重视,也不知道这些信息安全秘密的保护是通过一种密码技术实现的,更不知道那个密码是什么,是不是上网账号的那个"密码"? 难道设置一个密码还需要通过一门课、一本书来"学"吗?

虽然我们都停留在"不知道"的阶段,但是密码技术和以密码技术为基础的信息与网络安全问题已经延伸到社会大众的广泛需求上来。更为重要的是,这些和我们生活融为一体的信息与网络,组成了一个完全新型的"网络空间",这是一个和海、陆、空并列的第四空间,我们生活在这个新型的空间里,无可避免地依赖这个空间,并被它制约。我们从一系列事件来看看网络空间的重要性:2016 年 12 月,国家互联网信息办公室发布《国家网络空间安全战略》;2017 年 3 月,中国发布首份《网络空间国际合作战略》;2022 年 11 月 7日,国务院新闻办公室发布《携手构建网络空间命运共同体》白皮书。这说明,网络空间作为人类的行动空间,已经成为国家安全的重要组成部分,网络空间建设成为造福全人类的发展共同体、安全共同体、责任共同体、利益共同体。所以,国家主席习近平同志亲自担任信息化与网络安全领导小组组长,确立了网络空间安全学科,这体现了我国对第四空间安全与自由的重视。

这些信息的枚举,让我们知道了网络空间安全原来这么重要。可是,我们依然不知道这一切和本书有什么关系,我们为什么要学习密码学。这是因为网络空间的信息安全往往需要用到密码技术来保护,而密码却不是记在我们大脑中的一串口令。什么是密码,密码背后的设计者是什么样的人,密码技术从哪里来,用到哪里去,它们是否和我们的日常生活有紧密关联,它们有什么样的技术瓶颈,它们会在多大程度上影响我们的生活? 我们将在本书讲授密码技术的同时,穿插一些历史上的趣闻轶事,在提高可读性的同时介绍密码学的历史,引发读者对密码技术的思考,从而提高学习的兴趣。其实,关于密码学的教科书已经有很多了,这些"教材"往往以其专业的密码技术和严密的数学基础让人望而却步,甚至于信息安全专业的本科生看了都嫌枯燥,如果一本教材只提供给那些对数学和密码技术本身有浓厚兴趣和天分的人,那么这个教材还是不是教材呢?编者认为,一本入门级别的好的密码学教材,尤其是《现代密码学概论》这样的书,不仅要系统地介绍密码学的框架和应用,给读者以概貌;还要引导读者去认识生活中的密码问题和密码技术,譬如:

- 密码是什么,和我关系很大吗? 是不是我们网上购物时,用到的用户名和登录口令,我们常常称呼这个口令为密码,而且当这个口令被他人截获时,我们就认为"我的密码丢了"。在本书中,我们将告诉大家口令(password)并非密码,也不是密钥,但是我们登录网络账户的时候,密码技术的确在幕后默默地保护着我们的隐私。除此之外,本书在介绍密码技术无处不在的同时,也将教会你如何让网易邮箱查看不了你所收发的邮件,以及如何验证你在网上下载的 Windows 10 系统安装文件是否完整有效,把高深的密码学和日常的生活关联起来。让读者认识到,密码技术提供的安全无处不在,在介绍复杂枯燥的数学方法时,给出一些日常生活的应用场景,这是本书的一个特点。

- 一些我们未曾关注到的安全问题,例如网上流传的照片上,脸书(Facebook)的 CEO Mark Zuckerberg 用胶带封住了摄像头和麦克风,他为什么要这么做? 如果我们说这是基于信息安全的考虑,您会不会觉得奇怪? 现代的信息技术已经能够让我们"刷脸"签名、声音签名了,简单的例子是,你一定在纸质合同或协议上署过名吧,签名能不能被复制和模仿呢? 在电子世界里也是如此,本书将教你如何防范自己的签名被他人利用,以致造成权益损失。本书以这些签名技术所使用的密码技术为背景,诠释了 QQ 登录口令、支付宝口令等,如何设置才安全,以及这样设置的理由。甚至,我们还讨论了如何安全地从银行或 ATM 上大额取款。我们不能说读完本书,读者将披上一身安全的铠甲,让骗子无法得逞;但是我们能让读者在读完本书之后,对安全问题有初步的理性认识。

- 新型计算技术、网络安全事件,譬如量子计算机和量子密码离我们还有多远,据说加拿大 D-Wave 公司研发出了量子计算机,在这样超强的计算能力面前,传统的密码技术还能保护我们的安全吗? 又如,美国 560 万指纹被盗、微软操作系统的"心脏出血"、孟加拉国银行打印机被黑客控制导致 1 亿美元被窃……这些事件是怎么回事? 为什么神奇的密码学没有防住? 如何才能将无孔不入的黑客拒之门外?

当我们在前言部分如此叙述的时候,可能会误导读者对本书定位的思考,然而,编者需要声明的是:本书并不是一本安全技术的实用手册,我们仅仅是在介绍密码技术的时候,顺便提到它有这些应用;本书也不是密码学历史和应用的科普论文,我们介绍了详细的算法、具体的推演甚至还有一部分严格的证明;这是一本适用于计算类专业(包含计算机科学与技术、软件工程、网络工程、物联网工程和一些以工程应用人才为培养目标的信息安全专业)学生了解信息安全知识的密码学入门教材。密码学与信息安全密不可分,其方向涉及数学、计算机、通信、物理和生物等领域。交叉学科和专业课——这个双重性决定了想要精通这门课程是较困难的。所以,我们面向的读者群体是那些对信息安全有兴趣却不痴迷于数论和算法,他们希望获得一本通俗易懂的教材让他知道密码学是什么,可以用在哪里,并且如果这些基本的知识能够激发他的学习兴趣,还可以在这本书里进行一些初步推导和演算。在以后的工程应用或者理论中,如果需要更深的密码技术和更专门的理论体系,本书则无法提供,只能引导读者去寻找更为专业的著作。作为一本入门级别的教材,本书有以下三个特点:

(1) 知识全面,体系合理。书中涵盖了密码学的基本概念、算法和协议,并加入了必要的数学知识,也就是当您读到某一部分需要数学基础的时候,不用去图书馆借阅,也不用翻阅某个特定的“数学基础”书,您马上就能看到相关的基础知识。

(2) 技术深入,介绍浅显。作者用浅显的图形、例子和故事,甚至并不严密的对比分析等来描述部分知识,尽可能给读者建立形象的技术概貌。对于有兴趣的读者愿意深入钻研的基础问题,例如 DES、AES 算法,作者列出了详细的加解密过程。

(3) 话题模式、内容趣味性强。在知识点的学习过程中穿插了相关人物故事的介绍,并给出了实用的例子,在讲解枯燥的专业知识的同时,提供一些趣味的话题,可以用来向自己的家人、甚至文科的朋友讲解,去展示自己专业的神奇,并从中获得学习的乐趣。

全书是按照密码的演化史来展开的,共分 12 章,涉及密码算法、安全协议、安全应用等内容。在本书的撰写过程中,江苏大学潘森杉博士负责了全书的统稿与编辑,使得写法风格一致,并组织研究生甘洋东、许德龙完成了第 1、3、8、9～12 章的编写、全书修订与扩充习题的工作;安徽大学仲红教授参与了第 9、11 章的编写;中原工学院潘恒教授参与了第 1、2、6、7 章的编写;东南大学王良民教授和笔者共同讨论,确定了文章的框架,审阅了全书,并组织研究生杨树雪、张庆阳、吴海云、刘亚伟、谢晴晴、徐文龙、李从东等搜集了材料、提供了教材编写的基本素材,完成了第 1、2、4～7 章的编写工作。本书各章节的内容安排如下:

第 1 章介绍了密码学的基本模型和概念、我国的密码标准和法律法规。这些内容说明密码已经成为日常工作生活中不可或缺的一个组成部分。

第 2 章讲述了古代人是如何凭借着其聪明才智进行保密通信和密码破译的,其间往往还伴有惊心动魄的故事。这部分内容涵盖单表替换、多表替换、分组密码、一次一密以及转轮密码。

第 3 章介绍了兼顾效率和安全的流密码方案。内容涵盖几种主要密码学器件和三种不同结构的流密码国际标准。

第 4 章描述了 DES 这个经典密码方案,虽然其安全强度已不能满足要求,但它的设计思想是值得学习的。

第 5 章介绍了 DES 的继任者——AES,这是密码学研究者的必学方案。

第 6 章解释了最著名的公钥密码方案——RSA 公钥密码方案,同时解释了公钥方案是如何解决古典密码与对称密码所遇到的密钥分配难题的。

第 7 章介绍了公钥密码的另一个作用是实现数字签名,并且除了基于大整数分解的 RSA 方案,还介绍了基于离散对数问题的公钥密码方案——ElGamal。

第 8 章引入了密码散列函数的概念,并介绍了国际密码散列函数标准 SHA-2、SHA-3 与 SM3 的原理。

第9章从密码学的角度讲述如何生成密钥并进行密钥维护,内容可能和现实生活中我们可能要记住多个口令(例如各种银行卡、网络账户、手机账户等)这个头疼的问题关联。

第10章告诉我们如何把"鸡蛋"(秘密)放在不同的"篮子"里,如何能够让强盗相信你有保险柜的密码并能保住你性命等问题,从而引出密码协议中的一些重要话题。

第11章把读者领入这些密码学"新"技术的大门,介绍了椭圆曲线、双线性对、群签名、量子密码等名词概念,读者或许是第一次看到它们,但它们其实已经发展了相当一段时间并且其中一些已经是成熟的技术。

第12章讲述密码具有丰富的应用:电子商务、比特币和物联网等。

需要特别感谢的是国家级一流本科专业建设点 江苏大学信息安全专业、江苏高校品牌专业建设工程二期项目 信息安全一流专业建设、江苏大学高等教育教改研究课题(编号 2021JGYB006)、"安徽省高等教育振兴计划 信息安全新专业建设"项目(编号 2013zytz008)、"江苏省推荐国家级综合改革试点项目"和江苏大学教学改革重点项目(编号 2011JGZD012)的资助。

此外,作为编写的教材,本书除整体安排和语言组织之外,所包含技术内容都非编者原创,均来自书本材料和网络搜集。我们尽力标注出所引用的出处,但是一方面由于文献的交叉引用,我们很难找到原始发布者;另一方面为了教材的可读性,我们不能做到类似科技论文和专业著作那样对每一句的来源都严格论证引用。如果未能对所借鉴的资料标注出处,敬请原作者和读者谅解并不吝指教。编者将在后续版本中更正并给出相应的说明。

仲 红

2016 年 12 月

目 录

第 1 章 密码学基础模型与概念

1.1 密码学基本概念

1.1.1 密码棒

美国情报专家戴维·卡恩（David Kahn）的著作《破译者》中有一句广为流传的话："人类使用密码的历史几乎和使用文字的时间一样长。"当人类开始研究通信技术的时候就已开始研究如何能确保通信信息的保密性。本书第一个引例讲述的是公元前的古希腊人，他们使用一种名为 Scytale 的密码棒对信息进行加密：把加密了的信息写在羊皮带子上，再通过危险的区域传达军事情报。

如图 1-1 所示，使用密码棒的将用来书写信息的羊皮条螺旋状裹在密码棒上，然后将想传送的消息（message）写好之后取下羊皮条卷，通过其他公开的非保密的渠道将信送给收信人。任何一个拿到羊皮条的人，若不知道密码棒的直径，就很难将羊皮条上的内容解读出来。在远古时代，这种使用密码棒的方法和密码棒的直径都被称为加密方法有效性的原则。

图 1-1　密码棒

缠绕在棒子上书写的有意义的消息被称为明文（plaintext）或原文，明文是信息传送过程中需要保密的信息；而从棒子上揭下来的羊皮条上令人费解的乱码被称为密文（ciphertext）。这种通过密码棒将明文变成密文的过程，被称为加密（encryption）；而收信人通过密码棒将密文乱码变成有意义的明文，这个过程被称为解密（decryption）。在这个过程中，密码棒或者说密码棒的直径是问题的关键所在，被称为密钥（key）。

> 揭暄（如图 1-2 所示）是明末清初著名军事理论家，他在《兵经百言》中用一百个字条系统阐述了古代军事理论，其中"传"字诀是古代军队通信方法的总结。
>
> 原文：军行无通法，则分者不能合，远者不能应。彼此莫相喻，败道也。然通而不密，反为敌算。故自金、旌、炮、马、令箭、起火、烽烟，报警急外；两军

图 1-2　揭暄

相遇，当诘暗号；千里而遥，宜用素书，为不成字、无形文、非纸简。传者不知，获者无迹，神乎神乎！

1.1.2 保密通信模型

以上述例子为背景可以继续设想，在古希腊时代，一个部族 A 要穿越几个敌方管理的区域，把自己发动攻击的时间和对象送达他的盟友 B 处。于是，他们通过民间的商道传送信息，这个商道是通信的公开信道，这种信道大家都可以使用，而且敌方甚至可以控制这个信道。现在问题的关键是，A 不仅要将密文送达 B 处，还要把密码棒送达 B 处，否则 B 仅拿到了一堆乱码。A 和 B 在事先约定使用密码棒的方法和密码棒的直径时所使用的通信方式被称为秘密信道。这样，在这个公元前的例子中，就已经有了图 1-3 所示的保密通信模型。

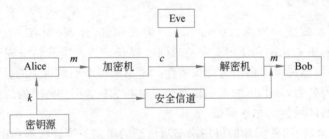

图 1-3　保密通信模型

在图 1-3 所示的保密通信模型中，出现了密码学中常见的三个人物：Alice，协议的发起者；Bob，协议的应答者；Eve，窃听者和可能的攻击者。密文 c 在公开的信道传输，而密钥 k 在一个秘密的安全信道传输。Eve 是公开信道上的一个不可信的第三方，在密码学书籍中往往根据 Eve 的恶意程度用不同的称呼来代表之，例如，Oscar，被动的观察者，仅根据从公开信道获得的资料破译密码；Malice 或者 Mallory，主动的攻击者，可能会拦截数据、篡改信息、冒充合法的通信者。

通过图 1-3 的保密通信模型可以很清楚地表明密码学的作用：保证 Alice 和 Bob 能在公开的信道通信，而窃听者、攻击者 Eve 不能理解前两者通信的内容。

1.1.3 攻击者的能力

在图 1-3 所示的保密通信模型中存在一个攻击者 Eve，Eve 通常可以采取如下几种攻击手段。

（1）被动破译，试图寻找密钥并读取被该密钥加密的消息。

（2）搭线窃听，读取 Alice 发送给 Bob 的消息。

（3）中断通信，从公开信道阻拦从 Alice 发送给 Bob 的消息。

（4）篡改消息，拦截 Alice 发送给 Bob 的消息 m，并用一个伪造的消息 m' 替代 m。

（5）伪造通信，伪装成 Alice 发送消息 m 给 Bob，让 Bob 误以为自己是在和 Alice 通信。

图 1-4 给出了上述五种攻击的图示描述,其中①、②两种攻击属于被动攻击,攻击者通常以 Oscar 表示,而③、④和⑤属于主动攻击,攻击者通常以 Malice 或 Mallory 表示。一般来说,被动攻击难以被检测到,但是可以用加密技术防范;主动攻击常常是对数据流的篡改,可以被检测到,但是难以防范。一个显然的事实是,无论哪种攻击方式都是建立在对加密方法、解密方法以及密钥这三个核心资源的获取方面。

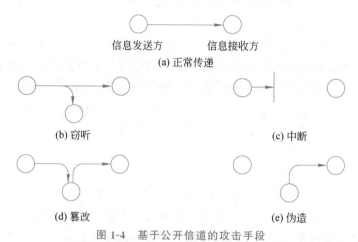

图 1-4　基于公开信道的攻击手段

更为重要的是,在现代密码学中,或者说在人们设计密码系统时,往往不能将希望寄托于攻击者能力不足。著名的 Dolev-Yao 威胁模型更是明确地给出了 Malice 所具备的特征和攻击能力:

- 他能获得经过网络的任何消息。
- 他是网络的合法使用者,因而能够发起与任何其他用户的对话。
- 他有机会成为任何主体发出信息的接收者。
- 他能冒充任何别的主体给任意主体发消息。

1.1.4　现代密码学的基本原则

1883 年,奥古斯特·柯克霍夫(Auguste Kerckhoffs)在其论文 *La Cryptographie Militaire* 中提出:在评定一个密码体制的安全性时,必须假定攻击者知道所有已知的密码学方法。其实,这是一个非常理性的安全假设,如密码棒方法,如果敌方在合理的范围内反复试验,即可发现密码棒的直径。这种通过简单几次尝试就能获得密钥的密码系统在今天看来已经不具有任何实际安全性,但在公元前发挥作用,最关键的原因应该是算法的安全性——当时大多数人并不知道该密码的加密方法。

然而,建立在算法上的保密是脆弱和不科学的:一方面,攻击者可以通过很多方法获得加密的设备,使用密码的人也可能被策反或者被逮捕;另一方面,一个未经众多测试的算法,其安全性可能很强也可能非常脆弱,而一个人、一个部门并不能及时发现所有漏洞,所以存在非常大的隐患;此外,先前使用的算法被攻破受损之后,又换一个新的同样没有安全保障的算法是无法通过时间、事件的积累不断提高安全性的。

> **柯克霍夫原则**
>
> 柯克霍夫原则是指在评定密码体制的安全性时,必须假定攻击者知道所有目前使用的密码学方法。该原则将过去基于算法保密的安全性转化为基于密钥保密的安全性,从而开启了现代密码学——公开征集安全的密码算法,人人都可以通过设置自己私有的密钥,而使用相同的公开的安全算法获得安全性。

现代密码学是基于公开算法和密钥保密的密码体制,让一大批从事密码学研究的人公开地研究密码加密和解密算法,以复杂的数学理论保证该算法的不可破解性。更数学的表达,如式(1-1)、式(1-2)所示,加密函数 E 和解密函数 D 是公开的,而 k 是秘密和私有的。已知密钥 k,从明文 x 到密文 y 的计算是容易的;仅知道 y、E 和 D,而不知道 k,计算出 x,在数学上或者说在当前的计算能力下是不可能的。

$$y = E_k(x) \tag{1-1}$$

$$x = D_k(y) \tag{1-2}$$

现代密码学把安全性建立在密钥保密的基础上,让密码研究和密码应用分开,让一部分密码学者可以去研究密码算法,而多数人并不需要知道这些高深的理论,只要知道哪个算法可以用,并在设计安全系统的时候使用这些算法就可以了。

基于柯克霍夫原则的安全假设是现代密码学之所以成立的基础假设。现代密码学业界流行的说法是:如果新密码系统的安全强度依赖于攻击者不知道算法的内部机理,那么注定会失败;如果人们相信保持算法的内部秘密比让研究团体公开分析它更能改进密码系统内部的安全性,那他们就错了;如果认为别人不能反汇编代码和逆向设计算法,那就太天真了。最好的算法是那些已经公开的,并经过世界上最好的密码分析家们多年的攻击测试但是还不能破译的算法。

当然,一些国家的安全部门对外保持他们算法的秘密,那是因为他们有世界上最好的密码分析家在内部工作,他们相互讨论算法,代表着一个国家的最高水平。在算法本身的安全性已经得到论证和保证的情况下,隐藏算法的运算细节自然也能进一步提升算法的安全性。但是,一般来说,如果一个算法用于公开的商业安全程序,那么拆开这个程序,把算法恢复出来只是时间和金钱的问题,因为从理论上说,购买到或者窃取加密设备,然后用逆向工程恢复算法都是可行的。为此,对绝大多数的民用、商用领域来说,公开算法并公开验证其安全性,让众多密码分析学家参与是最好的测试方式,并成为现代研究机构评判密码系统的基本环节。

1.1.5　密码分析的攻击方式

密码学研究者在研究密码时,一部分研究加密解密函数,设计出 E 和 D,使"已知密钥 k,从明文 x 到密文 y 的计算是容易的;仅知道 y、E 和 D,而不知道 k,计算出 x,在数学上或者说在当前的计算能力下是不可能的";另一部分专门研究密码系统的破解方法——即"在不知道密钥的情况下,如何从 y 推导出 x",在多数情况下,人们称这类研究者为密码分析学家,所从事的工作是密码分析学(Cryptanalysis)。

> **密码学范畴的三个术语**
>
> 　　密码界常用的密码学（Cryptology）、密码编码学（Cryptography）和密码分析学（Cryptanalysis）这三个词语均属密码学的范畴，密码学是研究在不安全通道上传递信息及相关问题的总称，包含密码编码学和密码分析学。密码编码学是使消息保密的技术和科学，通常指设计密码系统及完成相关功能的算法与机制，包括密码算法和安全通信协议；密码分析学主要指破译密文的科学和技术，即揭穿伪装，破坏加密体制。

　　根据攻击者所能获得的信息资源可将密码分析的攻击方式分为 6 类。

　　（1）唯密文攻击（ciphertext-only attack）：攻击者有一些消息的密文，这些消息都是由同一加密算法加密。攻击者的目的是恢复尽可能多的明文，当然最好是获得消息的密钥。

　　（2）已知明文攻击（known-plaintext attack）：攻击者在得到密文的同时，还知道这些消息的明文。攻击的目标就是根据加密信息推导密钥，或者等价的，即使没有找到密钥，但是能找出一种方法，能从同一密钥加密的密文获得其明文。

　　（3）选择明文攻击（chosen-plaintext attack）：攻击者不仅可以获得一些密文-明文消息对，而且能选择被加密的明文。这比已知明文攻击更有效，因为攻击者可以选择能加密的特定明文块以获得密文，那些块可能产生更多的密钥信息。

　　（4）自适应选择明文攻击（adaptive-chosen-plaintext attack）：这是比选择明文攻击具有更多权限的攻击方式，攻击者不仅可以选择一大块明文用来加密获得密文，还可以基于以前的结果修正这个选择，选择另一与第一块明文相关的明文块。

　　（5）选择密文攻击（chosen-ciphertext attack）：攻击者能选择不同的密文，并可能得到对应的明文。例如，攻击者获得了某个解密机，或者攻击者是渗透在保密系统内部的员工，可以有一定的权限获得某些密文的原文。而在公钥密码系统中，一些安全协议需要通过"加密-解密"的方式验证身份，此时，密钥的所有者往往扮演了预言机（oracle machine）的角色。

　　（6）选择密钥攻击（chosen-key attack）：指密码分析者具有不同密钥间关系的有关知识，在类似差分密码分析的相关密钥密码分析（related-key cryptanalysis）中有所应用，1994 年 E.比哈姆（E. Biham）撰写的论文 *New Types of Cryptanalytic Attacks Using Related Keys* 中就详细论述了一类这样的分析方法。

　　还有一种常用的攻击方式是软磨硬泡攻击（rubber-hose cryptanalysis），密码分析者威胁、勒索或者折磨密钥的所有者，另外还有购买密钥攻击（purchase-key attack）。就目前的情况而言，对密码系统的破解，通常不会是理论上的唯密文攻击，密钥和密文在管理中出现的漏洞往往会给密码系统的攻击者更多的机会，已知明文攻击和选择明文攻击比理论上更常见，密码分析者得到加密消息的明文或者贿赂某人以加密消息，甚至，利用现有的规则通过正常渠道获取"明文-密文对"都是可能的。例如，某人给某大使一条消息，该消息会被加密并送回国内分析。在第二次世界大战期间，已知明文攻击就被用来成功地破译了德国和日本的密码。戴维·卡恩的著作 *The Code-breakers：The Story of*

Secret Writing 中给出了相关的例子。

> **黑客是如何获取他人隐私的？**
>
> 在网络上,黑客的攻击手段多种多样,他们往往通过系统漏洞、欺骗钓鱼、网络监听等方法获得用户的信息。12306 火车票预订网站就曾遭到黑客的"撞库"攻击,被泄露的数据达 131 653 条,包括用户账号、明文密码、身份证和邮箱等多种信息,如图 1-5 所示。所谓"撞库"就是黑客通过收集网络上已泄露的用户名及密码信息,生成对应的"字典表",再到其他有价值的网站上尝试批量登录,因为很多用户在不同网站上使用的是相同的账号密码,所以黑客能得到一批可以登录的用户账号及密码。
>
>
>
> 图 1-5 黑客盗取用户信息

1.2 基于密钥的算法

根据所使用密钥的性质,密码算法通常分为两类:对称密码算法和非对称密码算法。在实际使用中,加密和解密的密钥可能有所区分,因此,对式(1-1)和式(1-2)更精确的描述应该为

$$y = E_{k_1}(x) \tag{1-3}$$

$$x = D_{k_2}(y) \tag{1-4}$$

在式(1-3)和式(1-4)中,如果加密密钥 k_1 和解密密钥 k_2 相同,或者相关(k_1、k_2 可以相互推导,如知道 k_1 可以推导出 k_2),则该算法被称为对称密码算法;如果知道加密密钥 k_1 对获得解密密钥 k_2 没有任何帮助,同样,知道 k_2 对获得 k_1 也没有任何帮助,则其被称为非对称密码算法。由于非对称密码算法在使用中通常将加密密钥公开,所有人都可以用这个密钥加密,而只有解密密钥的持有者才可以解密,所以,其也常被称为公钥算法。

1.2.1 对称密钥密码系统

对称算法(symmetric algorithm)有时又称传统密码算法,就是加密密钥能从解密密钥中推算出来,反之也成立。在大多数对称算法中,加密/解密密钥是相同的,这些算法也称秘密密钥算法或单密钥算法。古典加密体制以及著名的数据加密标准(data encryption standard,DES)和高级加密标准(advanced encryption standard,AES)都是基于对称密钥的。

对称算法可分为两类:一类是序列算法(stream algorithm),一次只对明文中的单个比特(有时对字节)运算;另一类是分组算法(block algorithm),对明文中的一组比特进行运算,现代计算机密码算法中典型的分组长度是 128 比特——这个长度大到足以防止分

析破译,但又小到足以被方便地使用。

> **对称密钥密码系统**
>
> 　使用对称密钥密码进行保密通信,可以被浅显地理解为现代常用的密码箱——Alice 把明文的文件放进密码箱,设定一个口令(密钥),然后公开托运,只有知道这个密钥的人才能打开它(一般来说,只有信息的发送者 Alice 和目标的收信人 Bob),否则其他人即使截获了密码箱也不能获得文件的信息。

1.2.2　非对称密钥密码系统

　　公钥算法(public key algorithm)在 20 世纪 70 年代才开始出现,其基本思想是用作加密的密钥不同于用作解密的密钥,而且解密密钥不能由加密密钥计算出来。之所以它被称为公钥算法,是因为加密密钥能够公开,即陌生者都能用加密密钥加密,然而只有相应的解密密钥的拥有者才能解密信息。在这个系统中,加密密钥也称公钥(public key),解密密钥也称私钥(private key)。

> **公钥密码系统**
>
> 　假想存在一把锁对应一把钥匙的结构,然后复制很多锁,用于那种盖上盖子就落锁的盒子。这样,所有者 Bob 可以把复制出来的带锁的盒子开着盖子放在各个地方,使其成为公钥;然而他保护好自己的钥匙,使其成为私钥。任何想给他发信的人(如Alice)都可以拿一个这样的盒子,把信放进去,盖上盖子落锁,然后通过公开的信道传送,虽然很多人都可以截获这个盒子,但是最终只有私钥的拥有者 Bob 才能打开这些盒子,甚至连 Alice 也不行。

　　公钥密码系统对传统的对称密码系统做出了根本性的改变。在图 1-1 所示的传统的保密通信模型中,Alice 想和千里之外的 Bob 安全地通信,他们很难就使用一个相同的密钥达成一致,常见的两种方法都有其局限性:第一,他们之间有一个安全的信道,显然建立这个信道的代价是非常巨大的;第二,他们事先约定密钥,这种有预见性的约定是非常困难的,而且需要两人预先知道通信的要求以及信息的大致长度,还要求两个人在长时间不见面的情况下保持彼此的信任。如果 Alice 和 Bob 本来并不认识,仅仅是因为一些新的任务需要彼此通信,则图 1-2 的保密通信模型将更难发挥作用。

　　但是公钥密码系统轻松地解决了这个问题:Alice 只要发现 Bob 的公钥,将自己的信息加密送过去就可以了——因为公钥算法保证了只有 Bob 才能解密这个文件。

1.3　密码协议

　　密码学的用途是解决应用中的种种难题。最初纯粹用于军事通信保密的密码学如今因为信息系统的普及已经越来越多地被应用在商用系统中。密码协议(cryptographic protocol)是应用密码学,是解决实际信息系统中信息安全问题的方式。协议是一系列步骤,它包含两方或者多方,设计它的目的是要完成特定任务。协议不同于算法和任务,它具有如下特点。

(1)协议中的参与方都必须了解协议,并且预先知道所要完成的所有步骤。

(2)协议中的每个参与方都必须同意并遵守它。

(3)协议必须是清楚的,每一步必须明确定义,如进行通信,或完成一方或者多方运算,并且不会引起误解。

(4)协议必须是完整的,对每种可能的情况必须规定具体的动作。

协议的概念辨析

协议中"一系列步骤"意味着协议是从开始到结束的一个序列,每一步必须依次执行,在前一步完成之前,后面的步骤不能执行;"包含两方或者多方"意味着完成这个协议至少需要两个人,单独的一个人不能构成协议;最后,"设计它的目的是要完成一项任务"意味着协议必须做一些事情。

在密码协议中,参与方可能是认识的人或者完全信任的人,也可能是敌人、陌生人等完全不能互相信任的人。通常密码协议会借助密码算法实现其目标,但是,在商用系统中,密码协议所要完成的任务可能不仅是简单的保密。

1.3.1 引例:加密的银行转账

客户 C(client)要银行 B(bank)把¥1M(一百万元人民币)转到商家 D 的账户,假定 C 与 B 之间使用的加密算法足够安全,共享密钥 K_{CB},而且只有 B 和 C 双方知道 K_{CB}。和正常的商务活动一样,客户 C 只能选择绝对地信任 B,这里也假设 B 值得信任。转账过程如协议 1-1 所示。

协议 1-1　最简单的银行转账过程协议

前提:仅用户 B 和 C 知道密钥 K_{CB}

目标:C 转账¥1M 给 D

C → B: K_{CB} (Hi,我是 C)

B → C: K_{CB} (Hi,我是银行)

C → B: K_{CB} (我要转账到 D)

B → C: K_{CB} (OK,转多少?)

C → B: K_{CB} (¥1M)

B → C: K_{CB} (OK,已经转账完毕)

协议 1-1 中,$K_{CB}(m)$ 表示用密钥 K_{CB} 对消息 m 进行加密之后的密文。由于协议假设加密算法足够安全,而且 B 绝对可信,所以从表面看来,上述协议非常理想地完成了 C 的业务要求,而且实现了通信保密,其他人无法知晓 C 和 B 进行的商业内容;同样,由于只有 B 和 C 双方知道 K_{CB},任何人(除了 B,因为本协议选择了让 B 绝对可信)无法冒充 C 进行上述活动伤害 C 的利益。

然而,真的是这样吗? 上述方案是否有漏洞? 如果在一个商业系统中真正地使用如此"惊心"(不是"精心")设计的协议会带来什么问题?

1.3.2　一个攻击

在密码系统的设计中,基于 Dolev-Yao 攻击者能力模型,D 完全可能是一个内部的攻击者。他只要在商业行为中让 C 有一次给他转账的行为,即使不解密,从客户与银行交互的规则着手,其实他完全可以猜测到协议 1-1 中所有的加密语句。因此,他只要从公开的信道上截获这些语句,然后每天重放一次即可,协议 1-2 如下所示。

协议 1-2　受益者 D 毫不费力的攻击

前提:仅用户 B、C 知道密钥 K_{CB}

目标:D 实现 C 未授权的 C 到 D 转账

D → B: K_{CB}(Hi,我是 C)　// D 冒充 C 找银行,而 K_{CB}(Hi,我是 C)是从公开信道获得的上次转账消息

B → C: K_{CB}(Hi,我是银行)　// B 出于对 K_{CB} 秘密性和算法安全性的信任,认为是在和 C 通信
　　　　// D 截获这条消息,并丢弃,阻挠 C 收到这条消息

D → B: K_{CB}(我要转账到 D)　// D 继续冒充 C 并向 D 发送历史消息

B → C: K_{CB}(OK,转多少?)　// B 出于对 K_{CB} 秘密性和算法安全性的信任,认为是在和 C 通信
　　　　// D 继续截获这条消息,并丢弃,阻挠 C 收到这条消息

D → B: K_{CB}(￥1M)　// D 继续冒充 C 并向 D 发送历史消息

B → C: K_{CB}(OK,已经转账完毕)

好了,有了协议 1-2,D 可以每天坐在家里重放一次这个协议,就可以一天收入一百万元人民币。而可怜的 C 仅是做了一次银行转账,然后每天都要转 100 万元,直到把他的透支额度用完为止——他甚至不能否认(抵赖或者洗清)这个行为——因为银行 B 可以大声地叫嚣:"我绝对安全,只有你我知道 K_{CB},所有这些通信过程都在,一系列加密的消息 $K_{CB}(m)$ 即使不是你 C 干的,也是你泄密造成了损失,所以你承担后果吧。"

1.3.3　增加认证

当越来越多的人投诉银行,他们的钱每天都因为一次转账行为而悄悄流失的时候,银行发现这的确是一个问题——历史消息可以被重放啊! 那么原因在哪里呢? 原因在于没有确认和他通信的人到底是 C 还是别人持有历史信息冒充 C。为此,就要认证(Authentication)一下 C 的身份。因此,银行增加了一个双向认证的握手协议 1-3。

协议 1-3　一个简单的双向认证过程

前提:仅用户 B、C 知道密钥 K_{CB}

目标:B、C 彼此确认身份

C → B: {C, R_C}

B → C: {R_B, $K_{CB}(R_C)$}

C → B: {$K_{CB}(R_B)$}

在协议 1-3 中,C 每次向 B 提出新的业务需求都选择一个随机数 R_C,由于这个数字

是随机选择的,所以从数学上一般认为其不可能是被重放的历史消息,因此 $K_{CB}(R_C)$ 每次出现可能都不同,只有 B 和 C 两个人才能产生,只要对方回复了 $K_{CB}(R_C)$,就表明 B 参与了运算,至少知晓了此时 C 又一次找过他。这也同样适用于 B,可以确信当前的确是 C 在和他通信。这样,就获得了改进的协议 1-4。

```
协议 1-4   带简单认证的银行转账协议
前提:仅用户 B、C 知道密钥 K_CB
目标:C 转账￥1M 给 D
C→B: Hi,我是 C, R_C
B→C: Hi,我是银行, R_B, K_CB(R_C)
C→B: 我要转账到 D, K_CB(R_B)
B→C: OK,转多少?
C→B: K_CB(￥1M)
B→C: OK,已经转账完毕
```

有了协议 1-4,银行 B 可以通过一个新的随机数 R_B 获得 C 的活现性(freshness)证明——因为只有 C 在当前能提供"新鲜"的 $K_{CB}(R_B)$。但是,这个协议真的能保证客户 C 与银行 B 所需要的那些性质吗?就像他们要求的那样?

1.3.4   对认证的攻击

现在来看狡猾的 D 能不能获得新鲜的加密数字 $K_{CB}(R_B)$ 以继续欺骗 B 并每天从 C 的账户里拿钱呢?不妨看一下协议 1-5。

```
协议 1-5   对认证协议的攻击
前提:仅用户 B、C 知道密钥 K_CB
目标:D 冒充 C 并成功通过 B 的认证
D→B: {C, R_D}              // D 冒充 C 给 B 发送请求
B→D: {R_B, K_CB(R_D)}      // B 误认为 D 是 C,返回 K_CB(R_D),并提供了随机数 R_B
                           // D 必须发送 K_CB(R_B) 才能通过 B 的认证
D→B: {C, R_B}              // D 第二次发起协议,冒充 C 给 B 发送请求,将 R_B 作为随机数发送
B→D: {R_B', K_CB(R_B)}     // B 按照协议诚实地提供 K_CB(R_B),并产生第二个随机数 R_B'
D→B: {K_CB(R_B)}           // D 获得了 K_CB(R_B),通过了 B 的认证
```

在协议 1-5 所示的攻击中,B 作为一个诚实的参与方为 D 进行了 $K_{CB}(R_B)$ 的加密运算。D 使用了协议的规则,让 B 提供了一个自己需要的加密结果。这样的过程在复杂的安全系统中是常见的。合理地利用协议,在不知道密钥的情况下让其他参与方实时地提供新鲜的加密结果,在密码学上,称为 B 提供了一次预言机服务。

1.3.5   安全协议类型与特点

从密码协议的设计过程可以看出,密码协议的研究者总是假设密码算法是足够安全的,但在实际的协议执行过程中,有很多非常有效的攻击方法可以不必破译密码算法便可

达到攻击者期望的结果。

这种基于密码学的协议在设计的过程中与通常的协议设计相比具有更多的难点和不同点：通常的协议和系统在设计的时候主要考虑正确性，就是正常的用户按照正常的程序做，能够完成既定的任务；而密码协议和安全系统则不同，它要求协议不仅能按照正常的过程执行，完成既定任务，还要求任何精心的、内部的、恶意的参与者或第三方都不会在任务执行中实现任务之外的其他利益——也就是说，通常的网络协议假定参与者是遵循协议要求、忠诚于协议的目标的；而密码协议则假定参与者以及第三方都是恶意的，希望在表面上遵守协议的规则并执行，而实际上却破坏协议的任务，希望在任务执行的过程中达到自己不可告人的目的。

通常来说，在设计和执行的过程中，密码协议会预设一个场景，然后每个协议的参与者都扮演一些特定的角色。对于协议中常见的参与者（扮演角色）有一些约定俗成的人物名（除前文提到的 Alice、Bob、Eve、Mallory、Malice 外），表 1-1 给出了人名及其通常扮演角色的对应关系。

表 1-1　协议中常见人名及其扮演角色

人　　名	角　　色
Alice	所有协议中的第一个参加者
Bob	所有协议中的第二个参加者
Carol	三、四方协议中的参加者
Dave	四方协议中的参加者
Eve	窃听者，协议参与者之外的不可信第三方
Mallory/Malice	恶意的主动攻击者
Oscar	窃听者和被动观察者
Trent	值得信赖的仲裁者
Walter	监察人，在某些协议中保护 Alice 和 Bob
Peggy	证明人
Victor	验证者

在安全系统中，密码协议的关键性目的并不是保证密码算法不可破译，而是假设密码算法本身是安全的，借助这种安全的密码算法，达到以下 4 个主要目标。

（1）机密性（confidentiality）。搭线窃听者 Eve 不能读取信道上传输的信息的明文，主要的手段是先加密后传输，由接收者解密。

（2）完整性（integrity）。接收者 Bob 需要确认 Alice 的消息没有被更改过。有可能是传送错误，也可能是 Mallory 截获并修改了这个信息。密码学中的散列函数就提供了检测方法以检测数据是否被攻击者有意无意地修改过。

（3）认证性（authentication）。接收者 Bob 需要确认消息确实是 Alice 发送的，而不是冒名顶替的行为，通常这种认证包括两类：实体认证（entity authentication）和数据源认证（data-origin authentication）。对消息中涉及的参与方的鉴别也常由身份鉴别（identification）来表示。身份认证主要是确认主体是否为合法的参与者，数据源认证主要是确认消息是由他所声称的主体发送和生成的。

(4) 抗抵赖性(non-repudiation)。也被称为不可否认性,对于一个已经完成的行为,参与的主体不能否认,即发送者事后不能虚假地否认他发送的消息。如在协议 1-1 中,C 若能事后否认其发送过转账请求,则整个系统设计就毫无用处——显然,银行转账的过程需要具有抗抵赖性,但是协议 1-1 不具有抗抵赖性。

1.4 密码法治化与标准化

随着对现代密码学研究的深入以及商用密码在日常生活中的广泛应用,人们对密码的依赖程度越来越高。密码在国防和社会生活中发挥着"命门""命脉"的作用,政府和军队的大量机密文件需要加密,日常生活中密码也被广泛应用于身份认证、多方安全计算、数字货币等领域。因此密码相关工作受到国家的高度重视,我国颁布了包括《中华人民共和国密码法》在内的一系列法律法规和行业标准。密码安全事关国家安全,密码安全意识是国家安全意识的重要内容,宣传密码法,教育公民学法、懂法、守法、用法,有利于增强公民密码安全意识,规范密码行业,增进社会公平正义。

1.4.1 密码相关法律

由于密码的重要性和影响力,世界各国都将保证密码安全上升到法律的高度。20 世纪 70 年代至 20 世纪末,美国政府开始认识到密码"民用化"的必然趋势。1999 年,美国政府颁布《网络电子安全法》以加强对密钥托管中可信第三方的管控;2002 年,颁布《萨班斯法案》保护密码安全的密钥管理要求,以确保密钥不被更改和未经授权地披露;2015 年,颁布《网络安全信息共享法》要求政府重要数据应当通过加密等手段予以保护;2017 年,美国国土安全部发布了新的《约束性操作指令》,强制要求各联邦机构实施增强电子邮件加密功能;2021 年,美国推进了《了解移动网络的网络安全情况法案》《信息与通信技术战略法案》《2021 年安全设备法》《2021 年通信安全咨询法案》《美国网络安全素养法案》《电信与信息管理局政策及网络安全协调法案》《对可靠及增强网络技术的未来使用法案》《开放式无线电接入网络外展法案》八项网络空间安全法案。欧盟在《瓦森纳协议》基础上先后制定了《一般数据保护条例》《非个人数据自由流动条例》《网络安全法案》等一系列法规条例。日本也连续出台《个人信息保护法》《网络安全基本法》等一系列涉及密码使用的法律法规。

现代密码学在中国虽然起步较晚,但是新世纪以来,随着"国密"算法的推出,中国的密码技术取得巨大进步,这离不开党和国家对密码立法工作的高度重视。我国的密码法律法规关系如图 1-6 所示。

- 1996 年 7 月,中央办公厅印发《关于发展商用密码和加强对商用密码管理工作的通知》,同时设立国家密码管理委员会及其办公室。
- 1999 年 10 月 7 日,国务院颁布《商用密码管理条例》,开启了密码法治化进程。
- 2003 年 9 月,中央办公厅、国务院办公厅联合印发《关于加强信息安全保障工作的意见》,首次明确密码在信息安全中的重要地位。

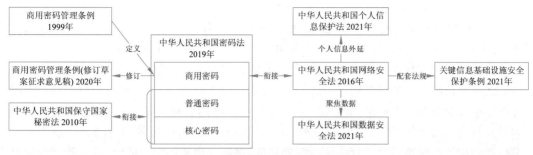

图 1-6　我国密码法律法规关系图

- 2005 年,国家密码管理局成立,负责制定国家密码重大方针政策,推进国家密码法治建设。
- 2010 年 4 月 29 日,十一届全国人大常务委员会通过修订后的《中华人民共和国保守国家秘密法》,强调了涉密信息系统需要按国家保密标准配备保密设施、设备。
- 2014 年 2 月 27 日,中央网络安全和信息化领导小组成立,国家主席习近平亲任小组组长。推动国家网络安全和信息化法治建设,不断增强安全保障能力。
- 2016 年 11 月 7 日,全国人大常务委员会表决通过了《中华人民共和国网络安全法》,规定了网络运营者需要运用密码等措施保障网络运行安全。
- 2019 年 10 月 26 日,十三届全国人大常委会第十四次会议表决通过《中华人民共和国密码法》(以下简称“密码法”),习近平主席签署第三十五号主席令正式颁布,自 2020 年 1 月 1 日起施行。
- 2020 年 8 月 20 日,国家密码管理局以《密码法》为基准重新修订《商用密码管理条例》,对《密码法》中商用密码部分进行细化落实。
- 2021 年 6 月 10 日,十三届全国人大常委会通过了《中华人民共和国数据安全法》。
- 2021 年 8 月 20 日,十三届全国人大常委会第三十次会议表决通过《中华人民共和国个人信息保护法》,其要求个人信息处理者必须采用加密等技术以保护个人信息。

在出台的众多法律法规中,《密码法》是密码领域第一部综合性、基础性法律,其按照保护对象不同将密码分为核心密码、普通密码与商用密码三类以进行管理,重点强调对商用密码的管理,规定了包括商用密码标准化制度、检测认证制度、进出口管理制度等多项制度,确保商用密码在国民经济和社会生活中的高效有序发展。同时,为提高法律的准确性和权威性,密码法特别与《中华人民共和国网络安全法》《中华人民共和国保守国家秘密法》等法律的相关部分进行衔接。为贯彻落实《密码法》,国家围绕密码法发展和完善了《商用密码管理条例》等配套的法律法规,推动密码事业健康快速发展。

1.4.2　国家密码标准

2005 年,中央就批准成立了国家密码管理局,组织贯彻落实党和国家关于密码工作的方针、政策。2011 年,为满足密码领域标准化发展需求,充分发挥密码科研、生产、使用、教学和监督检验等方面专家作用,更好地开展密码领域的标准化工作,经国家标准化管理委员会批准,国家密码管理局设立了密码行业标准化技术委员会(Cryptography

Standardization Technical Committee,CSTC)。

CSTC 主要从事密码技术、产品、系统和管理等方面的标准化工作,其委员由政府、企业、科研院所、高等院校、检测机构和行业协会等有关方面的专家组成。

商用密码国家标准由国家标准化管理委员会组织制定,代号为 GB。商用密码行业标准由国家密码管理局组织制定,报国家标准化管理委员会备案,代号为 GM。商用密码行业标准又分为基础类标准、应用类标准、检测类标准和管理类标准。其中,基础类标准为另外三类标准提供了底层、共性支撑(如术语、算法、协议、产品等);检测类标准为基础类标准和应用类标准提供了合法性检测的功能,保障商用密码使用的合法性;管理类标准为其他三类标准提供了管理功能;应用类标准为上层具体的密码产品、服务应用提供支持。

近年来随着密码行业的发展,多项行业标准已经上升为国家标准。截至 2022 年 10 月,国家标准化管理委员会已发布商用密码国家标准 40 余项,国家密码管理局已发布商用密码行业标准 130 余项,其中超过半数国家标准由行业标准发展而来,覆盖商用密码技术、产品、服务、应用、检测和管理等多个领域,构建了较为齐全完备的商用密码标准体系,有效发挥了商用密码标准在引领科技进步、推动产业发展、促进互联互通、助力应用推进、优化管理服务等方面的重要作用。

在构建完备的国内商用密码标准体系的同时,商用密码国际标准化工作同样受到高度重视。自成立以来,CSTC 一直致力于推进以我国自主设计研制的 SM 系列密码算法为代表的中国商用密码标准纳入国际标准,并积极参与国际标准化活动,加强国际交流合作。

- 2011 年 9 月,我国设计的祖冲之(ZUC)算法被纳入国际第三代合作伙伴计划组织(3GPP)的 4G 移动通信标准,用于移动通信系统空中传输信道的信息加密和完整性保护,这是我国密码算法首次成为国际标准。
- 2015 年 5 月起,中国陆续向 ISO 提出了将 SM2、SM3、SM4 和 SM9 算法纳入国际标准的提案。
- 2017 年,SM2 和 SM9 数字签名算法正式成为 ISO/IEC 国际标准。
- 2018 年,SM3 杂凑密码算法正式成为 ISO/IEC 国际标准。
- 2020 年 4 月,ZUC 序列密码算法正式成为 ISO/IEC 国际标准。
- 2021 年 2 月,SM9 标识加密算法正式成为 ISO/IEC 国际标准。
- 2021 年 6 月,SM4 分组密码算法正式成为 ISO/IEC 国际标准。

我国商用密码国际标准体系已初步成形,为密码在全球范围的发展与应用提供了中国方案,贡献了中国智慧。

如何查询国家密码标准

国家密码标准可以通过国家标准化管理委员会主管的全国标准信息公共服务平台(national public service platform for standards information)进行查询。其提供国内全行业所有的国家标准(5 万多部)、行业标准(4 万多部)、团体标准、企业标准、国际标准(近 8 万部)的查阅功能,提供大部分国家标准的在线查阅服务。

1.4.3　工程使用与产品测评标准

1. 工程使用标准

本节简要介绍国家标准 GB/T 39786—2021(信息安全技术 信息系统密码应用基本要求)。该标准对信息系统密码应用划分为由低到高的 5 个等级。参照国家标准《信息安全技术 网络安全等级保护基本要求》的等级保护对象应具备的基本安全保护能力要求,该标准提出密码保障能力逐级增强的要求,用一、二、三、四、五表示。信息系统的管理者可按照业务实际情况选择相应级别的密码保障技术能力及管理能力,各等级描述如下。

- 第一级:信息系统密码应用安全要求等级的最低等级,要求信息系统符合通用要求和最低限度的管理要求,并鼓励使用密码保障信息系统安全。
- 第二级:在第一级要求的基础上,增加操作规程、人员上岗培训与考核、应急预案等管理要求,并要求优先选择使用密码以保障信息系统安全。
- 第三级:在第二级要求的基础上,增加对真实性、机密性的技术要求以及全部的管理要求。
- 第四级:在第三级要求的基础上,增加对完整性、不可否认性的技术要求。
- 第五级:略。

同时,这 5 个等级的信息系统还应符合以下 3 个通用要求。

(1) 信息系统中使用的密码算法应符合法律、法规的规定和密码相关的国家标准、行业标准的有关要求;

(2) 信息系统中使用的密码技术应遵循密码相关的国家标准和行业标准;

(3) 信息系统中使用的密码产品、密码服务应符合法律法规的相关要求。

各级密码应用基本要求包括以下几个方面(物理和环境安全、网络和通信安全、设备和计算安全、应用和数据安全、管理制度、人员管理、建设运行、应急处理),各级之间的差别在于各个方面的要求存在差异。各级要求的详细内容与差别请见文献[1]。

2. 产品测评标准

根据《中华人民共和国密码法》《中华人民共和国网络安全法》《商用密码管理条例》的有关要求,商用密码产品,特别是应用于关键信息基础设施的密码产品,需要开展商用密码安全性评估,即产品测评。商用密码应用安全性评估工作由国家密码管理部门认定的测评机构承担,并接受密码管理部门的监督。

商用密码产品测评需遵守中国密码学会密评委员会制定的《信息系统密码应用测评要求》(下文简称"测评要求"),测评要求中规定需要进行单元测评和整体测评。其中,单元测评从密码算法和密码技术合规性、密钥管理安全性三方面,提出了第一级到第五级的密码应用通用测评要求;从信息系统的物理和环境安全、网络和通信安全、设备和计算安全、应用和数据安全四个技术层面,提出了第一级到第四级密码应用技术的测评要求;从管理制度、人员管理、建设运行和应急处置四个管理方面提出了第一级到第四级密码应用管理的测评要求。与单元测评不同的是,整体测评应从所包含的单元间、层面间等方面进行测评和综合安全分析。单元间测评是针对同一安全层面内的两个或者两个以上不同测评单元间,而层面间测评是针对不同安全层面之间的两个或者两个以上不同测评单元间的关联进行测评分析,二者的目的都是确定这些关联对信息系统整体密码应用防护能力的影响。最后密码应用安全性评估报告应给出信息系统的测评结论,确认信息系统达到相应等级保护要求的程度。

测评机构在对商用密码产品开展测评时,应该遵循客观公正性原则、可重用性原则、可重复性和可再现性原则以及结果完善性原则。在测评活动开展前,需要对被测信息系统的密码应用方案进行评估,通过评估的密码应用方案可以作为测评实施的依据。测评过程包括四项基本测评活动:测评准备活动、方案编制活动、现场测评活动、分析与报告编制活动。测评过程工作流程如图1-7所示。测评方与被测单位之间的沟通与洽谈应贯

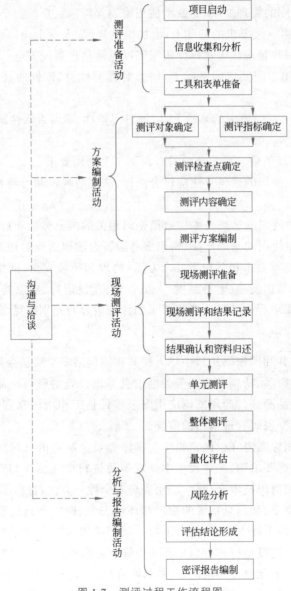

图 1-7　测评过程工作流程图

穿整个测评过程。测评工作完成后,密评人员应交回在测评过程中获取的所有特权,归还测评过程中借阅的相关资料文档,并将测评现场环境恢复至测评前状态。

1.5　小结

本章简单介绍了密码学的基本模型与概念、Kerckhoffs 原则、密码算法和密码协议以及分别对应的安全性需求。本书后续章节将会展示密码协议可以提供诸如数字签名(digital signature)、身份识别(identification)、密钥建立(key establishment)、秘密共享(secret sharing)、电子商务(E-commerce)、电子货币(electronic cash)、博弈(game)等丰富的安全应用。随着密码在生产、生活中广泛地应用,密码相关工作受到国家的高度重视并颁布多项密码法律法规及密码标准,为密码行业的健康发展提供了制度保障。

第2章

古典密码的演化

2.1 引子

传说中密码和人类的文字一样拥有古老的历史。古典密码多起源于军事，相同立场的人常用来寄送秘密信息。人类第一次有史料记载的加密信息是公元前 44 年凯撒大帝用于战胜高卢人所使用的密码，也就是人们常说的凯撒密码。正如文字的发展一样，密码学也经历了从古典密码到现代密码的转变，许多古典密码已经无法抵御现代破解技术的挑战。但是古典密码的思想却依然对现代密码产生着深远的影响。现代密码多是用计算机或是其他数码科技，基于比特和字节对需要加密的信息进行操作。而古典密码的大部分加密方式都是代换式或移位式，有时则是两者的混合。从研究古典密码体制的发展中可以发现，加密方法的安全性其实是基于加密方法的数学难度的提高而提高的[2]。

在进一步学习古典密码前需对密码学的基础假设有所了解。首先，应该了解一些密码学表达上的习惯，在密码学中常常将字母与数字对应起来以方便加密中的计算，具体的对应关系如下。

a	b	c	d	e	f	g	h	i	j	k	l	m
0	1	2	3	4	5	6	7	8	9	10	11	12

n	o	p	q	r	s	t	u	v	w	x	y	z
13	14	15	16	17	18	19	20	21	22	23	24	25

此外还应注意，为了使密码更加安全，人们通常会忽略明文信息中的空格和标点符号。因为若保留这些标点并将其加密，密文中可能会频繁出现很多相同的信息，这会使密文的解密过程变得简单，且密文信息的结构显而易见，易于破解。

2.2 单表代换密码

2.2.1 最简单的代换密码——移位密码

1. 凯撒密码

移位密码中最著名的是凯撒密码[3]。例如，将凯撒的名言"Veni, vidi, vici."进行加密，则明文信息应为：

venividivici

凯撒密码将每个字母后移三位,即用 a 后面第三个字母 d 来代换,b 用 e 代换,c 用 f 代换等。而字母表最后三个字母 x、y、z 则分别用 a、b、c 来代换,如表 2-1 所示。

表 2-1　凯撒密码字母替换表

明文字母	a b c d e f g h i j k l m n o p q r s t u v w x y z
密文字母	d e f g h i j k l m n o p q r s t u v w x y z a b c

按照上述移位代换规则对明文进行加密后,上述明文就变成了如下密文。

yhqlylglylfl

这样,即使高卢人得到了加密后的信息,只要他们不知道加密的过程就无法知道信息的真实意义。以上就是凯撒密码的加密过程,而解密的过程只需将上述密文中的所有字母从表 2-1 中取对应明文再还原标点即可。凯撒加密的原理非常简单,通过移位使每个字母有了一个唯一的加密字母。算法 2-1 给出了移位密码的一般形式。

算法 2-1　移位密码

　　首先将字母表用整数 0～25 来标识,选取密钥为一个整数 $k(0 \leqslant k \leqslant 25)$,则移位密码的加密和解密过程可分别表示如下。

加密过程: $x \mapsto x+k (\bmod 26)$。

解密过程: $x \mapsto x-k (\bmod 26)$。

---

2. 模运算初步

为了更好地理解移位密码的原理,学习一些基础的数论知识是很有必要的。首先要了解的是同余(也即模运算)的概念。

定义 2-1　同余(模运算)。设整数 $a,b,n(n \neq 0)$,如果 $a-b$ 是 n 的整数倍(正的或负的),那么可以表示为 $a \equiv b(\bmod n)$,读作: a 同余于 b 模 n。

下面定义模 n 上的算术运算:令 $\mathbf{Z}_n$ 表示集合 $\{0,1,\cdots,n-1\}$,在其上定义加法和乘法运算,类似普通的实数域上的加法和乘法,所不同的只是所得的值是取模 n 以后的余数。

例 2-1　在 $\mathbf{Z}_{16}$ 上计算 11×13,因为 $11 \times 13 = 143 = 8 \times 16 + 15$,故在 $\mathbf{Z}_{16}$ 上 $11 \times 13 = 15$。

以上定义的 $\mathbf{Z}_n$ 上的加法和乘法满足人们熟知的运算法则,在此不加证明地列出这些法则。

(1) 对加法运算封闭,即对任意的 $a,b \in \mathbf{Z}_n$,有 $a+b \in \mathbf{Z}_n$。

(2) 加法运算满足交换律,即对任意的 $a,b \in \mathbf{Z}_n$,有 $a+b \equiv b+a$。

(3) 加法运算满足结合律,即对任意的 $a,b,c \in \mathbf{Z}_n$,有 $(a+b)+c \equiv a+(b+c)$。

(4) 0 是加法单位元,即对任意的 $a \in \mathbf{Z}_n$,有 $a+0 \equiv 0+a \equiv a$。

(5) 任意 $a \in \mathbf{Z}_n$ 的加法逆元为 $n-a$,即 $a+(n-a) \equiv (n-a)+a \equiv 0$。

(6) 对乘法运算封闭,即对任意的 $a,b \in \mathbf{Z}_n$,有 $ab \in \mathbf{Z}_n$。

(7) 乘法运算满足交换律,即对任意的 $a,b \in \mathbf{Z}_n$,有 $ab \equiv ba$。

(8) 乘法运算满足结合律,即对任意的 $a,b,c \in \mathbf{Z}_n$,有 $(ab)c \equiv a(bc)$。

(9) 1 是乘法的单位元,即对任意的 $a \in \mathbf{Z}_n$,有 $a \times 1 \equiv 1 \times a \equiv a$。

(10) 乘法对加法满足分配律,即对任意的 $a,b,c \in \mathbf{Z}_n$,有 $(a+b)c \equiv (ac)+(bc)$,$a(b+c) \equiv (ab)+(ac)$。

法则(1)、(3)~(5)说明 $\mathbf{Z}_n$ 关于其上定义的加法运算构成一个群,若再加上法则(2),则构成一个交换群(阿贝尔群)。

法则(1)~(10)说明 $\mathbf{Z}_n$ 是一个环。本书后面将碰到许多其他的群和环,一些熟知的环有全体整数 $\mathbf{Z}$,全体实数 $\mathbf{R}$,全体复数 $\mathbf{C}$ 等,这些环均是无限环。但本书关心的环都是有限环。

习题 1,证明全体整数 $\mathbf{Z}$ 是一个交换环。

由于在 $\mathbf{Z}_n$ 中存在加法逆元,故可以在 $\mathbf{Z}_n$ 中减去一个元素。这里定义在 $\mathbf{Z}_n$ 上,$a-b$ 为 $a-b(\bmod n)$。相应地,可以计算整数 $a-b$,然后对它进行模 n 约化。例如,为了在 $\mathbf{Z}_{31}$ 中计算 $11-18$,可首先用 11 减去 18,得到 -7,然后计算 $-7(\bmod 31) \equiv 24$。

例 2-2 根据同余的概念,求解 $43(\bmod 26)$。

解:已知

$$43 = 26 \times 1 + 17 \tag{2-1}$$

亦即

$$43 - 17 = 26 \times 1 \tag{2-2}$$

可得

$$43 \equiv 17(\bmod 26) \tag{2-3}$$

也就是说明 43 同余于 17 模 26。

现在将凯撒密码中的加密过程改为用数字对应。通过数学角度代替,则凯撒的名言字母对应的数字明文变成了以下式样。

```
 v  e  n  i  v  i  d  i  v  i  c  i
21  4 13  8 21  8  3  8 21  8  2  8
```

根据移位密码的概念,凯撒密码中的密钥 $k=3$,对明文的每一位做模加法运算,得出加密后的密文数字和密文字母如下。

```
24  7 16 11 24 11  6 11 24 11  5 11
 y  h  q  l  y  l  g  l  y  l  f  l
```

移位密码又是代换密码中的一种,属于单表代换加密。在单表代换密码中,任何密文都可以被看成是对相应明文的各组信息单元使用同一个代换表计算得出。这种代换并不会改变字母的属性(如字母在文本中的出现频率等)。后面将介绍另一种加密方法——分组加密,它会改变字母的频率属性。

凯撒密码是最简单的代换密码,它在线性几何中类似一种最简单的直线平移变换。可以发现,当知道了移位密码的基本原理后,这种加密算法就变得非常脆弱。由模运算的特点可知,移位密码的密钥只有 13 种取值,只要逐一尝试,最多 13 次就可以找到正确的密钥。因此,需要进一步提高加密算法的难度。

3. 移位密码的几何表示

移位密码在线性几何中类似于一种最简单的直线平移变换,用函数 $y=f(x)$ 表示其加密过程,则上述过程可被视为密文字符是明文字符按照函数 $y=x+k$ 进行的线性映射。这种线性映射在几何平面上可以用平移变化表示,如图 2-1 所示。图中,圆圈标记的线是原明文字母与数字的对应值,而三角标记的两条线段是原直线的平移,也是移位密码中的曲线,注意这种平移是在 $[0,25]$ 区间循环移动的。

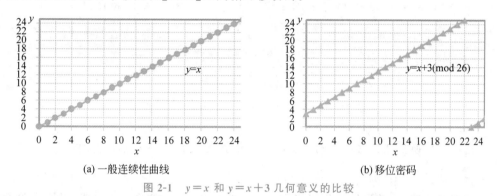

(a) 一般连续性曲线　　　　　　　　　(b) 移位密码

图 2-1　$y=x$ 和 $y=x+3$ 几何意义的比较

由移位密码对应的线性几何的直线平移特性很容易就令人想到可以用直线的旋转变换来设计加密算法,这就是下面要介绍的仿射密码。

2.2.2　带斜率的变换——仿射密码

1. 仿射密码的几何解释

凯撒密码中的密钥非常简单,安全性也较低。下面介绍一种安全性比移位密码较高的仿射密码。仿射密码是移位密码的自然想象[4]。若将代换加密的过程转化为代数形式,即密文 y 为明文 x 的函数 $y=f(x)$,形如:$y=kx+b$,则移位密码如下。

$$y=x+b \tag{2-4}$$

而仿射密码则是在移位密码的基础上使直线斜率发生了变化,如下。

$$y=kx+b \tag{2-5}$$

这都是对原文 x 进行的变换,后者使用相对复杂的规则把字母表的 26 个字母代换为其他字符。设有 $y=x+3$ 的移位函数和 $y=3x+3$ 的仿射函数,那么将其画在同一张函数图像中并与连续函数 $y=x$ 的图像进行比较,几何图形如图 2-2 所示。其中,图 2-2 (a) 表示的是人们通常学习的连续函数的情形,而图 2-2(b)表示的是仿射函数表现出的分段函数的情形。

该图中离散点的标记与图 2-1 相同。由图 2-2 可以看出,模运算的分段函数和连续函数在几何图形的显示上出现了很大的不同。例如,仿射函数是移位函数的线性变换上为自变量增加的一个旋转角度的变化,在连续函数中很容易看到这种变化,而在模运算时,其几何图形变成了几段,原因是这时 0~25 之间整数的模运算呈现出分段函数的特性。

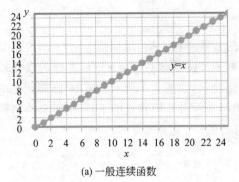

(a) 一般连续函数

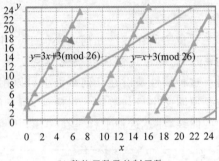

(b) 移位函数及仿射函数

图 2-2　仿射密码几何意义

$$y = \begin{cases} 3x + 3, & x < 8 \\ 3x + 3 - 26, & 8 \leqslant x < 16 \\ 3x + 3 - 52, & 16 \leqslant x < 25 \end{cases} \tag{2-6}$$

这样的代换自然较移位密码的变换更为复杂,但是解密依然不是很困难。

2. 仿射密码的例子

如图 2-2 所示,首先给出仿射函数(affine function)加密的一般形式,设两个整数 α 和 β,及 $\gcd(\alpha, 26) = 1$,有:$x \mapsto \alpha x + \beta (\bmod\ 26)$。下面通过例 2-3 以了解仿射密码的具体加密过程。

例 2-3　已知 $\alpha = 3, \beta = 4$,求解将"I love you."按照仿射密码加密后的密文字符串。

解:"I love you."对应的加密过程可见表 2-2。

表 2-2　加密过程表

明文字母	i	l	o	v	e	y	o	u
数字 x	8	11	14	21	4	24	14	20
加密计算:$3x + 4 (\bmod\ 26)$	2	11	20	15	16	24	20	12
密文字母	c	l	u	p	q	y	u	m

原文经过设定的仿射密码加密后得到的密文字符为 clupqyum。

例 2-4　已知明文字符串 cryptography 及其由 $\beta = 3$ 的仿射密码加密得来的密文字符串 hlzhpfpldhrz,请根据已知条件求出参数 α。

解:由已知条件可知,题中的仿射函数为 $\alpha x + 3$,则可将明文密文及其对应的数字列在表 2-3 中。

表 2-3　解密过程表

明文字母	c	r	y	p	t	o	g	r	a	p	h	y
数字串	2	17	24	15	19	14	6	17	0	15	7	24
数字串	7	11	25	7	15	5	15	11	3	7	17	25
密文字母	h	l	z	h	p	f	p	l	d	h	r	z

现在需要求解仿射函数中的 α 值,取表 2-3 中第一列数据列出方程如下。

$$7 \equiv 2\alpha + 3 \pmod{26} \tag{2-7}$$

即

$$\alpha \equiv 4/2 \pmod{26} \tag{2-8}$$

若将右边看作基础除法运算,则易得 $\alpha=2$。但是学习了足够的数论知识后可以发现模运算的除法与基本运算除法是不同的,若选取的是表 2-3 中第二列数据并列出方程如下。

$$11 \equiv 17\alpha + 3 \pmod{26} \tag{2-9}$$

即

$$\alpha \equiv 8/17 \pmod{26} \tag{2-10}$$

利用乘法逆元的概念易解方程式(2-10),得 $\alpha=2$。但是请注意,虽然这与选取第一列数据时得出的猜想相同,但还是要区分模运算除法和基础运算除法的区别。

3. 模数乘法及其逆元

解方程(2-10)需要用到模运算的除法概念,并且由于基本运算由难到易分别是除法、乘法、减法、加法。因此在不熟悉模运算除法的情况下,可以引入乘法逆元的概念以解上述方程。

定义 2-2　乘法逆元素。假设 $\gcd(a,n)=1$,则存在整数 s、t,使 $as+nt=1$(该式可由扩展的欧几里得算法得出),则有 $as \equiv 1 \pmod{n}$,则称 s 是 $a \pmod{n}$ 的乘法逆元素,表示为 $a^{-1} \equiv s \pmod{n}$。

在引入了乘法逆元素的概念后,下面给出求解模运算除法方程式的一般性算法。若已知 $\gcd(a,n)=1$,则解 $ax \equiv c \pmod{n}$ 的步骤如下。

用扩展的欧几里得算法求出满足条件 $as+nt=1$ 的整数 s 和 t。

求解 $ax \equiv c \pmod{n}$ 方程等价于求解 $x \equiv cs \pmod{n}$,此处相当于用 $cs \pmod{n}$ 代替了 $c/a \pmod{n}$。

在解答的过程中求式(2-10)的解,其中求解式(2-10)的计算过程参见以下例题。

例 2-5　根据上述算法,求解 $a \equiv 8/17 \pmod{26}$。

首先由扩展的欧几里得算法得出

$$17 \times (-3) + 26 \times 2 = 1 \tag{2-11}$$

由此,得出 -3 就是 $17 \pmod{26}$ 的乘法逆元素,又因 $23 \equiv -3 \pmod{26}$,故可知下式与要解的方程等价。

$$a = 8 \times 23 = 184 \equiv 2 \pmod{26} \tag{2-12}$$

由此,得出 $a=2$。

2.2.3　代换密码的一般形式与特点

移位密码和仿射密码均属于代换密码,二者的区别和共同点如表 2-4 所示。

代换密码的基本原理就是用其他的、唯一的、不同的(也可能是相同的)密文字母代替字母表中的每一个字母,更准确地说,就是用置换字母表(单代换表)代替明文中的字母。

从代数上看就是在明文 x 与密文 y 之间建立简单的一对一的映射 $f(i)$，而该映射函数一般为简单的一次函数[5]。移位密码和仿射密码是代换密码的两个特例。

表 2-4 移位密码与仿射密码的异同

加密算法	相　同　点	不　同　点
移位密码	加密转换前后,字母在文本中的出现频率属性不变;每个字母仅对应一个唯一的密文字母;操作简单,穷尽搜索很易破解;加密操作均为一位一位地进行	密钥值仅有一个参数,很易被破解;线性几何的意义类似直线的平移
仿射密码		密钥值有两个参数,较移位密码难破解;线性几何的意义类似直线的平移并旋转

代换密码的实质即是实现对明文字母的代换,其一般形式见图 2-3。根据代换密码中代换字母表的多少可将代换密码分为单表代换密码和多表代换密码。在单表代换密码中,每个字母单元均被同一种字母代换,因此一个明文字母映射到密文中仅有一种可能。而多表代换密码则可在一个单元使用不同的代换方式,使得明文单元被映射到密文上可以有好几种可能性。此处所说的代换密码则特指较为简单的单表代换密码。

图 2-3 代换密码的一般形式

2.2.4 代换密码的杀手——频率攻击

代换密码的加解密过程比较简单,但具有易被攻击的弱点。攻击者首先可以用暴力攻击的方法穷尽搜索各种可能的密钥值,如对于移位密码来说密钥值仅可能有 13 个,很容易被穷尽搜索的方式得到。知道密钥值之后,代换密码的解密就会变得很简单。而仿射密码若选用已知明文攻击也是较易成功的,如例 2-4 所示。因此,人们需要用一种更普遍的方法,即频率分析。

在绝大多数英文文本中,字母的出现频率是不相等的,而且语言的每个字母都有自身的特性,若仅采用字母代换,字母特性并不会发生改变。为获得字母的频率特征,攻击者必须分析大量有代表性的文本才可得出准确的字母平均频率,但借由现代计算机和庞大的文本语料库很容易完成这样的统计工作。赫伯特·基姆(Herbert Zim)在他那部经典的密码学入门著作 Codes and Secret Writing 里给出的英文字母频率由高到低的排列顺序如下。

e t a o n r i s h d l f c m u g y p w b v k j x q z

26 个英文字母的出现频率具体如表 2-5 所示。

表 2-5 英文字母频率表

字母	a	b	c	d	e	f	g	h	i	j	k	l	m
出现频率	0.082	0.015	0.028	0.043	0.127	0.022	0.020	0.061	0.070	0.002	0.008	0.040	0.024

字母	n	o	p	q	r	s	t	u	v	w	x	y	z
出现频率	0.067	0.075	0.019	0.001	0.060	0.063	0.091	0.028	0.010	0.023	0.001	0.020	0.001

此外,研究者也对最常见的双字母组合(字母对)频率进行了统计,见图 2-4,其字母组排序如下。

th he an re er in on at nd st es en of te ed or ti hi as to

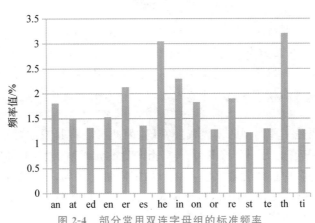

图 2-4　部分常用双连字母组的标准频率

此外,最常见的连写字母对如下。

ll ee ss oo tt ff rr nn pp cc

根据这些统计数据即可对所获得的密文进行相同的统计分析,然后根据密文中字母的频率特征与已知的信息对照从而确定明文字母与密文字母的代换关系,最后就可以轻松地逐一确认并推断代换密码的密钥值。

例如,在大量统计中可以发现,字母 e 是英文文本中出现频率最高的字母。若采用移位值为 4 的移位密码加密明文,则 e 由 h 代替。通过对密文选取适量的样本进行统计,一般会发现 h 成为密文文本中出现频率最高的字母。因此,解密的过程即为通过对密文进行选样统计,并分析每个字母出现的频率,从而更快地接近真相。当然以上结论需在样本很大时正确率才可能得到保证,但是这种分析方法对于简单的代换密码来说还是很有效的破解方法。当下流行的云计算能够满足大样本的需求,云服务数据库管理人员可以直接获取用户查询的关键词并进行频率分析,新场景下的隐私保护可以参考文献[6]。

大多数古典密码在频率攻击面前都是十分脆弱的,更不用说现代的破解技术。当人们知道了代换密码的加密原理之后,只要样本足够,采用频率分析的唯密文攻击就很容易成功。为提高密码的安全性,人们自然地想到,应从破坏密文字母与明文字母对应的频率属性之间的联系入手。多表代换密码就是这种可以破坏频率属性的加密方法中的一种。

2.3　多表代换密码

1. 维吉内尔(Vigenère)密码

在发现单表代换密码不再安全后,人们开始希望用多个代换表对明文字母进行代换又或者是将不同的明文按照某种规律与同一个密文字母对应。从这个角度出发,人们设计出了一种维吉内尔密码,它是 16 世纪的法国人布莱斯·德·维吉内尔(Blaise De Vigenère)发明的。

> **维吉内尔密码小链接**
>
> 虽然在 15 世纪莱昂·巴蒂斯塔·阿尔伯特(Leon Battista Alberti)首次提出用两个或两个以上的密码表加密信息,但直到 16 世纪,法国外交官布莱斯·德·维吉内尔研究了前人的思想,编写了系统的新密码——维吉内尔密码。由于维吉内尔密码使用时的复杂性,导致其在接下来的两个世纪里很少被人们所使用。

维吉内尔密码是一种典型的多表代换密码,因此可以将其看成等于密钥长度个数的移位密码的组合,其密钥为一个长度为 k(实指向量的元素项个数)的加密向量,根据密钥长度从 0~25 个整数中选择元素项填入这个加密向量。例如,设一个长度为 7 的密钥为 $K=(10,4,24,22,14,17,3)$,则可以将该向量对应的单词 keyword 作为密钥,当然选取的加密向量也可以是没有实际意义的字符串。

若要用上述密钥加密字符串 here is how it works,则可以得到密文字符串 ripawjkyagdkfuw,加密过程详见表 2-6。

表 2-6 Vigenère 密码加密实例

明文字符	h	e	r	e	i	s	h	o	w	i	t	w	o	r	k	s
数字串	7	4	17	4	8	18	7	14	22	8	19	22	14	17	10	18
密钥	k	e	y	w	o	r	d	k	e	y	w	o	r	d	k	e
数字串	10	4	24	22	14	17	3	10	4	24	22	14	17	3	10	4
加密后	17	8	15	0	22	9	10	24	0	6	15	10	5	20	20	22
密文字符	r	i	p	a	w	j	k	y	a	g	d	k	f	u	u	w

观察表 2-6 可以发现,明文其实被分成了长度与加密向量长度相同的组,之后再分别用与组内的每一位对应的加密向量项的值进行移位加密。换句话说,维吉内尔密码可以看成是使用一系列不同移位密码组成的密码方案,这样的加密可能会出现同一个明文字母对应多个密文字母或者多个明文字母对应同一个密文字母的情况。这种加密方式在一定程度上改变了密文字母频率。

这种情况下,攻击者将很难使用普通的穷尽搜索方式来搜索密钥,即使分析出了密钥的长度也很难找出加密向量每一位的值。但是这也仅是增加了破解的难度,在计算能力足够的情况下,维吉内尔密码还是可以通过频率分析被破解的。

图 2-5 为美国内战中南军用于生成维吉内尔密码所使用的密码盘,其用于秘密情报传送。在南北战争

图 2-5 基于维吉内尔密码的密码盘

中,南军自始至终主要使用三个密钥,分别为 Manchester Bluff(曼彻斯特的虚张声势)、Complete Victory(完全的胜利)以及战争后期的 Come Retribution(报应来临),而北军则经常能够破译南军的密码。

2. 对维吉内尔密码的频率攻击

假设已知一段通过维吉内尔密码加密后的密文字符串如下。

vvhqwvvrhmusgjgthkihtssejchlsfcbgvwcrlryqtfsvgahwkcuhwauvmerzhmfvvhipvfhq
wcbgelvvhwsoswmegwpiguglfdgcixjcbvpsvwrfwboikuhkicgmlwcpczrljshekgklxzyvlgzvv
howaadctgqkefisgmkoqsljsutgkbwmfhoysjqtwlwcrrtlkcqsxvvlwuqrhfqvvrwwfsvmjkbklq
huefualxaodrvlcbwqwugdkwuklxzqiwxzggomyjhhwlfoqkwtcixjslveggveyggetapuuisfpbtg
nwwmuczrvtwglrwugumnczvile

对上述密文段中的所有字母做频率统计如下。

a	b	c	d	e	f	g	h	i	j	k	l	m
8	5	12	4	15	10	27	16	13	14	17	25	7

n	o	p	q	r	s	t	u	v	w	x	y	z
7	5	9	14	17	24	8	12	22	22	5	8	5

可以发现,上述字母的频率中没有比其他大很多的,这是因为维吉内尔密码中的 e 字母可能被代换成多个不同的密文字母,因此它的频率特性也被分散了。解密应从密钥下手,攻击者首先需要获取的是密钥的长度,其次是知道密钥每一项的值。知道了这两个关键值后,维吉内尔密码也就被破解了。

1) 获取密钥长度

首先将所有密文写在两张很长的纸条上,并将两张纸条错开两个字母对齐,则可以得到如图 2-6 所示的序列。

纸带 1		v	v	h	q	w	v	v	r	h	m	u	s	g*	j	g	t	h	k
纸带 2	v	v	h	q	w	v	v	r	h	m	u	s	g	j*	g	t	h	k	i	h
纸带 1		i	h	t	s	s	e	j	c	h	l	s	f	c	b	g	v	w	c	r*	l
纸带 2	t	s	s	e	j	c	h	l	s	f	c	b	g	v	w	c	r	l	r*	y
纸带 1		r	y	q	t	f	s	v	g	a	h	w	k	c	u	h	w	a	u	v	···
纸带 2	q	t	f	s	v	g	a	h	w	k	c	u	h	w	a	u	v	m	e	···

图 2-6　字母错位的两条纸带

在这两个纸带中相同的字母上标记"＊",完成全部字符移位后,可以得到 14 个相同标记。若采用不同的移位值,可以得到如表 2-7 所示的数据。

表 2-7　不同移位值下的相同字母数

移位值	1	2	3	4	5	6
相同数	14	14	16	14	24	12

移动 5 个位置具有最多的相同数,这个移位值就是最可能的密钥长度值。那么这样做是否具有其正确性呢? 分析如下。

首先将 26 个英文字母的频率转换成向量如下。

$$A_0 = (.082, .015, .028, \cdots, .020, .001)$$

令 A_i 是 A_0 右移 i 个位置的结果,例如,

$$A_2 = (.020, .001, .082, .015, \cdots)$$

向量 A_0 自身的点积是:

$$A_0 \cdot A_0 = (.082)^2 + (.015)^2 + \cdots = .066$$

设 i 即为密钥长度,则易发现 $A_i \cdot A_i = .066$ 也成立,因为可以得到同样的向量积,只不过最初使用的是不同的符号。但当 $i \neq j$ 时,$A_i \cdot A_j$ 的点积是很低的,范围为(.031, .045)。

在选取不同的移位值并计算后,如表 2-8 所示,仅列出 0~13 的移位值。

表 2-8 移位向量积

$i-j$	0	1	2	3	4	5	6	7	8	9	10	11	12	13
$A_i \cdot A_j$	.066	.039	.032	.034	.044	.033	.036	.039	.034	.034	.038	.045	.039	.042

点积的大小仅依赖于 $|i-j|$,且每个向量的内容不过是向量 A_0 经过移位得到的。因为根据点积运算的原理可知,每一项元素是两个移位向量的乘积 $A_i \cdot A_j = A_j \cdot A_i$,所以 $i-j$ 和 $j-i$ 得出了相同的点积,此点积仅仅依赖于 $|i-j|$。

其中,点积 $A_i \cdot A_i$ 的结果是最大的,因为在向量中大的数是成对出现的,小的数也是成对出现的。但是在其他的点积中,大数和某个其他的数成对出现,这样就会影响它们的结果大小。

假设在明文中字母的分布非常接近于英文字母的分布规律。查看上面纸条中任意的密文字母时,可以看到它是由某个英文字母移 i 位(对应密钥的一个元素)而来,而该字母下面纸条对应的字母是由某个英文字母移动 j 位而来,向量 A_i 的第一项与向量 A_j 的第一项相乘得到两个字母都是 A 的可能性最大,这是因为向量 A_i 的第一项表示了任意字母移动 i 位最可能产生密文字母 A,A_j 的含义相同。两个字母都是 B 的最大期望值可由向量第二项的点积求出,因此两个字母都相同的所有期望值可从 $A_i \cdot A_j$ 求出,当 $i \neq j$ 时,其值非常接近 0.038,但当 $i = j$ 时,这个点积的结果就是 0.066。

当字母与其下方的字母通过移动达到相同时 $i = j$,也就是说,当上面的纸条移动某个值即是密钥的长度(或为密钥长度的倍数)时 $i = j$,因此在这种情况下,与正确的结果最一致。前述密文的移位数是 5,通过比较 326(331-5=326)个字母可以发现有 24 对相同标记,根据以上分析可得出相一致的期望应该是 $326 \times 0.066 \approx 21.5$,这个值非常接近实际值。由此可推断出密钥长度为 5。

2)获取密钥值

通过较简单的频率分析可以解出密文对应的加密密钥,详细过程如下。

由前面的推导可知密钥的长度是 5，则观察第 1、第 6、第 11 个……字母，即由密钥第一项元素加密的这些字母，看哪一个字母出现的频率最高，统计结果如表 2-9 所示。

表 2-9　部分密文字母频率表

a	b	c	d	e	f	g	h	i	j	k	l	m
0	0	7	1	1	2	9	0	1	8	8	0	0

n	o	p	q	r	s	t	u	v	w	x	y	z
3	0	4	5	2	0	3	6	5	1	0	1	0

可以发现其中 g 的出现频率最高，其次为 j、k 和 c。根据前面字母频率统计的规律可以猜测此处是用 j 代替了 e。若是这样，则说明移位值为 5，此时 c＝x，但是这代表在密文中 x 应该具有较高的频率，显然这与实际不符。由此又可以考虑是否 k＝e，但这意味着 p＝j 和 q＝k，两个字母都具有相当高的频率，这也与实际不符。同样 c＝e 也会导致推论与事实不符。因此得出 g＝e，即密钥的第一项给字母的移位值为 2，密钥的第一项元素为 c。

下面再来看一下第 2 个、第 7 个、第 12 个……字母，用相同的方法统计出字母的频数并发现其中 g 和 s 的出现频率较高，分别出现了 10 次和 12 次。同理推理分析得 s＝e，即密钥的第二项元素值为 14，即为字母 o。

重复上述过程，得出最后的密钥猜想：{2,14,3,4,18}＝{c,o,d,e,s}。

除了这种频率分析之外，还有另一种类似的可推测出密钥长度的解密方式可以推导出密钥值，此处不再细述。

3. 解密

对密钥长度及密钥值有一定认识之后，可将上述猜想用于解密已知密文，这样可以进一步判断出结论的正确性，得出解密后的明文如下。

themethodusedforthepreparationandreadingofcoemessagesissimpleintheextremeandat
thesametimeimpossibleoftranslationunlessthekeyisknowntheeasewithwhichthekeymaybec
hangedisanotherpointinfavoroftheadoptionofthiscodebythosedesiringtotransmitimportant
messageswithouttheslightestdangeroftheirmessagesbeingreadbypoliticalorbusinessrivalsetc

根据上述解密分析过程能够发现维吉内尔密码易被唯密文攻击破解，而其他三种攻击方式则会更容易成功。但是它还是具有一些优点，因为它采用了密钥在明文上重复书写的原理，这样一个字母可能对应多个代换而非一对一的字符代换，因此这种方法称为多表代换。但是只要密文足够多就可以生成合理的统计样本，破解该加密法的问题就变成了破解 n 个不同移位加密的问题。

4. 几何意义

观察易知维吉内尔密码的加密过程相当于一个组合线性变换，先将明文按照密钥长度分组，后用密钥对每一组明文分别加密，且每一组内每一位的移位值可能均不同。

如密钥为 vector 的维吉内尔密码对每组明文的加密变换组合函数如下。

$$\begin{cases} y_1 = x_1 + 21 \\ y_2 = x_2 + 4 \\ y_3 = x_3 + 2 \\ y_4 = x_4 + 19 \\ y_5 = x_5 + 14 \\ y_6 = x_6 + 17 \end{cases}$$ (2-13)

由此,已知密钥后该维吉内尔密文的解密其实就是解密 6 个移位密码对应的解密。而由这种线性变换可知,这其实是对 $y = x$ 直线的不同的移位方式,而如何选取仅与该明文字母出现在明文字符串中的序位有关,这种加密方式显然较代换密码中的移位密码和仿射密码更加复杂一些,也更为安全。

2.4 分组密码

2.4.1 分组密码基础

> **分组密码的小链接**
>
> 对现代分组密码的研究始于 20 世纪 70 年代中期,至今已有近 50 年的历史,这期间人们在这一研究领域已经取得了丰硕的研究成果。分组密码不同于替换密码,它先将明文分组,再将每个明文组以一系列替换表依次对明文组中的字母进行替换,因此这种加密方式也可被称为多表替换密码。

对于移位密码来说,若明文中改变了一个字母,则密文中相应位置也会改变一个字母。维吉内尔密码则是对明文字母的分组,对应了密钥的长度,利用频率分析依然有可能破解,因为在这个加密过程中各个明文字母没有相互作用。但是分组密码能够同时加密几个字母与数字的分组,因此改变明文分组的一个字符就可能改变与之相对应的密文分组潜在的所有字符的加密。分组密码加密算法示意图如图 2-7 所示。

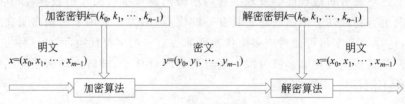

图 2-7　分组密码加解密算法示意图

Playfair 密码即为分组密码中的一个简单例子,它按照两个字母为一组进行加密成两字母的分组。此时,若改变明文字母中的一个字母,则密文将至少改变一个字母,且一般是两个字母。

2.4.2　最简单的分组密码

1. Playfair 密码

> **Playfair 密码的来源**
>
> 　　Playfair 密码于 1854 年由英国人查尔斯·惠特斯顿(Charles Wheatstone)发明,密钥由 26 个英文字母组成五阶方阵。由于它使用方便且可以让一般的频度分析法失效,因此在 1854—1855 年的克里米亚战争和 1899 年的布尔战争中均被广泛应用,但在 1915 年的第一次世界大战中它被破译了。

　　Playfair 密码选用一个由密钥词构成的 5×5 字母矩阵,例如,密钥词为 playfair,则其将单词中重复的字母去掉一个,可以得到 playfir。再将剩下的字母排列成 5×5 矩阵的起始部分,矩阵的剩余部分则用 26 个字母表中未在密钥词中出现的字母填充(i 和 j 作为一个字母来对待),则得结果如图 2-8 所示。

　　假设已有明文为"meet at the schoolhouse"。现用上述字母矩阵对明文加密的步骤如下。

p	l	a	y	f
i	r	b	c	d
e	g	h	k	m
n	o	q	s	t
u	v	w	x	z

图 2-8　Playfair 字母矩阵

　　首先,将明文每两个字母分为一组,并在连续相同的字母中间用 x 隔开。若最后只剩下一个字母,则也用 x 填充。由此得到:me et at th es ch ox ol ho us ex。

　　然后,使用矩阵加密每两个字母组,规则如下。

　　① 若两个字母不在同一行或列,则用该字母所在行和另一个字母所在的列对应的那个字母代替该字母。

　　② 若两个字母在同一行,则用与其相邻的右边的字母代替它,对矩阵中最后一列的字母采用循环卷动,即最后一列右边的相邻的字母是该行的第一列中的字母。

　　③ 若两个字母在同一列,则用与其相邻的下面的字母代替它,矩阵卷绕从最后一行转回到第一行。

　　则按以上规则得到密文如下。

eg　mn　fq　qm　kn　bk　sv　vr　gq　xn　ku

　　解密过程就按照字母矩阵逆向翻译即可。Playfair 密码中的每一个明文字母在密文中仅对应 5 种可能的字母,如上述例子中字母 e 只可能有 g、h、k、m 和 n 这 5 种代换。所以 Playfair 密码的安全性主要取决于字母矩阵的保密性。

　　Playfair 密码将明文中的双字母组合作为一个单元对待,并将这些单元转换为双字母组合。加密后的字符出现的频率在一定程度上被均匀化,但是对于已知密文的攻击却很易实现,同时也可以根据双联字字母分类统计进行频率攻击的方法来破解。

2. ADFGX 密码

> **ADFGX 密码的来源**
>
> 　　1918 年,第一次世界大战将要结束时,法军截获了一份德军电报,电文中的所有单

词都由 A、D、F、G、X 五个字母拼成,因此被称为 ADFGX 密码。ADFGX 密码是 1918 年 3 月由德军上校弗里茨·内贝尔(Fritz Nebel)发明的,是结合了波力比阿 (Polybius)密码和置换密码的双重加密方案。A、D、F、G、X 即波力比阿方阵中的前 5 个字母。同时选用这个五个字母也是因为这些符号在莫尔斯(Morse)码(·—,·· ·,··—·,———·,—···)中不易混淆,这样可以避免不必要的传输错误。这种 设计思想也是试图将纠错与密码学结合的标识之一。

ADFGX 密码将字母表中的字母组成 5×5 的矩阵,字母 i 和 j 被认为是同一个字母,矩阵的行和列都由字母 A、D、F、G、X 标记,然后将这 25 个字母填入矩阵中,如图 2-9 所示。

为每一个明文字母用它所在行和列的标记代替,例如,n 变成了 FA,r 变成了 DG,设明文为 what is jade。则第一步的结果如下。

AG　FD　DD　GX　XA　AF　XA　DD　FG　AX

然后再选择一个关键字,如 cat,用关键字中的字母标记矩阵的列,将第一步的结果组成矩阵,如图 2-10 所示。

之后按照关键字字母顺序重新将列排序,得到矩阵如图 2-11 所示。

	A	D	F	G	X
A	f	l	s	w	e
D	v	a	x	r	o
F	n	h	u	d	y
G	q	k	b	g	t
X	i	p	m	z	c

C	A	T
A	G	F
D	D	D
G	X	X
A	A	F
X	A	D
D	F	G
A	X	

A	C	T
G	A	F
D	D	D
X	G	X
A	A	F
A	X	D
F	D	G
X	A	

图 2-9 ADFGX 密码的初始矩阵　　图 2-10 ADFGX 密码的关键字矩阵　　图 2-11 ADFGX 密码的结果矩阵

通过按列向下读字母(忽略标记)可得到最终的密文为:

GDXAAFXADGAXDAFDXFDG

ADFGX 密码在知道关键字时解密很容易,可以根据列的长度确定关键字的长度和密文的长度,字母被放在了列中,重新安排顺序可以与关键字匹配,然后用初始的矩阵恢复明文。因此,ADFGX 密码的安全性建立在初始矩阵和关键字的更新上,这样会使密码分析变得困难一些。

但是当信息量足够时,这种密码体制能够被法国的密码专家乔治·潘温(Georges Painwin)破解。后来,因为该加密法发送含有大量数字的简短信息有问题,故人们在 1918 年 6 月加入一个字 V 对 ADFGX 进行扩充,变成以 6×6 格共 36 个字符加密的 ADFGVX 密码。这使得所有英文字母(不再将 i 和 j 视为同一个字)以及数字 0~9 都可混合使用。

摩斯电码

摩斯电码(又称莫尔斯码)是一种发报用的信号代码,是一种替代密码,其用点(Dot)和划(Dash)的组合以表示各个英文字母或标点,如图 2-12 所示。莫尔斯码于 1835 年由美国人艾尔菲德·维尔发明,当时他正在协助萨缪尔·莫尔斯进行莫尔斯电报机的发明。在早期无线电上它具有举足轻重的地位,是每个无线电通信者必须了解的。随着通信技术的进步,各国已于 1999 年停止使用莫尔斯电码,但由于它所占的频宽最少,又具一种技术及艺术的特性,故在实际生活中仍有应用。

图 2-12　莫尔斯码

2.4.3　多表代换分组密码——希尔密码

本节介绍另一种分组密码也是多表代换密码——希尔密码。这种密码体制是莱斯特·S.希尔(Lester S. Hill)在 1929 年提出的。希尔密码的主要思想是取 m 个明文符号的 m 个线性组合,得到 m 个密文符号,这种变换是在 Z_{26} 上进行的。这种密码在实践中很少被看到,但是它打破了人们在移位置换等方面探索加密算法的局限,开始将代数(线性代数和模数运算)方法进一步运用到了密码学中。之后,代数在密码学的发展上起到了越来越重要的作用。

例 2-6　请用希尔密码对明文 abc 进行加密和解密。

(1) 加密过程。

首先选取一个整数 n,如 $n=3$,则密钥被设为一个 $n×n$ 的矩阵 M,它是由模 26 的整数组成的,令这个加密矩阵为

$$M = \begin{pmatrix} 1 & 2 & 3 \\ 4 & 5 & 6 \\ 11 & 9 & 8 \end{pmatrix}$$

之后将明文信息表示为一系列向量,如 abc 可被表示为一个简单的行向量 $(0,1,2)$。

加密过程就是将明文向量与加密矩阵相乘(一般来说,矩阵出现在乘数的右边,若在左边则结论类似),并将结果做模 26 运算,则上述加密过程为

$$(0,1,2) \begin{pmatrix} 1 & 2 & 3 \\ 4 & 5 & 6 \\ 11 & 9 & 8 \end{pmatrix} \equiv (0,23,22)(\bmod 26)$$

因此,得出密文即为 axw(第一个字母 a 未被代换为别的字符,这是一个随机的结果)。

(2) 解密过程。

希尔密码的解密过程其实是确定行列式 M 的过程,M 应满足 $\gcd(\det(M),26)=1$。

这表明,由整数组成的矩阵 N 要满足 $MN \equiv I \pmod{26}$,这里的 I 是 $n \times n$ 的单位矩阵。

本例中,$\det(M) = -3$,M 的逆为

$$-\frac{1}{3} \begin{pmatrix} -14 & 11 & -3 \\ 34 & -25 & 6 \\ -19 & 13 & -3 \end{pmatrix}$$

因为 17 是 $-3 \pmod{26}$ 的逆,可用 17 代替 $-1/3$,则求模运算后得

$$N = \begin{pmatrix} 22 & 5 & 1 \\ 6 & 17 & 24 \\ 15 & 13 & 1 \end{pmatrix}$$

读者可自行检验 $MN \equiv I \pmod{26}$,要完成解密仅需将密文向量与 N 相乘即可:

$$(0,23,22) \begin{pmatrix} 22 & 5 & 1 \\ 6 & 17 & 24 \\ 15 & 13 & 1 \end{pmatrix} \equiv (0,1,2) \pmod{26}$$

希尔密码实现了明文字母的多表代换,相当于将多个代换表循环使用。多表代换密码由莱昂·巴蒂斯塔·阿尔伯特于 1467 年发明,著名的维吉内尔密码、博福特密码和希尔密码均是多表代替密码。

(3) 希尔密码的安全性。

对于希尔密码来说,仅使用密文是很难解密的,但已知明文的攻击却很容易破解,攻击者可以用穷尽搜索法尝试不同的 n 值,直至找出正确的值为止。在确定了 n 后,就可以将明文分为大小为 n 的多个分组,这样结合密文就可以得到关于 M 的矩阵等式。

例 2-7 假设已知 $n = 2$,有明文 howareyoutoday=

    7 14 22 0 17 4 24 14 20 19 14 3 0 24

及对应的密文 zwseniuspljveu=

    25 22 18 4 13 8 20 18 15 11 9 21 4 20

则可由前两个分组产生矩阵等式

$$\begin{pmatrix} 7 & 14 \\ 22 & 0 \end{pmatrix} \begin{pmatrix} a & b \\ c & d \end{pmatrix} \equiv \begin{pmatrix} 25 & 22 \\ 18 & 4 \end{pmatrix} \pmod{26}$$

但是,可以发现矩阵 $\begin{pmatrix} 7 & 14 \\ 22 & 0 \end{pmatrix}$ 的行列式是 -308,它的模 26 运算是不可逆的(对于矩阵的模运算感兴趣的读者可以学习相关数论知识)。因此,替换等式的最后一行,如用第 5 个分组,可得到

$$\begin{pmatrix} 7 & 14 \\ 22 & 19 \end{pmatrix} \begin{pmatrix} a & b \\ c & d \end{pmatrix} \equiv \begin{pmatrix} 25 & 22 \\ 15 & 11 \end{pmatrix} \pmod{26}$$

在这样的情况下,矩阵 $\begin{pmatrix} 7 & 14 \\ 22 & 19 \end{pmatrix}$ 是模 26 的可逆矩阵,且

$$\begin{pmatrix} 7 & 14 \\ 22 & 19 \end{pmatrix}^{-1} \equiv \begin{pmatrix} 5 & 10 \\ 18 & 21 \end{pmatrix} \pmod{26}$$

于是可以得到

$$\boldsymbol{M} \equiv \begin{pmatrix} 5 & 10 \\ 18 & 21 \end{pmatrix} \begin{pmatrix} 25 & 22 \\ 15 & 11 \end{pmatrix} \equiv \begin{pmatrix} 15 & 12 \\ 11 & 3 \end{pmatrix} (\bmod\ 26)$$

由于希尔密码在这种情况下是很容易被攻击的,因此不能认为它是非常健壮的。但是其引入了线性代数运算,因此在图像加密领域得到灵活的运用[7]。

2.4.4 分组密码的基本手段——扩散和混淆

在密码学中,混淆(confusion)与扩散(diffusion)是创建加密文件的两种主要方法。这样的定义最早出现在克劳德·香农(Claude Shannon)(如图 2-13 所示)1949 年的论文《保密系统的通信理论》中。这两种手段的目的都是挫败基于统计分析的密码分析方法。

图 2-13　克劳德·香农

混淆的含义是密钥并不是和密文简单地相关,在特殊的情况下,每一个密文字符都依赖于密钥的几部分。其作用主要是使密文和对称式加密方法中密钥的关系变得尽可能复杂。例如,有一个 $n \times n$ 矩阵的希尔密码,设想一下需要有一个长度为 n^2 的明文-密文对才能解出这个加密矩阵。如果改变了密文中的一个字符,矩阵的一个列将完全改变。若整个密钥均发生改变,则密码体制很可能需要同时求解整个密钥,而不是一组一组地分开进行。

而扩散则主要用来使明文和密文的关系变得尽可能复杂,即明文中任何一点小更动都会使密文出现很大的差异。类似地,如果改变了密文中的一个字符,明文中的几个字符也要改变。希尔密码也具有这个特性,即明文中的字母、双连字符等的频率统计是漫射到密文中几个字符的,这意味着统计攻击将变得异常困难。

因此具有混淆和扩散特性的加密算法可有效防止类似频率分析攻击的手段,如后面将介绍的基于 64 比特的分组密码 DES 方法和基于 128 比特的分组密码 AES 方法等。而维吉内尔密码和代换密码都不具有混淆和扩散的特性,这就是它们很容易受到频率分析攻击的原因。

混淆和扩散概念在任何一个设计良好的分组密码中均起着非常重要的作用,但是同时,扩散的缺点是错误传播(这也正是密码的优点):密文中的一个小错误在解密的信息中可以被转化成一个相当大的错误,以至于通常造成解密后的信息是不可读的。

2.5　一种不可攻破的密码体制

本章已介绍的加密算法中,每一种都是可被破解的,那么目前是否存在无法被破解的加密算法呢? 1912 年,吉尔伯特·韦尔纳姆(Gilbert Vernam)和约瑟夫·莫博涅(Joseph Mauborgne)就发明了一种不可被攻破的密码体制,其被称为一次一密(one-time pad)。他们最初的设计是用一系列的 0 和 1 表示信息,这可以用二进制数实现,下面先来了解二进制的相关知识。

2.5.1　信息的二进制表示

在计算机环境下,人们常用 0 和 1 表示数据,而不是直接用字母和其他数字。各种进制的数字都可以转换为二进制数(或以 2 为基的数),而最常用的标准记数方式则是基于十进制的。例如,123(十进制)意味着 $1\times10^2+2\times10^2+3$,二进制中用 2 来代替 10,仅使用数字 0 和 1,如 110101(二进制)用十进制表示 $2^5+2^4+2^2+1$(相当于十进制数的 53)。

二进制数中的每个 0 或 1 被称为一个比特(1bit,或 1b),8 个比特表示的数被称为 8 比特数字,或一个字节(1Byte,或 1B)。最大的 8 比特数字能表示十进制的 255,最大的 16 比特数字能表示的十进制数是 65 535。

除了数字外,单词、符号和字母都可给出二进制表示,标准的方式之一就是使用 ASCII 码,即美国信息交换标准代码,该代码中每个字符由 7 比特数字表示,允许标识 128 种可能的字符和符号。因为在计算机中人们通常使用 8 比特分组,故每个字符通常用 8 比特来表示,一旦在传输中有错误产生,8 比特数字就可用奇偶校验来检测。另外也可以使用扩展字符列表。表 2-10 给出了 ASCII 码与部分字符和标准符号的对应值,本书将使用它们把文本编码为 0 和 1 的序列。

表 2-10　部分符号的 ASCII 码

十进制	二进制	字符	十进制	二进制	字符	十进制	二进制	字符
32	0100000	(space)	48	0110000	0	64	1000000	@
33	0100001	!	49	0110001	1	65	1000001	A
34	0100010	"	50	0110010	2	66	1000010	B
35	0100011	#	51	0110011	3	67	1000011	C
36	0100100	$	52	0110100	4	68	1000100	D
37	0100101	%	53	0110101	5	69	1000101	E
38	0100110	&	54	0110110	6	70	1000110	F
39	0100111	,	55	0110111	7	71	1000111	G
40	0101000	(	56	0111000	8	72	1001000	H
41	0101001	)	57	0111001	9	73	1001001	I
42	0101010	*	58	0111010	:	74	1001010	J
43	0101011	+	59	0111011	;	75	1001011	K
44	0101100	,	60	0111100	<	76	1001100	L
45	0101101	-	61	0111101	=	77	1001101	M
46	0101110	.	62	0111110	>	78	1001110	N
47	0101111	/	63	0111111	?	79	1001111	O

2.5.2　一次一密

一次一密的密钥是由与信息同样长度的 0 和 1 组成的随机序列,一旦密钥被使用过一次就会被丢弃并且不再使用,加密的过程就是对信息和密钥逐比特地做模 2 加运算,这个过程通常称异或(exclusive OR),用 XOR 表示。例如,若需要加密的信息为 00101001,密钥是 10101100,则加密过程为

(明文)00101001

(密钥)10101100

(密文)10000101

解密过程即为用同样的密钥简单地将密文与密钥相加,如下所示。

$$10000101 + 10101100 = 00101001$$

若明文由一系列字母组成,则情况将稍微有一些变化,密钥是一串随机的移位序列,每一位都是介于 0~25 之间的数字,解密则使用同样的密钥,但是要减去所加上的移位。这种加密方法对于仅已知密文的攻击而言是不可破解的。例如,密文是 fiowpslqntisjqj,明文可能是 wewillwinthewar,也可能是 theduckwantsout,只要与明文具有相同的长度,每一种都有可能。由此可见从密文中除了明文的长度外得不出其他关于明文的信息。

但是由于一次一密的密钥在每次加密时都会更换,除非同一部分的密钥被重复使用,否则可选择的明文或密文攻击都是无法被攻破的。但是这样的机制要如何实现呢?如何才能正确地产生随机的 0 和 1 序列呢?

一种解决这个问题的方法是让一些人在屋子里掷硬币,但是这样产生密钥的效率太低。此外,也有人想到可以用盖格计数管,在一个小时的时间间隔内数一数滴答声,若这个数是偶数就记录 0,是奇数就记录 1。但是这些方法在实际应用中都不够实用,也不太满足绝对的随机性。在密码学的实际应用中要产生具有完全随机性的序列几乎是不可能的,但是可以认为具备如下性质的随机序列产生器产生的伪随机序列在密码学上是安全的。

(1)序列看起来是随机的,可以通过所有随机性统计检验。

(2)序列是不可被预测的,即使拥有了产生序列的算法或硬件和所有以前产生的比特流的全部信息,也不能通过计算预测下一个随机比特应该是什么。

(3)序列不能可靠地重复产生,即对于完全相同的两次输入来说,相同的序列产生器会产生两个不相关的随机序列。

可见,一次一密虽然具有难以破解的安全性,但是也存在着机制上的缺点。对于长信息的加密它需要非常长的密钥,产生这样的密钥本身就是一个难题,同时传输又要花费相当大的费用。此外,用过一次的密钥就绝对不可以用第二次,否则会很危险。有关一次一密的最新研究,感兴趣的读者可以参阅文献[8,9]。

2.6 转轮密码

20 世纪 20 年代,人们发明了各种机械加密设备以自动对明文加密,这些设备大多数都是基于转轮的概念。轮转机是一组转轮或接线编码轮所组成的机器,用于实现长周期的多表代换密码。一般的轮转机由机械运动和简单的电子线路组成:一个键盘和若干转轮,每个转轮由绝缘的圆形胶板组成,胶板正反两面边线上均有金属凸块,每个金属凸块上标有字母,字母的位置相互对齐。胶板正反两面的字母由金属连线接通,就可以形成一个代换运算。不同的转轮固定在一个同心轴上,它们可以独立自由转动,每个转轮可选取一定的转动速度。例如,一个转轮可能被线连起来用来实现以 F 代换 A,以 U 代换 B,以 L 代换 C 等,而且轮转的输出栓连接到相邻的输入栓上。

最具代表性的轮转机是英格玛(Enigma),由德国人亚瑟·谢尔比乌斯(Arthur Scherbius)和他的朋友理查德·里特(Richard Ritter)创办的公司发明,是第二次世界大战时期德国使用的最出名的机器之一。德国人为了战时使用,大大地加强了其基本设计。

英格玛可以被看作是对维吉内尔密码的一种实现,英格玛密码机的示意图如图 2-14 所示。

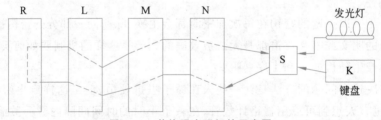

图 2-14　英格玛密码机的示意图

图中 L、M、N 为三个转动子,转动子是英格玛密码机最核心的关键部分。其中,每个转动子的一边是 26 个固定的电子触点,这些触点呈圆形排列;而转动子的另一边是同样按照圆形排列的 26 个载荷弹簧点,其和邻近的固定触点相连。每个转动子内部的固定触点和载荷触点可以随意地相连,并且每个转动子的内部链接均不相同,每个都有 26 种可能的初始设置。

最左边的 R 是反射器,其与 26 个载荷簧点成对相连。键盘 K 与键盘排列和广为使用的计算机键盘基本一样,只不过为了使通信尽量地短和难以被破译,空格、数字和标点符号都被取消,只留有字母键。S 是线路连接板,由约 6 对插头组成,可与 6 组字母相互交换,可对 26 个字母中的 6 个字母的输入单独进行一次代换加密,其他字母则不变。发光灯充当了显示器的作用,其包含标示了不同字母的 26 个小灯泡,当键盘上的某个键被按下时,和这个字母被加密后的密文字母所对应的小灯泡就亮起来,这是一种近乎原始的"显示"形式。

转动子的转动原理是:当按下键盘上的一个字母键后,相应加密后的字母在发光灯上显示出来,而转子就自动地转动一个字母的位置。例如,第一次输入 A 时,灯泡 B 亮,转子转动一格,各字母所对应的密码就改变了。第二次再输入 A 时,它所对应的字母就可能变成了 C;同样地,第三次输入 A 时,又可能是灯泡 D 亮了。英格玛不是一种简单代换密码,同一个字母在明文的不同位置时,可以被不同的字母代换,而密文中不同位置的同一个字母又可以代表明文中的不同字母,因此频率分析法在这里便无法起作用了。这种加密方式在密码学上也被称为"复式代换密码"。

使用英格玛通信时,加密方首先要调节三个转子的方向(三个转子的初始方向就是密钥,是收发双方必须预先约定好的);然后依次输入明文,并把显示器上灯泡闪亮的字母依次记下来;最后把记录下的闪亮字母按照顺序用正常的电报方式发送出去。接收方收到电文后使用一台同样的加密机,按照原来的约定把转子的方向调整到和发信方相同的初始方向上,然后依次输入收到的密文,显示器上自动闪亮的字母就是明文。加解密的过程完全一样。

转轮加密的三个转子各有 26 种状态,而三个转子的位置还可以进行交换形成 6 种排序,再加之线路连接板的作用,可使代换方式达到 10^{16} 左右! 显然对于暴力攻击来说这种加密机具有极高的安全性,即便攻击者动用大量的财力物力也几乎不可能实现。

其他的机械密码

第二次世界大战时期,美国人也使用了一种机械密码机,是由瑞典人鲍里斯·哈格林(Boris Hagelin)设计的哈格林密码机(美国军方称之为 M-209),它是一种齿数可变的齿轮装置,有 6 个密钥轮和 1 个打印轮,其整体大小与午餐盒相当,如图 2-15 所示。

从 1942 年开始,哈格林密码机广泛应用于美军营级到师级军事单位。整个第二次世界大战期间,总计生产了 14 万台,使得设计者哈格林获得了数百万美元的巨额利润,这也让他成为第一个因密码而成就的百万富翁。

图 2-15　哈格林密码机

截至 1943 年初,德国密码分析师能够阅读 M-209 信息的 10%～30%。然而,它被认为足以用于战术用途,并且在朝鲜战争期间仍被美国陆军使用。

2.7　小结

本章以古典密码的发展为脉络展开,介绍了代换密码、分组密码、一次一密以及轮转密码,着重介绍了代换密码和分组密码。其中,代换密码中主要讲述了单表代换密码,包括移位密码、仿射密码,并且总结了代换密码的一般形式与特点,以及对代换密码构成巨大威胁的频率攻击。分组密码中先讲解了分组密码的基本原理,然后由浅入深地详细介绍了两个经典的分组密码以及希尔密码,最后总结了分组密码的基本手段。

思 考 题

1. 移位密码和维吉内尔密码的异同是什么？

2. 求方程 $x+9 \equiv 7(\text{mod } 23)$ 的解。

3. 求方程 $5x \equiv 7(\text{mod } 23)$ 的解。

4. 求方程 $3x+4 \equiv 9(\text{mod } 11)$ 的解。

5. 已知移位加密的密文如下。

$$\text{cnkxkznkxkoygcorrznkxkoygcge}$$

请使用穷尽密钥搜索方法破解密文。

6. 现有一段明文为"Where there is a will，there is a way."，依然使用"keyword"作为密钥，请对明文使用维吉内尔密码加密。

7. 已知明文为 cryptography，使用希尔密码加密后的密文为 wtolrlwtqvvt，尝试确定加密密钥矩阵(矩阵维数为 3)。

8. 说明移位加密、代换加密、维吉内尔加密都很容易被已知明文攻击破解。对这些加密方法而言，需要多少明文就可以确定整个加密方法？

第3章

流　密　码

3.1 伪随机序列的生成

从上一章的讨论可以发现,完善保密的局限性在于需使用足够长的随机比特串作为密钥,而用自然的方法产生的随机比特流难以保证效率和安全性。因此人们更倾向于寻找一种短密钥扩展方法,使加密时能够生成近似随机比特流。这就是现代密码学的基础。

3.1.1 一般方式

大多数的计算机均支持生成随机数,如标准 C 语言库函数中的 rand( )函数可产生介于 0～65 535 之间的任意一个伪随机(即看似均匀)数,这个伪随机函数需要一个"种子"(seed)作为输入,之后就可产生一个比特流的输出。这类伪随机序列发生器一般都建立在线性同余生成器(linear congruential generator)的基础之上,它可以根据以下关系式产生一系列数。

$$x_n \equiv a x_{n-1} + b \pmod{m}$$

设 x_0 是初始值,a、b 和 m 是关系式中的参数。但是这类伪随机序列发生器所产生的伪随机序列无法满足密码学的要求,较适合以实验为目的的情况,因为它们依然是可被预知的比特流。对于已经知道的任何多项式同余生成器都存在潜在的不安全性。

为产生不可预知的比特流作为输入源,常用两种比特流创建方法,分别是利用单向函数和数论中的难解问题(intractable problem)。

单向函数是指那些在已知 y 和 $y = f(x)$ 的情况下依然不能求解 x 的函数。假设存在一个单向函数 f 和一个随机的输入参数 s,$y_j = f(s+j)$,$j=1,2,3,\cdots$,若令 b_j 是 y_j 的最低有效比特,那么序列 $b_0,b_1,\cdots$ 将是一个伪随机的比特序列。运用这种方法的最具代表性的加密算法就是 DES 安全散列算法。

而解决数论中的难解问题的方法中人们最常用的密码安全伪随机序列生成器之一是平方剩余伪随机序列生成器(Blum-Blum-Shub,BBS),即人们所说的二次剩余方程生成器。BBS 是一种流行的产生安全的伪随机数的方法,是由它的研制者的名字(Blum L,Blum M 和 Shub M)命名的。该算法首先产生两个大的素数 p 和 q,它们都同余于 3 模 4,设 $n = pq$,且存在一个随机的整数 x 与 n 互素,则为了初始化 BBS 生成器,设初始输入是 $x_0 \equiv x^2 \pmod{n}$,BBS 通过如下过程产生一个随机的序列 $b_0,b_1,\cdots$满足

① $x_j \equiv x_{j-1}^2 \pmod{n}$;

② b_j 是 x_j 的最低有效比特。

BBS 生成器的安全性是基于分解 n 的难度,很可能是不可预测的,但是它的计算速度慢,在有些情况下人们可能更在意加密的效率而非安全性。因此在保证应有的安全性时可以减少 k 个 x_j 中的最低有效比特,只要 $k \leqslant \log_2 \log_2 n$,这样应该也能保证加密的安全性。

3.1.2　线性反馈移位寄存序列

在很多加密情景中,人们需要考虑到存储开销、计算效率与安全性的平衡。线性反馈移位寄存器(linear feedback shift registers,LFSR)具有满足该场景的多项优点:高计算性能、低实现开销以及统计性良好的生成序列。例如,可用如下一个线性递归关系表示LFSR。

$$x_{n+5} \equiv x_n + x_{n+2} (\mathrm{mod}\ 2) \tag{3-1}$$

并设置式中变量的初始值为

$$x_0 = 0, \quad x_1 = 1, \quad x_2 = 0, \quad x_3 = 0, \quad x_4 = 0 \tag{3-2}$$

则将式(3-2)代入式(3-1)并重复 31 次后即可得到如下序列。

01000 01001 01100 11111 00011 01110 10100 0

一般一个长度为 m 的线性递归关系(系数 $c_0, c_1, \cdots$ 是整数)可表示为

$$x_{n+m} \equiv c_0 x_n + c_1 x_{n+1} + \cdots + c_{m-1} x_{n+m-1} (\mathrm{mod}\ 2)$$

若给出了初始值(initial value,IV)为

$$x_0, \quad x_1, \quad \cdots, \quad x_{m-1}$$

则序列 $\{x_n\}$ 的所有值都可以由递归计算出来,这个由 0 和 1 组成的结果序列可被用作加密的密钥。

这种方法可以用短的种子密钥生成一个周期非常长的加密密钥,这个长周期是相较于维吉内尔密码的改进。上例中,**IV** 和线性递归关系式系数分别为 |0,1,0,0,0| 和 |1,0,1,0,0|。这表示可以存储 10 比特产生 31 比特的伪随机数序列。对于精心选取的长为 31 的线性递归关系,任何非零 **IV** 均可产生一个周期为 $2^{31} - 1 = 2\ 147\ 483\ 647$ 的序列,这是相当可观的。

人们可用被称为线性反馈移位寄存器的硬件以实现上述过程,自动而快速地产生随机序列。图 3-1 描述了一个简单的线性反馈移位寄存器的工作原理,它由三个寄存器和两个异或运算器组成。

在图 3-1 所示的线性反馈移位寄存器中,每增加一次计算,每个盒子中的比特被移到另一个盒子中作为输入,用异或运算表明其引入的比特的模 2 加法。比特 x_m 即输出和明文的下一个比特异或产生的密文。图 3-1 中,当 x_0, x_1, x_2 的初始值被确定后,这个运算器就可以高效率地产生随机比特流。

但是,这种加密方法容易受到已知明文的攻击。一旦得知一段连续的明文比特及其相对应的密文比特就能异或得到相应的密钥,再通过求解线性方程组就可以确定递推关系,因此由递推关系和部分密钥就可以计算出密钥的所有比特。

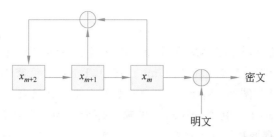

图 3-1　一个满足 $x_{m+2}=x_{m+1}+x_m$ 的线性反馈移位寄存器

3.2 流密码

　　流密码一般由初始化和密钥生成两个阶段组成,其主要包含密钥加载算法与迭代算法。初始化阶段首先调用密钥加载算法将短密钥 k(有时也被称为种子)以及可选的初始化向量 IV 加载到密码的内部状态中。然后多次调用迭代算法来更新内部状态,形成生成密钥流的初始状态 st。初始化阶段的目的是混淆,使攻击者无法确定 k、IV 与 st 的关系。然后在密钥生成阶段重复调用迭代算法并输出近似随机的无限比特流。无 IV 的流密码应该像伪随机生成器一样,即当密钥 k 是均匀的时,生成的比特序列应该与一串独立均匀的比特无法区分。当流密码使用 IV 时,它应该像伪随机函数一样工作,也就是说,只需改变初始化向量 IV 的值而输入 k 保持不变,就能够生成一串序列与独立均匀的比特序列。

　　LFSR 输出比特之间的线性关系导致了采用该部件设计的流密码无法抵抗相关攻击、代数攻击等方法。为了阻止这些攻击,必须引入一些非线性,即使用秘密值的与操作而不仅是异或操作。以下是常用的几种增加非线性度的方法,在一些流密码方案中这些方法也会组合出现。

　　非线性反馈:使用高于一次的反馈函数作为反馈移位寄存器(feedback shift registers,FSR)。换句话说,如果 t 时刻状态为 $x_{m-1}^{(t)},\cdots,x_0^{(t)}$,那么下一时钟的状态为

$$x_i^{(t+1)}=x_{i+1}^{(t)}, \quad i=0,\cdots,m-2$$
$$x_{m-1}^{(t+1)}=f(x_{m-1}^{(t)},\cdots,x_0^{(t)})$$

其中,f 为精心选取的非线性函数,其目的是使攻击者难以通过某时刻的部分状态计算出其他时刻的状态。使用此设计的流密码有 Grain 系列、Trivium 等。

　　非线性滤波:在输出序列中产生非线性。也就是寄存器状态仍然可以用 LFSR 更新,只是每个时钟的输出值是当前状态的一个非线性函数 g,而不仅是最右侧的寄存器值。采用此设计的流密码有 SNOW、ZUC 等。

　　非线性组合:以多个独立的 LFSR 输出作为一个非线性布尔函数 g 的输入,以各个 LFSR 的输出作为密钥流的输出。这个方式被称为非线性组合器。采用此设计的流密码有 E0。

　　当然,使用以上方法得到的密钥流还需要满足平衡性(0 与 1 的个数几乎相同)、长周期、高非线性度(与线性函数的输出序列相似性低)等性质。下面将介绍三种不同结构的流密码:基于非线性反馈移位寄存器的 Trivium、基于置换的 ChaCha20 和基于非线性滤波的 ZUC。

3.2.1 Trivium

2008 年欧洲完成的 eSTREAM 新型流密码项目的最终方案有 3 个适用于受限硬件环境,即 Grain v1、MICKEY 2.0 和 Trivium。其中,Trivium 流密码不仅结构简单而且硬件实现紧凑[10],其结构如图 3-2 所示。首先,方案的主要器件只有三个级数分别为 93、84、111 的 NFSR,记为 A,B,C。其次,Trivium 的输出序列仅为 6 个寄存器的异或,即在每个 FSR 中选取最右侧寄存器和另一个寄存器:$Z^{(t)} = A_{66}^{(t)} \oplus A_{93}^{(t)} \oplus B_{69}^{(t)} \oplus B_{84}^{(t)} \oplus C_{66}^{(t)} \oplus C_{111}^{(t)}$。

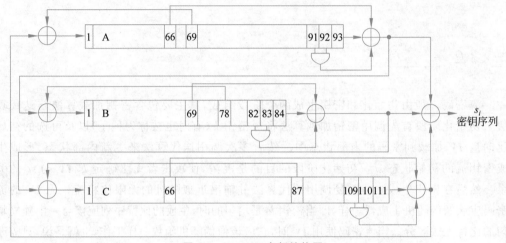

图 3-2   Trivium 内部结构图

Trivium 的内部是互相耦合的:每个时钟周期,每个 FSR 最左侧寄存器的更新值是由同一个 FSR 中的某一个寄存器和另一个 FSR 部分寄存器共同计算得到[11]。三个非线性反馈函数具体如下所示。

$$A_1^{(t+1)} = C_{66}^{(t)} \oplus C_{109}^{(t)} \wedge C_{110}^{(t)} \oplus C_{111}^{(t)} \oplus A_{69}^{(t)}$$
$$B_1^{(t+1)} = A_{66}^{(t)} \oplus A_{91}^{(t)} \wedge A_{92}^{(t)} \oplus A_{93}^{(t)} \oplus B_{78}^{(t)}$$
$$C_1^{(t+1)} = B_{69}^{(t)} \oplus B_{82}^{(t)} \wedge B_{83}^{(t)} \oplus B_{84}^{(t)} \oplus C_{87}^{(t)}$$

Trivium 的初始化算法接受 80 比特密钥和 80 比特 **IV**。首先,密钥和 **IV** 分别加载到 A 和 B 的左 80 个寄存器中,对于 C 的 3 个最右寄存器被赋值为 1,其余寄存器设置为 0。然后运行 Next 4×288 次时钟周期(丢弃输出),并将结果状态作为初始状态。

流密码的侧信道攻击

侧信道攻击(side-channel attack,SCA)指攻击者利用密码算法与其所运行的物理设备交互过程中泄露的信息来展开攻击。近几十年来,该攻击相关研究主要集中在针对分组密码方案来提高攻击效果或提出新颖的抗攻击方法。2022 年,S. Kumar 等组合机器学习、混合整数线性规划、可满足性模型理论开发了一个自动化框架[12],可在任何流密码或类似结构上执行 SCA。这种攻击不但可以恢复例如 Trivium 方案的内部状态,还能逆向得到其初始密钥。

3.2.2　ChaCha20

ChaCha 是 D. J. 伯恩斯坦(D. J. Bernstein)于 2008 年设计的流密码方案,本节介绍的 ChaCha20 为 Chacha 类中一个有 20 轮运算、96 比特随机数、256 比特密钥的特例方案[13]。ChaCha20 结合了 Poly1305 消息验证码以构造 TLS 协议中面向软件的高性能认证加密方案,旨在替代已经不安全的 RC4 算法。ChaCha20-Poly1305 是 OpenSSH、WireGuard、OTRv4 和比特币闪电网络中默认的关联数据认证加密(authenticated encryption with associated data,AEAD)方案[14]。ChaCha20 主要思想如下。

此算法的核心是一个精心选取的固定置换 P,其具有既高效又密码学高强度的特点。为了提高效率,它被设计为主要依赖在 32 比特字上运行的三个汇编级指令:模 2^{32} 加(addition),循环逐比特旋转(rotation)以及异或(Xor);P 也因此被称为基于 ARX 的设计。从密码学的角度来看,P 可以是一个"随机置换"的实例,并且基于 P 的构造方法可以用随机置换模型分析。与随机预言机模型相比,随机置换模型假设所有参与方都可以调用关于一个均匀置换 P 及其逆 P^{-1} 的预言机。就像在随机预言机模型中一样,计算 P 或 P^{-1} 的唯一方法就是直接询问这些预言机。

在 ChaCha20 中,512 比特的置换 P 用于构造一个伪随机函数 F,该函数根据 256 比特密钥值将 128 比特输入映射到 512 比特输出,如下所示。

$$F_k(x) = P(\text{const} \parallel k \parallel x) \boxplus \text{const} \parallel k \parallel x$$

其中,const 为 4 个 32 比特字 0x61707865,0x3320646e,0x79622d32,0x6b206574 组成的常数,⊞为逐字模加操作。如果 P 是随机置换,可以证明 F 就是一个伪随机函数。

给定一个 256 比特种子 s 和一个初始向量 $\boldsymbol{IV} \in \{0,1\}^{64}$,ChaCha20 流密码输出是 $F_s(\boldsymbol{IV} \parallel <0>)$,$F_s(\boldsymbol{IV} \parallel <1>)$,$\cdots$,其中计数器 $<0>$,$<1>$,$\cdots$,均代表 64 比特整数。明文长度如果不是 512 的倍数时将填充 0,之后逐比特异或密钥流就能得到密文。

3.2.3　ZUC

ZUC(祖冲之密码)是由冯登国院士团队研制的一种基于字的商用流密码算法,是 LTE (long term evolution) 国际移动通信标准的核心部分。该算法包括祖冲之算法(ZUC)、加密算法(128-EEA3)和完整性算法(128-EIA3)三个部分[15]。

它以 128-bit 的初始密钥 $\boldsymbol{KEY}$ 和 128-bit 的初始向量 $\boldsymbol{IV}$ 作为输入,算法的输出为位宽 32-bit 的字序列。整个 ZUC 加密算法的运行按照工作性质可分为两个阶段:初始化阶段和工作阶段。在初始化阶段,算法运行 32 轮但不输出密钥流,目的是让内部状态和初始密钥的关系尽可能地无法预测,从而得到近似随机的内部状态。在工作阶段,算法每完成一次运算后输出一个 32-bit 的密钥字,其具体的执行过程会在后文中算法执行部分详细描述。ZUC 加密算法从逻辑上可以分为三层,从上到下依次为线性反馈移位寄存器(LFSR)层,比特重组(BR)层和非线性函数(F)层,其基本结构如图 3-3 所示。方案生成的密钥流可以用来加密解密或实现消息完整性认证。

与大多数流密码的 LFSR 设计不同,ZUC 的 LFSR 基于有限域 GF$(2^{31}-1)$,其目的是在不牺牲效率的条件下提供一定的安全性。LFSR 为 16 个字的寄存器 $\boldsymbol{S} = (s_0, \cdots,$

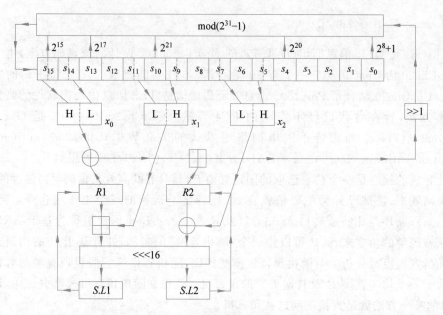

(a) 初始化阶段

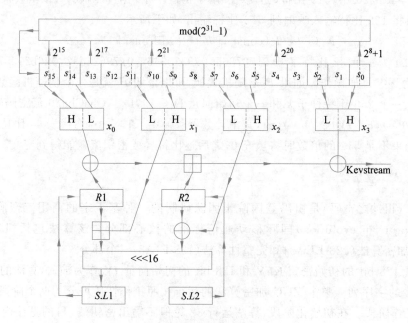

(b) 密钥流生成阶段

图 3-3　ZUC 内部结构图

s_{15}),每个寄存器s_i 有 31 比特,$t+1$ 时刻反馈函数输出字

$$s_{15}^{(t+1)} = 2^{15} s_{15}^t + 2^{17} s_{13}^t + 2^{21} s_{10}^t + 2^{20} s_4^t + (2^8 + 1) s_0^t$$

因其线性反馈函数为本原多项式,所以 LFSR 的周期为$(2^{31} - 1)^{16} - 1 \approx 2^{496}$。换句话说,ZUC 像其他流密码方案中的 LFSR 一样有序列周期长、统计特性好的优点。而且由于任意 $a \in \mathrm{GF}(2^{31} - 1)$都可以表示为 $a = a_{31} 2^{31} + a_{30} 2^{30} + a_0 2^0$,其中$a_i \in \mathrm{GF}(2)$。换句话

说,a 可以用向量表示,GF($2^{31}-1$)上的乘法可以用左移位和加法快速实现,因此,LFSR 层避开了 GF(2)上已经成熟的序列分析方法还能保证较高的实现效率。

BR 层有四个 32 比特寄存器 X_0,X_1,X_2,X_3,其中存储的每个值都是由 LFSR 中两个状态的各 16 比特信息级联而成,如下所示。

$$X_0 = s_{15H} \parallel s_{14L}$$
$$X_1 = s_{11L} \parallel s_{9H}$$
$$X_2 = s_{7L} \parallel s_{5H}$$
$$X_3 = s_{2L} \parallel s_{0H}$$

例如,两个 31 比特寄存器 $s_{15} = 0\mathrm{x}12345678$,$s_{14} = 0\mathrm{x}1abcdef2$,那么 $X_0 = 0\mathrm{x}2468def2$。虽然重组操作仍然是一种线性变换,但经过重组后的输出序列能够更快地做出变化。

F 层旨在为保密算法提供混淆与扩散性的同时降低对移动通信设备的硬件资源占用。其 F 函数包含三个主要部件:两个 32 比特寄存器 $R1$、$R2$,两个 32 比特到 32 比特的线性变换 $L1$、$L2$ 以及两个 8 进 8 出 S 盒 $S0$ 和 $S1$。F 函数将 BR 层 3 个寄存器 X_0、X_1、X_2 压缩为一个 32 比特字 W,与此同时使用线性变换和 S 盒置换更新寄存器 $R1$、$R2$。两个线性变换在 S 盒变换操作前,实现信息跨 S 盒间的扩散,表达式如下。

$$L1(X) = X \oplus (X \lll_{32} 2) \oplus (X \lll_{32} 10) \oplus (X \lll_{32} 18) \oplus (X \lll_{32} 24)$$
$$L2(X) = X \oplus (X \lll_{32} 8) \oplus (X \lll_{32} 14) \oplus (X \lll_{32} 22) \oplus (X \lll_{32} 30)$$

其中,$X \lll_{32} k$ 表示对 32 比特字 X 循环左移 k 位,$\oplus$ 为逐比特异或。线性变换后的 32 比特输出再通过 4 个小的 S 盒进行局部混淆,这 4 个 S 盒由两个非线性 S 盒 $S0$ 和 $S1$(见表 3-1、表 3-2)组合而成,即

$$S(X) = S0(X \gg 24) \parallel S1(X \gg 16 \wedge 0\mathrm{xff}) \parallel S0(X \gg 8 \wedge 0\mathrm{xff}) \parallel S1(X \wedge 0\mathrm{xff})$$

表 3-1　S 盒 $S0$

	00	01	02	03	04	05	06	07	08	09	0a	0b	0c	0d	0e	0f
00	3e	72	5b	47	ca	e0	00	33	04	d1	54	98	09	b9	6d	cb
01	7b	1b	f9	32	af	9d	6a	a5	b8	2d	fc	1d	08	53	03	90
02	4d	4e	84	99	e4	ce	d9	91	dd	b6	85	48	8b	29	6e	ac
03	cd	c1	f8	1e	73	43	69	c6	b5	bd	fd	39	63	20	d4	38
04	76	7d	b2	a7	cf	ed	57	c5	f3	2c	bb	14	21	06	55	9b
05	e3	ef	5e	31	4f	7f	5a	a4	0d	82	51	49	5f	ba	58	1c
06	4a	16	d5	17	a8	92	24	1f	8c	ff	d8	ae	2e	01	d3	ad
07	3b	4b	da	46	eb	c9	de	9a	8f	87	d7	3a	80	6f	2f	c8
08	b1	b4	37	f7	0a	22	13	28	7c	cc	3c	89	c7	c3	96	56
09	07	bf	7e	f0	0b	2b	97	52	35	41	79	61	a6	4c	10	fe
0a	bc	26	95	88	8a	b0	a3	fb	c0	18	94	f2	e1	e5	e9	5d
0b	d0	dc	11	66	64	sc	ec	59	42	75	12	f5	74	9c	aa	23
0c	0e	86	ab	be	2a	02	e7	67	e6	44	a2	6c	c2	93	9f	f1

续表

	00	01	02	03	04	05	06	07	08	09	0a	0b	0c	0d	0e	0f
0d	f6	fa	36	d2	50	68	9e	62	71	15	3d	d6	40	c4	e2	0f
0e	8e	83	77	6b	25	05	3f	0c	30	ea	70	b7	a1	e8	a9	65
0f	8d	27	1a	db	81	b3	a0	f4	45	7a	19	df	ee	78	34	60

表 3-2 S 盒 S1

	0	1	2	3	4	5	6	7	8	9	0a	0b	0c	0d	0e	0f
0	55	c2	63	71	3b	c8	47	86	9f	3x	da	5b	29	aa	fd	77
1	8c	c5	94	0c	a6	1a	13	00	e3	a8	16	72	40	f9	f8	42
2	44	26	68	96	81	d9	45	3e	10	76	c6	a7	8b	39	43	e1
3	3a	b5	56	2a	c0	6d	b3	05	22	66	bf	dc	0b	fa	62	48
4	dd	20	11	06	36	c9	c1	cf	f6	27	52	bb	69	f5	d4	87
5	7f	84	4c	d2	9c	57	a4	bc	4f	9a	df	fe	d6	8d	7a	eb
6	2b	53	d8	5c	a1	14	17	fb	23	d5	7d	30	67	73	08	09
7	ee	b7	70	3f	61	b2	19	8e	4e	e5	4b	93	8f	5d	db	a9
8	ad	f1	ae	2e	cb	0d	fc	f4	2d	46	6e	1d	97	e8	d1	e9
9	4d	37	a5	75	5e	83	9e	ab	82	9d	b9	1c	e0	cd	49	89
0a	01	b6	bd	58	24	a2	5f	38	78	99	15	90	50	b8	95	e4
0b	d0	91	c7	ce	ed	0f	b4	6f	a0	cc	f0	02	4a	79	c3	de
0c	a3	ef	ea	51	e6	6b	18	ec	1b	2c	80	f7	74	e7	ff	21
0d	5a	6a	54	1e	41	31	92	35	c4	33	07	0a	ba	7e	0e	34
0e	88	b1	98	7c	f3	3d	60	6c	7b	ca	d3	1f	32	65	04	28
0f	64	be	85	9b	2f	59	8a	d7	b0	25	ac	af	12	03	e2	f21

其中，$X \ggg k$ 表示对 32 比特字 X 右移 k 位。非线性函数 F 的伪代码如下。

$F(X_0, X_1, X_2)$

{

  $W = (X_0 \oplus R1) \boxplus R2$

  $W_1 = R1 \boxplus X_1$

  $W_2 = R2 \oplus X_2$

  $R1 = S(L1(W_{1L} || W_{2H}))$

  $R2 = S(L2(W_{2L} || W_{1H}))$

  return W

}

其中，$\boxplus$ 为模 2^{32} 加法。

加密算法(128-EEA3)和完整性算法(128-EIA3)均基于 ZUC 算法，前者使用对称密钥初始化，再用生成的密钥流逐比特异或明文进行加密。后者使用另一个密钥(即完整性密钥)来初始化,生成密钥流后,将密钥流根据明文的值以累加到一个 32 比特的累加器中以生成最终的 MAC。

ZUC 密码研究新进展

冯登国教授(如图 3-4 所示)团队于 2016 年起草发布了国家标准《信息安全技术 祖冲之序列密码算法》的第一部分[16],此部分保证祖冲之序列密码算法使用的正确性,为国内企业正确研发祖冲之算法的相关设备提供指导。2021 年,冯教授团队继续完善 ZUC 算法标准的剩余部分,包括保密性算法[17]和完整性算法[18]。这两部分主要适用于基于祖冲之序列密码算法的保密性算法和完整性算法的相关产品的研制、检测和使用。

图 3-4　冯登国教授

3.3　小结

本章首先引入了多个伪随机序列生成器以替代保存足够长的完全随机密钥,介绍了伪随机序列生成的一般方式,接着讲解了伪随机序列生成的例子,也是研究最为广泛的 LFSR 及其序列,并阐述其优缺点。之后分析了流密码方案的工作流程,介绍了几种主要密码学器件。最后介绍了三种不同结构的流密码方案:Trivium、ChaCha20 以及国产 ZUC 密码。在实际应用中,往往精心设计的流密码方案可以用于存储及计算资源受限且需要高性能的设备中。

思 考 题

1. 下图是一个 4 级 LFSR,它的输出序列最小周期是多少?请给出一个初试状态并计算相应的一个周期的输出序列。

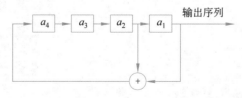

2. 下图是一个 4 级 LFSR,它的输出序列最大周期是多少?请给出一个初试状态并计算相应的一个周期的输出序列。

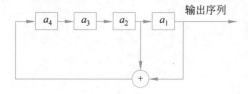

3. 对于一个仅用 LFSR 的流密码方案,已知用户从 t 时刻起发送的明文为 0100 1101 1001 10,并截获其密文为 0110 0011 1100 01。

(1) 请确定该 LFSR 的级数和 t 时刻的内部状态。

(2) 求 LFSR 的反馈系数并画出该 LFSR 的电路图。

4. 两个 LFSR 的线性移位寄存器 A、B,其级数分别为 2、3,它们由如下方法互相耦合而成:

$$A_2^{(t+1)} = B_1^{(t)} \oplus B_3^{(t)}$$
$$B_3^{(t+1)} = A_1^{(t)} \oplus A_2^{(t)}$$

求 $Z^{(t+1)} = A_1^{(t)} \oplus A_2^{(t)} \oplus B_1^{(t)} \oplus B_3^{(t)}$ 生成序列的最大周期。

5. 已知一个 GF(7) 上的 5 级 LFSR $S = (s_0, \cdots, s_4)$,每个 s_i 取值为 $\{1, \cdots, 7\}$,如果反馈函数为本原多项式 $f(x) \equiv x^5 + x^3 + x^2 + x + 1 \pmod 7$,那么该寄存器输出序列最大周期是多少?

第 4 章

数据加密标准

4.1 概述

20 世纪 70 年代初期，计算机网络发展迅速，但是数据的安全性却成为了一个严重的问题。当时的加密算法都比较简单，容易被攻击者破解，急切地需要一个新的加密算法以保证数据的安全。美国国家标准局（National Bureau of Standards，NBS）公开征集数据加密标准（DES），经过两次甄选最终确定标准。DES 从 1976 年被定为标准到 2001 年被高级加密标准（AES）所代替，走过了 25 年的历程，很好地履行了自身的职责[19-21]。

DES 是一种 Feistel 体制的分组密码，其使用长度为 56 比特的密钥，一次可以处理 64 比特数据。尽管 DES 在设计上具有良好的防御措施，可以防范多数攻击，但是随着时间的推移，DES 日渐"衰老"，已经无法防范攻击者对密钥的穷尽搜索。虽然 DES 已经被取代，但是相较于最初的 10～15 年设计需求，DES 最终被使用了 25 年，至今仍然在一些安全需求不高的地方被人们所使用[22-24]。

4.1.1 DES 的历史

在 20 世纪 70 年代前，密码学主要被应用于军事方面，非军事密码学研究少有人参与，大多数人都知道军方采用特殊的编码设备来进行通信，但是对密码学这门科学的认识相对较少。1972 年，美国国家标准局（National Bureau of Standards，NBS），即现在的美国国家标准和技术研究所（National Institute of Standards and Technology，NIST），拟定了一个旨在保护计算机和通信数据的计划[25]。作为该计划的一部分，他们想开发一个单独的标准密码算法。

1973 年 5 月 15 日，NBS 发布了公开征集标准密码算法的请求，并确定了一系列的设计准则，但是由于提交的算法都与要求相去甚远，第一次征集失败。

1974 年 8 月 27 日，NBS 第二次征集加密算法标准，并征集到一个由 IBM 开发的有前途的候选算法 Lucifer。随后 NBS 请求美国国家安全局（National Security Agency，NSA）帮助对算法的安全性进行评估以决定它是否适合作为联邦标准。

1975 年 3 月 17 日，DES 在"联邦公报"上被发表并征集意见。公众对于 NSA 在开发该算法时的"看不见的手"很警惕，他们担心 NSA 修改了算法以安装陷门，同时还抱怨 NSA 将密钥长度由原来的 112 比特减少到 56 比特。有传言说，56 比特长的密钥刚好能被拥有世界上最高效计算资源的 NSA 破解，且对民间通信是不安全的。

1976 年,为针对公众的疑问,NBS 于 8 月和 9 月分别召开两次研讨会,一次研讨算法的数学问题及安装陷门的可能性,另一次研讨增加密钥长度的可能性。

1976 年 11 月,数据加密标准确立。

此后每隔 5 年美国官方都对 DES 进行评估,虽然标准确定伊始时人们认为 DES 服役时间为 10~15 年,然而最终 DES 服役时间远超 15 年,一方面是由于其自身的安全性,另一方面是由于没有更加可靠的密码算法。但是随着时间的推移,电子设备的性能呈指数趋势增加,暴力破解 DES 已不是难事,最终 DES 被使用更长密钥的 AES 算法所替代[26]。

> **暴力破解与 DES 的密钥长度**
>
> 对于一切密码而言,最基本的攻击方法是暴力破解法——依次尝试所有可能的密钥。密钥长度决定了可能的密钥数量,因此也决定了暴力破解方法的可行性。对于 DES,即使在它成为标准之前就有一些关于其密钥长度的适当性的问题。在设计时,在与包括 NSA 在内的外部顾问讨论后,将 DES 的密钥长度被从 128 比特减少到了 56 比特以适应在单芯片上实现算法的需求。而最终正是由于密钥长度不够,而迫使它被后续算法所替代。所以至今在一些对安全强度要求不高的芯片级应用场合,DES 也常被用到。

4.1.2 DES 的描述

如图 4-1 所示,DES 是一种使用 Feistel 体制的分组密码,使用 56 比特原始密钥产生 16 组轮密钥,对 64 比特的明文分组进行 16 轮变换,最终得到密文分组。而解密时,使用加密的函数进行解密,但是需要将 16 组轮密钥逆向使用,使密文变换为明文。

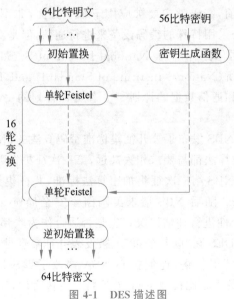

图 4-1 DES 描述图

DES 利用 Feistel 体制以实现加密的两个基本技术——混淆和扩散。混淆和扩散是香农在其 1949 年的论文中提到的,使用该标准来判断加密效果的好坏。混淆用于掩盖明文和密文之间的关系,做到这点最容易的方法是代换,如凯撒密码。扩散通过将明文冗余度分散到密文中使之分散开来,做到这点最简单的方法是换位(也被称为置换法),如明文逆序。单独使用扩散通常容易被攻破,分组密码算法常常既用到混淆又用到扩散。

4.2　Feistel 体制

一个好的分组密码不仅应该看似随机的,即伪随机的,而且还需要确保其各个部件的操作还能够可逆。Feistel 体制的优点是能够将近似随机函数转换成一个近似随机置换。

DES 算法使用 Feistel 体制来进行加解密,随着 DES 的公开,有大量的新开发的加密算法均使用 Feistel 体制来进行构建。Feistel 体制是一种多轮结构,每一轮操作相同,将密钥的信息注入当前轮输入的右半部分,再与左半部分异或后形成下一轮变换的输入。本节首先解释单轮的 Feistel 体制,然后再解释多轮的 Feistel 体制。

4.2.1　单轮 Feistel

单轮 Feistel 的输入和输出均为 $2w$ 比特的数据,其分为左半部分 L 和右半部分 R,假设现在处于第 i 轮,则可以认为输入为 L_{i-1} 和 R_{i-1},输出为 L_i 和 R_i,密钥为 K_i,单轮处理过程如图 4-2 所示。其中 K_i 输入到的部分称为 F 函数,不同的算法常常因为 F 函数的不同而不同。

输出 L_i 直接由 R_{i-1} 赋值得到,而 R_i 则是由 R_{i-1} 和密钥 K_i 输入到 F 函数中取得的结果再与 L_{i-1} 异或获得。L_i 和 R_i 可由式(4-1)和式(4-2)表示。

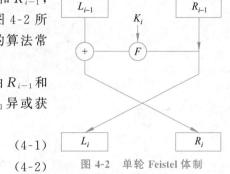

$$L_i = R_{i-1} \tag{4-1}$$

$$R_i = L_{i-1} \oplus F(R_{i-1}, K_i) \tag{4-2}$$

图 4-2　单轮 Feistel 体制

Feistel 与 Horst Feistel

在密码学研究中,Feistel 密码结构是用于分组密码中的一种对称结构,以它的发明者霍斯特·费斯特尔(Horst Feistel)名字命名,而霍斯特·费斯特尔本人是一位物理学家兼密码学家,在他为 IBM 工作的时候为 Feistel 密码结构的研究奠定了基础。很多密码标准都采用了 Feistel 体制,其中包括 DES。Feistel 的优点在于:由于它是对称的密码结构,所以对信息的加密和解密的过程就极为相似,甚至完全一样,这就使得其在实施的过程中,对编码量和线路传输的要求减少了几乎一半。

4.2.2 多轮 Feistel

多轮 Feistel 的输入为 $2w$ 长度的明文分组,而输出也为 $2w$ 长度的密文分组,同时还需要 n 个 w 长度的密钥组成的密钥序列,每一轮使用一个密钥。多轮 Feistel 相当于多次执行的 Feistel 单轮操作,输出最终结果时,将最后一轮结果的左右分组交换后输出。而 Feistel 的加密和解密结构仅是密钥顺序的不同,其余结构一样,从而使硬件上的线路可以减少一半或者软件上的编码量减少一半。加解密的 Feistel 体制示意图如图 4-3 所示。

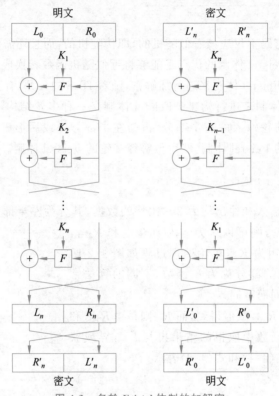

图 4-3 多轮 Feistel 体制的加解密

4.2.3 Feistel 加解密的同结构

如图 4-3 所示,Feistel 体制在加解密上可以使用同一个结构以实现,在实现过程中,只需将密钥逆序使用即可。下面按照图 4-3 证明上面所说的正确性。

式(4-1)和式(4-2)说明了加密的数据变化,同样,对于解密有

$$L'_{i-1}=R'_i \tag{4-3}$$

$$R'_{i-1}=L'_i \bigoplus F(R'_i,K_i) \tag{4-4}$$

由图 4-3 可知,$L'_n=R_n$,$R'_n=L_n$,继而由式(4-1)、式(4-2)、式(4-3)和式(4-4)可得解密结构中第一轮结束后的关系为

$$L'_{n-1}=R'_n=L_n=R_{n-1} \tag{4-5}$$

$$R'_{n-1}=L'_n \bigoplus F(R'_n,K_n)$$

$$= R_n \oplus F(L_n, K_n)$$
$$= (L_{n-1} \oplus F(R_{n-1}, K_n)) \oplus F(R_{n-1}, K_n)$$
$$= L_{n-1} \tag{4-6}$$

多次迭代后可得

$$L'_0 = R_0 \tag{4-7}$$
$$R'_0 = L_0 \tag{4-8}$$

可见,解密成功。

4.3　DES 加密

　　DES 算法使用 Feistel 体制作为框架进行设计,通过实现 F 函数和密钥扩展函数,并对 Feistel 进行初始置换和逆初始置换形成算法。具体的 DES 总体结构如图 4-4 所示,64比特明文首先通过初始置换后,进行 16 轮的 Feistel 体制,再经过一个逆初始置换形成密文,其中 16 轮 Feistel 体制中使用的不同子密钥由密钥生成函数通过一个 64 比特密钥生成[27]。

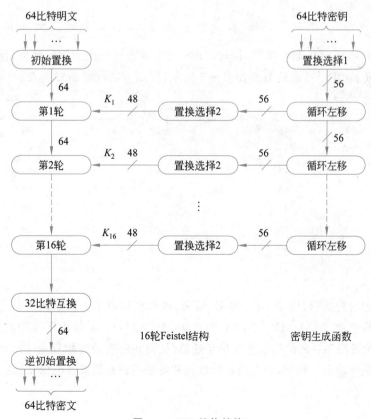

图 4-4　DES 总体结构

　　下面分别对初始置换、逆初始置换和 F 函数进行讲解。其中,初始置换、逆初始置换没有保密的作用,只是为了便于在 20 世纪 70 年代中期基于 8 比特的硬件中加载块而设置的;F 函数是保证 DES 安全的核心操作。

4.3.1　DES 的初始置换与逆初始置换

DES 算法在执行 Feistel 体制的 16 轮变换前,需要经过一个初始置换(IP 置换),使用的置换表为 IP 置换表,其数据如表 4-1 所示。表的输入标记为从 1 到 64,共 64 比特。置换表中 64 个元素代表从 1 到 64 这些数的一个置换,每个元素代表其来自输入比特的位置。例如,IP 表的第 1 个元素表明输入比特的第 58 位在输出比特的第 1 位。

表 4-1　初始置换(IP)

58	50	42	34	26	18	10	2
60	52	44	36	28	20	12	4
62	54	46	38	30	22	14	6
64	56	48	40	32	24	16	8
57	49	41	33	25	17	9	1
59	51	43	35	27	19	11	3
61	53	45	37	29	21	13	5
63	55	47	39	31	23	15	7

在结束了 Feistel 体制变换后,同样,DES 还需要进行一次逆初始置换,使用的置换表为逆初始置换表(IP^{-1}),表的数据如表 4-2 所示,使用方法同初始置换表。

表 4-2　逆初始置换(IP^{-1})

40	8	48	16	56	24	64	32
39	7	47	15	55	23	63	31
38	6	46	14	54	22	62	30
37	5	45	13	53	21	61	29
36	4	44	12	52	20	60	28
35	3	43	11	51	19	59	27
34	2	42	10	50	18	58	26
33	1	41	9	49	17	57	25

经过逆初始置换后,整个 DES 加密(解密)过程就结束了。初始置换和逆初始置换实际上是互逆的过程,即 $M = \text{IP}^{-1}(\text{IP}(M)) = \text{IP}(\text{IP}^{-1}(M))$。正是由于互逆的性质,保证了加密的逆初始置换和解密的初始置换相互抵消,从而在解密的时候复原了加密时最后一轮的 Feistel 体制的输出。同理,加密的初始置换和解密的逆初始置换也相互抵消,形成明文。

4.3.2　DES 的 F 函数

DES 使用 Feistel 体制作为主结构实现了自己 Feistel 体制中的 F 函数。DES 的 F 函数主要是由扩展置换(E 置换)、异或操作、代换选择(S 盒代换)和 P 盒置换组成,分组

R(32 比特)经过 E 置换扩展至 48 比特,接着与当前轮次密钥 K(48 比特)进行异或操作,结果经过 8 个不同的 S 盒代换后再经过一次 P 置换取得 F 函数的输出,整个 F 函数的流程如图 4-5 所示。其中 8 个精心设计的 S 盒组成了 F 函数的核心部件,是 DES 结构中唯一的非线性变换。正是由于这些 S 盒遵循多项密码学设计准则,DES 才能够抵抗除穷举攻击外的多种攻击方法。

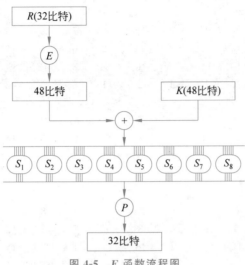

图 4-5　F 函数流程图

首先分组 R 经过的变换是 E 置换,该置换可以将一个 32 比特的数据扩展成 48 比特的分组。E 置换用到的数据如表 4-3 所示,其使用的方法与 IP 表一样。

表 4-3　扩展置换(E)

32	1	2	3	4	5
4	5	6	7	8	9
8	9	10	11	12	13
12	13	14	15	16	17
16	17	18	19	20	21
20	21	22	23	24	25
24	25	26	27	28	29
28	29	30	31	32	1

分组 R 经过扩展置换后形成 48 比特的分组,该分组首先和当前轮次的密钥 K 进行异或操作,然后需要进行 S 盒的代换。DES 所用到的 S 盒的定义如表 4-4 所示,分为 8 个 S 盒。如图 4-5 所示,每个 S 盒输入为 6 比特,输出为 4 比特,故总输入为 48 比特而输出为 32 比特。因此,S 盒并不是一个可逆函数。S 盒的变换操作如下:盒 S_i 的输入为输入分组的第 $6i-5$ 到 $6i$ 比特,盒 S_i 输入的第一位和最后一位组成一个 2 比特的二进制数,用来选择 S 盒 4 行代换值中的一行,中间 4 比特用来选择 16 列中的某一列。例如,在 S_1 中,若输入为 010110,则行是 0(00),列是 11(1011),该处值是 12,所以输出是 1100。

表 4-4　DES 的 S 盒定义

盒 S_1

14	4	13	1	2	15	11	8	3	10	6	12	5	9	0	7
0	15	7	4	14	2	13	1	10	6	12	11	9	5	3	8
4	1	14	8	13	6	2	11	15	12	9	7	3	10	5	0
15	12	8	2	4	9	1	7	5	11	3	14	10	0	6	13

盒 S_2

15	1	8	14	6	11	3	4	9	7	2	13	12	0	5	10
3	13	4	7	15	2	8	14	12	0	1	10	6	9	11	5
0	14	7	11	10	4	13	1	5	8	12	6	9	3	2	15
13	8	10	1	3	15	4	2	11	6	7	12	0	5	14	9

盒 S_3

10	0	9	14	6	3	15	5	1	13	12	7	11	4	2	8
13	7	0	9	3	4	6	10	2	8	5	14	12	11	15	1
13	6	4	9	8	15	3	0	11	1	2	12	5	10	14	7
1	10	13	0	6	9	8	7	4	15	14	3	11	5	2	12

盒 S_4

7	13	14	3	0	6	9	10	1	2	8	5	11	12	4	15
13	8	11	5	6	15	0	3	4	7	2	12	1	10	14	9
10	6	9	0	12	11	7	13	15	1	3	14	5	2	8	4
3	15	0	6	10	1	13	8	9	4	5	11	12	7	2	14

盒 S_5

2	12	4	1	7	10	11	6	8	5	3	15	13	0	14	9
14	11	2	12	4	7	13	1	5	0	15	10	3	9	8	6
4	2	1	11	10	13	7	8	15	9	12	5	6	3	0	14
11	8	12	7	1	14	2	13	6	15	0	9	10	4	5	3

盒 S_6

12	1	10	15	9	2	6	8	0	13	3	4	14	7	5	11
10	15	4	2	7	12	9	5	6	1	13	14	0	11	3	8
9	14	15	5	2	8	12	3	7	0	4	10	1	13	11	6
4	3	2	12	9	5	15	10	11	14	1	7	6	0	8	13

盒 S_7

4	11	2	14	15	0	8	13	3	12	9	7	5	10	6	1
13	0	11	7	4	9	1	10	14	3	5	12	2	15	8	6
1	4	11	13	12	3	7	14	10	15	6	8	0	5	9	2
6	11	13	8	1	4	10	7	9	5	0	15	14	2	3	12

盒 S_8

13	2	8	4	6	15	11	1	10	9	3	14	5	0	12	7
1	15	13	8	10	3	7	4	12	5	6	11	0	14	9	2
7	11	4	1	9	12	14	2	0	6	10	13	15	3	5	8
2	1	14	7	4	10	8	13	15	12	9	0	3	5	6	11

可以验证,上表中 S 盒的主要包括(但不限于)如下设计准则。

(1) 每一行都是 0~15 的一个置换;

(2) 改变 S 盒中任意 1 个输入比特,其输出至少有 2 比特发生改变。

取得 S 盒变换的结果后,还需要进行一次 P 置换才可以得到 F 函数的输出。P 置换如表 4-5 所示,该表的使用方法与 IP 置换表一样。P 置换结合 E 置换能够实现良好的扩散性质,即一个 S 盒输出的 4 个比特能影响下一轮 6 个 S 盒的输入值。

表 4-5　P 置换

16	7	20	21	29	12	28	17
1	15	23	26	5	18	31	10
2	8	24	14	32	27	3	9
19	13	30	6	22	11	4	25

F 函数与雪崩效应

使明文或密钥的微小改变对密文产生尽量大的影响是任何加密算法都需要的良好性质。特别地,明文或密钥的某一位发生变化会导致密文的很多位发生变化,这被称为雪崩效应。如果相应的改变很小,那么可能会给分析者提供缩小搜索密钥或明文空间的渠道。实际上雪崩效应也是香农提出的扩散和混淆的一个具体现象。DES 具有较好的雪崩效应,而这主要得益于其 F 函数的设计,而 F 函数的主要部件是 S 盒,有资料指出,S 盒被 NSA 修改的一个原因在于其可以提供更好的雪崩效应,且可以防范差分密码分析。

4.4　分组密码的使用

Alice 在学会了 DES 加密后,选择和朋友通信都进行加密处理。由于明文数据的长度是不定的,经常出现明文数据比 DES 一次处理的块大小更长的情况,所以她每次都是使用同一个密钥——Alice123——依次对切割后的明文分组进行加密。但是某次加密过程中她发现了一个问题:对图 4-6(a)所示的图像进行加密,在加密过程中结果如图 4-6(b)所示,可以看出,虽然数据被加密了,但是作为图像,它仍然可以被人看出内容。在意识到这个问题后,Alice 立刻终止加密,但是她又希望数据可以经加密后发送,那么此时她该怎么办呢?

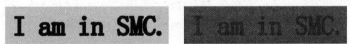

(a) 未加密效果　　　　　　(b) 加密效果

图 4-6　ECB 的数字图像加密效果图

4.4.1　分组密码工作模式

分组密码在对明文加密时可以根据加密过程中前一明文分组对下一明文分组加密过程的影响分为多种工作模式[28,29]。Alice 正是使用了最简单也是最不安全的工作模式——ECB 模式,如果 Alice 使用其余几种模式则均可以避免此类问题。

1. 电码本模式

电码本(electronic codebook,ECB)是一种简单的工作模式,它将明文分块后使用相同密钥对每一块分别加密以获得密文块,再将密文块连接后获得密文,如图 4-7 所示。

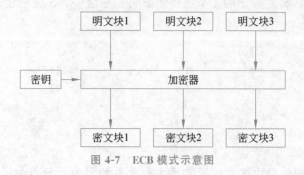

图 4-7 ECB 模式示意图

在这种模式下,前后明文互不影响,故在密钥一定的情况下内容相同的明文块会被加密成一样的密文块,故当攻击者获得足够多的密文块和明文块的对应关系时不需要解密即可阅读,类似中文和英文的翻译。显而易见,这种方法简单明了,支持并行操作,而且一个密文块传输错误不会影响后续密文解密,但其缺点是无法避免重放攻击。

2. 密码分组链接模式

密码分组链接(cipher-block chaining,CBC)是由 IBM 在 1976 年发明的。在 CBC 模式中,每个明文块先与前一个密文块相异或,再进行加密。而对于第一个密文块,由于没有前一个密文块,故其和一个初始向量 *IV* 相异或,再进行加密,初始向量通常由双方协商指定,如图 4-8 所示。

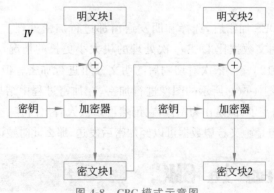

图 4-8 CBC 模式示意图

在这种模式下,前一密文块对后一明文块产生影响,使同样的明文块产生不同的密文,提高了安全性。但是缺点也显而易见,正是由于前一密文块对后一明文块产生影响故使其不利于并行计算,如果传输过程中存在 1 比特错误,将导致后续所有密文无法正确解密。

3. 密文反馈模式

在密文反馈模式(cipher feedback mode,CFB)下,明文不进入加密算法中处理,而是与加密算法的输出异或得到密文。加密算法的输入为上一次的密文以及加密用的密钥,对于第一次加密,其同样引入了一个初始向量 **IV**,具体的流程如图 4-9 所示。

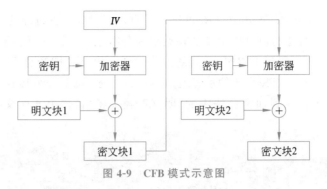

图 4-9　CFB 模式示意图

　　CFB 模式和 CBC 模式类似,其优缺点也类似。但是该方法还可以使 **IV** 长度能整除明文总长度,从而避免明文分组后最后一个分组数据不够的问题,将分组密码转变为流密码。

> **分组密码和流密码**
>
> 　　分组密码和流密码均属于对称密码。分组密码使用确定的算法和对称密钥对每组明文分别加密。而流密码的加解密双方通常共享的一个随机种子,每次更新内部存储单元并使用密钥生成函数产生每组加密密钥,逐比特异或明文得到密文,使得其加密效率较高。

4. 输出反馈模式

　　如图 4-10 所示,输出反馈(output feedback,OFB)模式与 CFB 模式相似,与 CFB 模式只有一点不同:CFB 使用上一密文块作为加密算法输入,而 OFB 是使用上一轮加密算法的输出作为下一轮加密算法的输入。

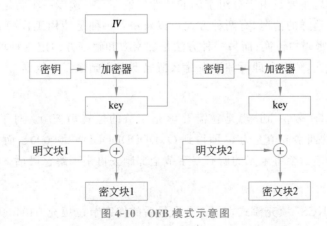

图 4-10　OFB 模式示意图

　　OFB 模式虽然与 CFB 模式极其相似,但是由于与明文块异或操作的 key 未掺入明文信息,而是使用同一密钥对 **IV** 进行加密获得,故 OFB 模式不会出现一个分组错误影响后续所有分组,同时它也克服了图 4-7 无法抵抗重放攻击的缺点。

5. 计数器模式

计数器模式(counter mode,CTR)可以以任意顺序对分组进行加密和解密,因为在加密和解密过程中计数器的值可以由计数初始值和分组序号直接计算。该技术常用于数据库技术中,与现实中的刮刮乐相似,只需刮出第一个字为"谢"即知道自己没有中奖,而无须继续刮出其余的字。CTR 模式的示意图如图 4-11 所示,每个分组具有自己的计数,通过计数可以获得用于输入到加密算法中的"明文",经加密后,输出与明文块异或获得的密文块。

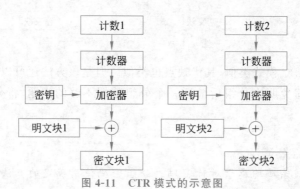

图 4-11　CTR 模式的示意图

4.4.2　分组密码填充模式

Alice 在查阅资料获知以上工作模式后,意识到是自身的问题导致数据不安全,所以在数据加密中使用了 CBC 模式。但是很快她就发现了另外一个问题:数据的最后一个分组比特数不够,只含有 32 比特数据,其十六进制表示为 Q_xDDDDDDDD,而这不足以作为加密算法的输入。她想要在后面加上 0 作为填充进行加密,但是她又担心 Bob 不知道删去多余的 0,那么她该如何让 Bob 知道要删去作为填充数据的多余数字呢?

其实上述问题主要是由于分组密码的特性导致——一次以一个特定长度块作为分组进行加密。针对这样的情况,有两种方式可以解决:一种是使用工作模式(如 CFB、OFB 或 CRT)进行流密码的转换;而另一种方法是加密方和解密方约定一种填充模式,加密方按照规则进行填充,解密方即可知道在什么情况下需要删除多少数据。

1. 零字节填充

零字节填充(zero padding)是在需要填充字节的位置填充 0。对于这种填充模式,Alice 会将最后的四字节填充为 0,即得到 O_xDDDDDDDD00000000。而 Bob 在收到密文解密得到该字符串后会将末尾的所有 0 字节全部删去再来理解整段话。

2. PKCS7

若要使用 PKCS7 填充模式,Alice 会在最后的四字节位填充 04040404。如果是最后填充 1 字节,则为 01,填充 2 字节则为 0202,以此类推。Bob 在收到密文并解密后可以查看最后一个字符并检查是否符合填充规则,在删除相应填充字符串后即可理解明文。

3. ANSI X.923

若要使用 ANSI X.923 填充模式,Alice 会在最后的四字节位填充 00000004。如果是填充最后一字节,则为 01,填充 2 字节则为 0002,以此类推。Bob 在收到密文并解密后,查看最后一个字符并检查是否符合填充规则,在删除相应填充字符串后即可理解明文。

4. ISO 10126

若要使用 ISO 10126 填充模式,Alice 会在最后一字节位填充 04,而另外三字节位填充随机数。这种填充模式最后一个填充字节表明填充比特数,其余为随机数。Bob 在收到密文并解密后,查看最后一个字符并检查是否符合填充规则,在删除相应填充字符串后即可理解明文。

学习了工作模式和填充模式,只要和 Bob 商定好了工作模式和填充模式,Alice 就可以随心所欲地传递自己想要的数据,而不用担心数据无法准确地传递给 Bob。

4.5 破解 DES

DES 在 20 世纪最后 20 年一直是密码学标准的加密体制,在历史上它多少带有一些神秘色彩:主要的问题集中在人们认为 NSA 修改算法的时候设置了陷门。人们花费了大量的时间和精力寻找 NSA 可能安放在算法中的陷门和漏洞,虽然 DES 的真相目前不为人所知(除非美国政府机密文件公之于世),但它已展示出了较强的抵抗攻击的能力。但是随着时间推移,DES 已经开始暴露它的“老态”,这主要源于计算机硬件的发展[30]。

到目前为止,针对 DES 最实用的攻击方法仍然是暴力破解法——通过测试所有密钥进行破解。虽然 DES 存在一些可能导致加密强度降低的密码学特征,但是攻击需要大量已知明文或选择大量明文是不现实的,因此攻击并无实用价值[24]。

1975 年以前,许多学术机构抱怨 DES 密钥的长度不够。事实上,NBS 公开 DES 几个月后,名为“NBS 数据加密标准详尽密码分析”的论文指出,使用两千万美元(1977 年的标准)制造的设备可以用大约一天的时间破解 DES。

1993 年,工作在贝尔北方研究中心(Bell Northern Research,BNR)的研究员迈克尔·维纳(Michael Wiener)提出并设计了一种设备,它比以往任何一种设备都能更高效地攻破 DES。

1996 年,出现了攻击对称密码,如 DES 的三种方法的详尽说明。第一种方法是在一个有大量情报的机器上做分布式计算,它的优点是相对便宜,费用也易于分配。第二种方法是设计自定义的体系结构(如迈克尔·维纳的思想)来破译 DES,一般来说,它的效率较高,但费用也很昂贵,可以认为是最尖端的技术。最后一种方法较为折中,它采用可编程逻辑阵列,在后来的一段时间里,这种方法得到了一定的关注。

1997 年,RSA 数据安全公司组织了一次具有挑战性的活动,寻找密钥并破解 DES 加密信息,谁破解了这个信息就可以获得一万美元的奖金。此时,特别是随着 Internet 的普及,用分布式计算方法破译 DES 越来越受人喜爱。罗克·韦瑟(Rocke Verser)花费 96 天就利用分布式计算提交了正确的 DES 密钥。这一成果标志着分布式计算已经可以成功地攻破 DES。罗克·韦瑟将已经自行编制的程序发布在了 Internet 上由成千上万的计算机共同运行以破译 DES 密码,而这些机器是由网络上的人们自愿贡献的。

接下来的一年里,RSA 数据安全委员会组织了第二届 DES 挑战赛,这次的密钥仍然是由分布式计算技术发现的,且用时更短,只经历了 39 天。第二届比赛的获胜者搜索了比第一届更多的密钥空间,且执行速度更快,这表明,一年来技术上的进步对密码分析产生了戏剧性的影响。

1998 年,电子前沿基金会制造了一台“DES 解密高手”机器,花费 25 万美元,仅仅 56 小时即可攻破 DES,它显示了迅速破解 DES 的可能性。

1999 年 1 月,distributed.net 与电子前哨基金会合作,在 22 小时 15 分钟内即公开破解了一个 DES 密钥。

由此可见,DES 已经不再安全,但是,为何还有很多的厂商在使用 DES 呢? 这其中的原因主要是厂商更换设备需要成本,而更换设备后所带来的收益不足以支付更换设备的成本,或者是厂商所保密的数据并不值得使用更加有效的加密手段,这就涉及一个安全代价的问题——根据所保密数据的价值,采取合适的保密措施。例如,个人计算机上的数据可能并不是很重要,仅是不被访问者看到的明文数据,那又何必使用更高成本的加密手段加密呢?

而在 DES 初显衰败的时候,为何 NSA 没有更换新设计的算法,而是继续使用 DES 呢? 在 1987 年 DES 需要承受第二个五年审查。从针对 DES 的讨论可以看出,NSA 反对给 DES 换发新证,在当时,NBS 指出 DES 开始显现出弱点,并建议全部废除 DES,采用一套 NSA 新设计的算法代替,算法内部的工作过程只有 NSA 知道,这样可以很好地从工程技术的方面保护它。这个建议最终未被采纳,部分原因在于几个主要的美国公司在置换算法期间利益得不到保护。最后,讨论者们重新提出把 DES 作为标准,但在讨论的过程中,人们已经意识到 DES 存在弱点。

IDEA 对称加密算法

IDEA(国际数据加密算法,international data encryption algorithm)是由上海交通大学来学嘉教授(图 4-12)与瑞士学者詹姆斯·梅西(James Massey)提出的。IDEA 使用长度为 128 比特的密钥,数据块大小为 64 比特。它基于“相异代数群上的混合运算”设计思想,算法用硬件和软件实现都很容易,且比 DES 在实现上快得多。自问世以来,IDEA 已经经历了大量的详细审查,对密码分析具有很强的抵抗能力。目前 IDEA 在工程中已有大量应用实例,PGP(pretty good privacy,颇如保密性)协议就使用 IDEA 作为其分组加密算法;安全套接字层(secure socket layer, SSL)协议也将 IDEA 包含在其加密算法库 SSLRef 中;IDEA 算

图 4-12　来学嘉教授

法专利的所有者 Ascom 公司也推出了一系列基于 IDEA 算法的安全产品,包括基于 IDEA 的 Exchange 安全插件、IDEA 加密芯片、IDEA 加密软件包等。

4.6　三重 DES

随着时间的推移,DES 在穷举攻击之下逐渐变得脆弱,因此很多人想用其他算法代替它。一种方案是设计一个全新的算法,如后来出现的 AES。另一种方案是使用同一个算法、多个密钥进行多次加密,如三重 DES(或称 3DES)。后一种方案通常是在第一种方案无法实施时的替代方案,并且它能够保护已有软件和硬件的投资。正是由于当时还没有全新的算法足以替代 DES,美国国家标准与技术研究院(National Institute of Standards and Technology,NIST)才选择使用第二种方案,推荐人们使用三重 DES(3DES)。

NIST 建议的 3DES 的加密流程如图 4-13 所示,明文在密钥 1 的两次加密中间加入一次密钥 2 的解密。如此做的一个主要目的是:当密钥 2 与密钥 1 相同的时候,相当于 3DES 只进行了一次密钥 1 的加密,从而使 3DES 也可以当 DES 使用。

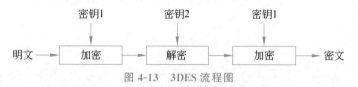

图 4-13　3DES 流程图

当然,也存在另外的 3DES,例如使用 3 个不同密钥的三次 DES 加密,只需要是三重加密即可(解密也可以算为一种加密)。虽然 3DES 相比于原生 DES 更加安全,但是随着密码分析手段和工具的不断升级,3DES 的安全等级越来越低[31]。

有关 DES 算法的改进从未停止,DES 算法的最新变体可以参阅文献[32,33]。

4.7　小结

本章介绍了在密码算法历史上具有重要地位的 DES 对称加密算法。首先介绍了 DES 发展历程,然后对 DES 的运行过程及原理进行了概述。接着从单轮 Feistel、多轮 Feistel 再到 Feistel 加解密,对 DES 所依仗的 Feistel 体制进行了详细的阐述。然后,介绍了 DES 的加密操作,包括 DES 的初始置换与逆置换以及 DES 最关键的 F 函数。随后讲解了分组密码实际使用中的不同工作模式与填充方式,最后通过介绍密码学家对 DES 破解和修补工作来解释 DES"退役"的原因。

思　考　题

1. 哪些参数与设计选择决定了实际的 Feistel 密码算法?

2. 为什么推荐的 3DES 的中间部分采用解密而不是加密?

3. Feistel 体制中,如果最后一轮之后附加的分组交换全部被放在第一轮之前是否可以？

4. 各个工作模式的特点、优点和缺点分别是什么？

5. 若有一个 $\text{Feistel}_{f_1, f_2}(\cdot)$ 表示一个使用函数 f_1 和 f_2(按照此顺序)的两轮 Feistel 网络，并且定义一个函数 $\text{swap}(L, R) = (R, L)$。若 $(L_2, R_2) = \text{swap}(\text{Feistel}_{f_1, f_2}(L_0, R_0))$，证明如下等式。

$$(L_0, R_0) = \text{swap}(\text{Feistel}_{f_1, f_2}(L_2, R_2))$$

6. 假设存在一个 DES 的密钥 key 及其对应输入 x，证明 key 和 x 在按位取反后能够满足如下等式。

$$\text{DES}_{\text{key}}(\bar{x}) = \overline{\text{DES}_{\text{key}}(x)}$$

7. 证明 DES 的 S 盒中 $S4$ 的 i 的第二行可由第一行通过如下的映射关系得到

$$(x_1, x_2, x_3, x_4) \rightarrow (x_2, x_1, x_4, x_3) \oplus (0, 1, 1, 0)$$

8. 已知一个明文分组序列 $c_1, c_2, \cdots, c_n$ 经过 DES 加密结果的密文序列为 $m_1, m_2, \cdots, m_n$，密文序列中一个分组 m_i 发生了反转(0 变 1 或 1 变 0)。证明解密后在 ECB 或 OFB 模式下将有 1 个明文分组受到影响；在 CBC 或 CFB 模式下将有 2 个明文分组受到影响。

第5章

高级加密标准

高级加密标准（Advanced Encryption Standard，AES）是目前被全世界广泛采用的一种加密标准，它在 2001 年取代了 DES 成为新的加密标准。相比 DES，AES 具有更长的密钥长度和分组长度，并且更加侧重于软件运行效率，已然成为对称密钥加密中最流行的算法之一。AES 加密和解密过程使用两套算法，是一对互逆操作，在变换过程中，交替使用代换和置换两种操作以达到加密效果。就目前情况来看，AES 具有较高的安全性。

5.1 高级加密标准的起源

随着计算能力的突飞猛进，已经超期服役的 DES 显得力不从心，在 1999 年 NIST 发布的一个新版本的 DES 标准指出，DES 仅能用于遗留的系统，同时 3DES 将取代 DES 成为新的标准。3DES 提高了密钥长度，并且由于是基于 DES 的，安全性得以保证。如果仅考虑算法安全，3DES 的确成为了最近二十多年的一个加密算法标准[21,22,26]。

但是 3DES 的首要缺点在于软件实现该算法的速度较慢。起初 DES 是为 20 世纪 70 年代中期的硬件实现所设计的，难以由软件高效地实现。在 3DES 中轮的数量 DES 的三倍，故其效率更低。另一个缺点是 DES 和 3DES 的分组长度均为 64 比特。就效率和安全性而言，分组长度应更长[29]。

由于这些缺点，NIST 在 1997 年公开征集新的高级加密标准 AES，要求安全性能不低于 3DES，同时应具有更好的运行性能。除了这些一般的要求之外，NIST 特别提出了高级加密标准必须是分组长度为 128 比特的对称分组密码，并能支持长度为 128 比特、192 比特和 256 比特的密钥[34-36]。

1998 年 8 月 12 日，在首届 AES 候选方案会议上公布了 AES 的 15 个候选算法，任由全世界各机构和个人攻击和评论，这 15 个候选算法是 CAST256、CRYPTON、E2、DEAL、FROG、SAFER＋、RC6、MAGENTA、LOKI97、SERPENT、MARS、Rijndael、DFC、Twofish、HPC。

1999 年 3 月，在第 2 届 AES 候选方案会议上，经过对全球各密码机构和个人对候选算法分析结果的讨论，NIST 从 15 个候选算法中初选出了 5 个，分别是 RC6、Rijndael、SERPENT、Twofish 和 MARS。

2000 年 4 月 13 日至 14 日,NIST 召开了第 3 届 AES 候选方案会议,继续对最后 5 个候选算法进行讨论。

2000 年 10 月 2 日,NIST 宣布 Rijndael 作为新的 AES。

至此,经过 3 年多的讨论,Rijndael 终于脱颖而出成为高级加密标准,但是在成为标准的过程中,NIST 也对其进行了一些修改。

> **Rijndael 并非 AES**
>
> 严格地说,AES 和 Rijndael 加密方法并不完全一样(虽然在实际应用中二者可以互换),因为 Rijndael 加密方法可以支持更大范围的分组和密钥长度[36](AES 的分组长度固定为 128 比特,密钥长度则可以是 128 比特、192 比特或 256 比特;而 Rijndael 使用的密钥和分组长度可以是 32 比特的整数倍,以 128 比特为下限,256 比特为上限)。加密过程中使用的密钥由 Rijndael 密钥生成方案产生。

5.2 代换置换网络结构

代换置换网络(substitution-permutation network,SPN)将数学运算应用于分组密码,如 AES、Square、SAFER 等。SPN 将输入的明文进行交替的代换操作和置换操作以产生密文,这些操作均可以使用异或、移位等操作进行,使其在软件和硬件上均可很好地实现[37]。每一轮使用的子密钥产生于输入的密钥,甚至在有些基于 SPN 算法的加密算法中,用于代换操作的 S 盒也是基于子密钥产生的。图 5-1 为一个使用 2 轮 SPN 结构的简单算法,其中单轮经过密钥异或、S 盒代换和 P 盒置换三个步骤。

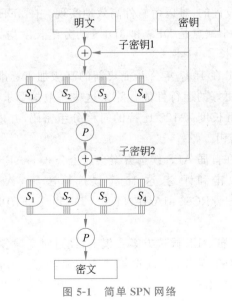

图 5-1　简单 SPN 网络

5.3 高级加密标准的结构

AES 使用 SPN 作为基础进行设计,保留了 SPN 的框架,但是在每轮 SPN 中添加了列混合的线性变换过程,并且指定了分组长度为 128 比特,但是密钥可以是 128 比特、192 比特或 256 比特[38]。

5.3.1 总体结构

图 5-2 展示了 AES 加密过程的总体结构。明文分组的长度为 128 比特,密钥可以为 3 种长度。根据密钥的长度,AES 算法被称为 AES-128、AES-192 和 AES-256,并且密钥

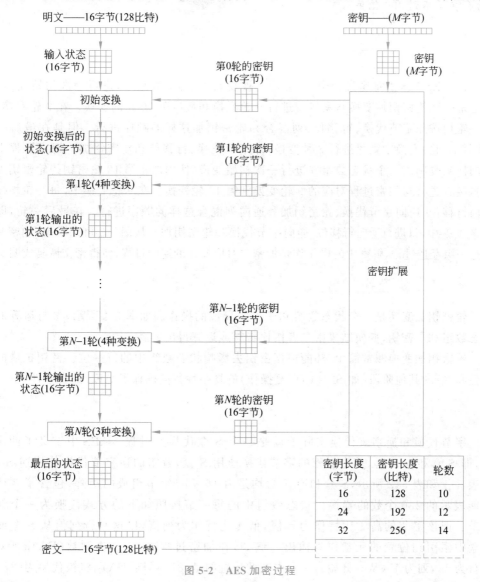

密钥长度 (字节)	密钥长度 (比特)	轮数
16	128	10
24	192	12
32	256	14

图 5-2　AES 加密过程

长度的改变也将导致 SPN 轮次的改变,具体数值见图 5-2 中的表格。后续小节将以 128 比特密钥 AES 作为示例进行讲解。

加密和解密算法的输入是一个 128 比特的分组,通常将这个分组描述为一个 4×4 的字节方阵,存储于状态数组,并在加密或解密的各个阶段被修改。而在整个 AES 算法中,变换状态分组的子算法有 7 个,分别为字节代换、逆字节代换、行移位、逆行移位、列混合、逆列混合和轮密钥加变换[39,40]。

128 究竟比 56 强多少?

假设可以制造一台可以在 1 秒内穷举破解 DES 密码的机器,那么使用这台机器破解一个 128 比特 AES 密码需要大约 149 万亿年的时间(更进一步比较,宇宙一般被认为存在了不到 300 亿年)。

5.3.2 详细结构

在 AES-128 的加密过程中,明文首先被复制入 state 数组中,进行一次初始变换(实际上是一次轮密钥加变换),紧接着进行 9 轮变换和最后第 10 轮的变换。在 9 轮变换中,每一轮均按照字节代换、行移位、列混合和轮密钥加这样的顺序进行。但是在最后一轮(即第 10 轮)变换中则只进行 3 种变换,即字节代换、行移位和轮密钥加。解密过程中密文同样被复制入一个状态数组并进行一次初始变换(使用加密第 10 轮密钥的轮密钥加变换),接着进行与加密过程对应的 9 轮变换和第 10 轮变换。在 9 轮变换中,每一轮均按照逆向行移位、逆向字节代换、轮密钥加和逆向列混合这样的顺序进行。在最后一轮,即第 10 轮变换中,只进行逆向行移位、逆向字节代换和轮密钥加。从图 5-3 可以看出,加密和解密是一组互逆过程,解密中的操作均是加密中对应操作的逆向过程,使得密文恢复成明文。

5.3.3 轮密钥加变换

轮密钥加变换是一个状态数组和子密钥异或的操作。如图 5-4 所示,参与运算的是状态数组和子密钥,变换结果由二者按比特异或运算得出。

轮密钥加变换非常简单,却能根据密钥去影响状态数组中的每一位。密钥扩展的复杂性和 AES 其他阶段(如 SPN 的重复操作)的复杂性共同确保了 AES 的安全性。

5.3.4 字节代换

字节代换和逆字节代换实际上就是一个 S 盒代换的过程。AES 中定义了两个 S 盒,即 S 盒和逆 S 盒,其中加密的字节代换使用 S 盒,解密的逆字节代换使用逆 S 盒。如表 5-1 和表 5-2 所示,S 盒和逆 S 盒均是由 16×16 字节组成的矩阵,包含了 8 比特所能表示的 256 个数的置换。状态数组中的每字节按照如下的方式代换为一个新的字节:把该字节的高 4 比特作为行值,低 4 比特作为列值,以这些行列值从 S 盒或逆 S 盒中索引到位置的元素作为输出。例如,在加密过程中,十六进制数(EA)$_{16}$ 所对应的行为 14,列为 10(从 0 开始),S 盒中在此位置的是(87)$_{16}$,则(EA)$_{16}$ 将被代换为(87)$_{16}$。

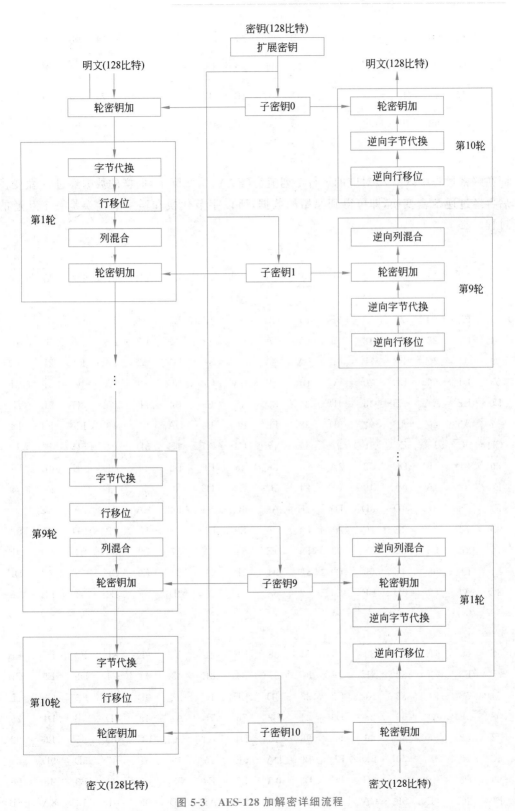

图 5-3　AES-128 加解密详细流程

BC	D4	A3	14
AB	7B	6C	90
37	2A	6D	C8
00	0B	2E	FE

⊕

7B	B0	A8	C3
3F	0D	8A	4F
6A	52	1B	FF
90	94	20	AC

=

C7	64	0B	D7
94	76	E6	DF
5D	78	76	37
90	9F	0E	52

图 5-4 轮密钥加示意图

而在解密过程中,$(87)_{16}$ 对应的 8 行 7 列值为 $(EA)_{16}$。实际上,同样的数据经过 S 盒变换后再经过逆 S 盒变换,即可得到原始的数据,所以字节代换和逆字节代换是一个互逆的过程。

表 5-1 S 盒

63	7C	77	7B	F2	6B	6F	C5	30	01	67	2B	FE	D7	AB	76
CA	82	C9	7D	FA	59	47	F0	AD	D4	A2	AF	9C	A4	72	C0
B7	FD	93	26	36	3F	F7	CC	34	A5	E5	F1	71	D8	31	15
04	C7	23	C3	18	96	05	9A	07	12	80	E2	EB	27	B2	75
09	83	2C	1A	1B	6E	5A	A0	52	3B	D6	B3	29	E3	2F	84
53	D1	00	ED	20	FC	B1	5B	6A	CB	BE	39	4A	4C	58	CF
D0	EF	AA	FB	43	4D	33	85	45	F9	02	7F	50	3C	9F	A8
51	A3	40	8F	92	9D	38	F5	BC	B6	DA	21	10	FF	F3	D2
CD	0C	13	EC	5F	97	44	17	C4	A7	7E	3D	64	5D	19	73
60	81	4F	DC	22	2A	90	88	46	EE	D8	14	DE	5E	0B	DB
E0	32	3A	0A	49	06	24	5C	C2	D3	AC	62	91	95	E4	79
E7	C8	37	6D	8D	D5	4E	A9	6C	56	F4	EA	65	7A	AE	08
BA	78	25	2E	1C	A6	B4	C6	E8	DD	74	1F	4B	BD	8B	8A
70	3E	B5	66	48	03	F6	0E	61	35	57	B9	86	C1	1D	9E
E1	F8	98	11	69	D9	8E	94	9B	1E	87	E9	CE	55	28	DF
8C	A1	89	0D	BF	E6	42	68	41	99	2D	0F	B0	64	BB	16

表 5-2 逆 S 盒

5C	09	6A	D5	30	36	A5	38	BF	40	A3	9E	81	F3	D7	FB
7C	E3	39	82	9B	2F	FF	87	34	8E	43	44	C4	DE	E9	CB
54	7B	94	32	A6	C2	23	3D	EE	4C	95	0B	42	FA	C3	4E
08	2E	A1	66	28	D9	24	B2	76	5B	A2	49	6D	8B	D1	25
72	F8	F6	64	86	68	98	16	D4	A4	5C	CC	5D	65	B6	92
6C	70	48	50	FD	ED	B9	DA	5E	15	46	57	A7	8D	9D	84
90	D8	AB	00	8C	BC	D3	0A	F7	E4	58	05	B8	B3	45	06
D0	2C	1E	8F	CA	3F	0F	02	C1	AF	BD	03	01	13	8A	6B

续表

3A	91	11	41	4F	67	DC	EA	97	F2	CF	CE	F0	B4	E6	73
96	AC	74	22	E7	AD	35	85	E2	F9	37	E8	1C	75	DF	6E
47	F1	1A	71	1D	29	C5	89	6F	B7	62	0E	AA	18	BE	1B
FC	56	3E	4B	C6	D2	79	20	9A	DB	C0	FE	78	CD	5A	F4
1F	DD	A8	33	88	07	C7	31	B1	12	10	59	27	80	EC	5F
60	51	7F	A9	19	B5	4A	0D	2D	E5	7A	9F	93	C9	9C	EF
A0	E0	3B	4D	AE	2A	F5	B0	C8	EB	BB	3C	83	53	99	61
17	2B	04	7E	BA	77	D6	26	E1	69	14	63	55	21	0C	7D

5.3.5 行移位

行移位和逆行移位如同其名称一样,是一个简单的移位过程。不过根据状态数组行标不同,每一行移动的位数也不同。如图 5-5 所示,按照大多数程序语言来说,在加密过程中,第 0 行循环左移 0 个字节,第 1 行循环左移 1 字节,第 2 行循环左移 2 字节,第 3 行循环左移 3 字节。而在解密过程中,就是这个操作的逆过程,即循环左移改变成循环右移。

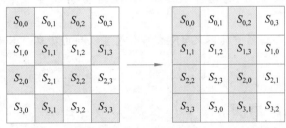

图 5-5 行移位示意图

在不同密钥长度的 AES 中,行移位的长度略不相同。在 AES-128 和 AES-192 中,行移位的偏移量是 0、1、2 和 3,而在 AES-256 中,行移位的偏移量是 0、1、3 和 4。

5.3.6 列混合

列混合是对每列独立地进行操作,每列中的每字节被映射为一个新的值,该值由该列中的 4 字节通过函数变换得到。该变换可以由下面所示的基于状态的矩阵乘法表示。

$$\begin{bmatrix} 02 & 03 & 01 & 01 \\ 01 & 02 & 03 & 01 \\ 01 & 01 & 02 & 03 \\ 03 & 01 & 01 & 02 \end{bmatrix} \begin{bmatrix} S_{0,0} & S_{0,1} & S_{0,2} & S_{0,3} \\ S_{1,0} & S_{1,1} & S_{1,2} & S_{1,3} \\ S_{2,0} & S_{2,1} & S_{2,2} & S_{2,3} \\ S_{3,0} & S_{3,1} & S_{3,2} & S_{3,3} \end{bmatrix} = \begin{bmatrix} S'_{0,0} & S'_{0,1} & S'_{0,2} & S'_{0,3} \\ S'_{1,0} & S'_{1,1} & S'_{1,2} & S'_{1,3} \\ S'_{2,0} & S'_{2,1} & S'_{2,2} & S'_{2,3} \\ S'_{3,0} & S'_{3,1} & S'_{3,2} & S'_{3,3} \end{bmatrix}$$

在逆向列混合中,和列混合一样,仅仅是与状态运算的矩阵不同,使用的矩阵如下所示。

$$\begin{bmatrix} 0e & 0b & 0d & 09 \\ 09 & 0e & 0b & 0d \\ 0d & 09 & 0e & 0b \\ 0b & 0d & 09 & 0e \end{bmatrix} \begin{bmatrix} S_{0,0} & S_{0,1} & S_{0,2} & S_{0,3} \\ S_{1,0} & S_{1,1} & S_{1,2} & S_{1,3} \\ S_{2,0} & S_{2,1} & S_{2,2} & S_{2,3} \\ S_{3,0} & S_{3,1} & S_{3,2} & S_{3,3} \end{bmatrix} = \begin{bmatrix} S'_{0,0} & S'_{0,1} & S'_{0,2} & S'_{0,3} \\ S'_{1,0} & S'_{1,1} & S'_{1,2} & S'_{1,3} \\ S'_{2,0} & S'_{2,1} & S'_{2,2} & S'_{2,3} \\ S'_{3,0} & S'_{3,1} & S'_{3,2} & S'_{3,3} \end{bmatrix}$$

行移位是算法对行进行变换,而列混合是算法对列进行变换,经过行移位和列混合的状态数组已经完全变样,从而使算法的安全性更好。

在列混合和逆向列混合中,乘积矩阵中的每个元素均是一行和一列中的对应元素的乘积之和。在这个矩阵运算中的乘法和加法都是被定义在有限域上的运算,且是基于 $GF(2^8)$ 的。关于 $GF(2^8)$ 上的乘法和加法可详见 5.5 节,如果读者对此没有兴趣而只想知道计算机中如何操作,那么可以跳过 5.5 节前面部分,直接阅读 5.5.6 节。

AES 的软件优化

使用 32 或更多比特寻址的系统可以事先对所有可能的输入创建对应表,利用查表实现字节代替、行移位和列混合步骤以达到加速的效果。这么做需要产生 4 个表,每个表都有 256 个格子,一个格子记载 32 比特的输出;约占 4KB(4096 字节)存储器空间,即每个表占 1KB 的存储器空间。如此一来,在每个加密循环中只需要查 16 次表,作 12 次 32 比特的异或运算,以及轮密钥加步骤中 4 次 32 比特异或运算。

若目标的平台存储器空间不足 4KB,那么也可以利用循环交换的方式一次查一个 256 格 32 比特的表。

5.3.7 密钥扩展算法

AES-128 中的密钥扩展算法的输入值是 16 字节,输出值是一个由 176 字节组成的移位线性数组。这足以为 AES-128 提供初始变换和其他 10 轮中的每一轮提供 16 字节的轮密钥。

输入密钥被直接复制到扩展密钥数组的 4 个字(字长为 32 字节)。然后每次用 4 个字填充扩展密钥数组余下的部分。在扩展密钥数组中,每个新增的字 $w[i]$ 的值依赖 $w[i-1]$ 和 $w[i-4]$。在 4 个情形中有 3 个使用了异或运算。对 w 数组中索引为 4 的倍数的元素,采用了更复杂的函数计算。图 5-6(a)展示了密钥扩展算法的整体流程,图 5-6(b)展示了 w 数组中索引为 4 的倍数的元素所采用的函数 g。

函数 g 的输入为一个 4 字节的字,首先进行一次字移位,再对每个字按照表 5-1 进行一次 S 盒的代换,最后与轮常量 $Rcon[j]$ 相异或。轮密钥 $Rcon[j]$ 由 1 个 $RC[j]$ 和 3 个 0 字节组成,其中 $RC[j]$ 的值如下。

$$RC[j] = \begin{cases} 1, & j = 1 \\ 2 * RC[j-1], & j > 1 \text{ 且 } RC[j-1] < 80_{16} \\ RC[j] = 2 * RC[j-1] + 1B_{16}, & j > 1 \text{ 且 } RC[j-1] >= 80_{16} \end{cases}$$

同样,该过程中的乘法也是定义在 $GF(2^8)$ 上的。在 AES-128 中的 RC 值可以参考

表 5-3(十六进制表示)。

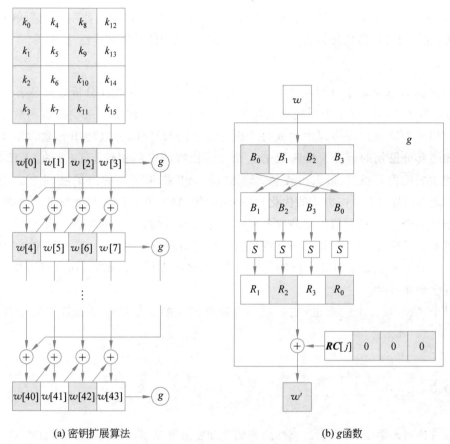

(a) 密钥扩展算法　　　　　　　　　　(b) g函数

图 5-6　AES 密钥扩展算法

表 5-3　AES-128 密钥扩展中的 RC 值

j	1	2	3	4	5	6	7	8	9	10
$RC[j]$	01	02	04	08	10	20	40	80	1B	36

5.4　AES 设计上的考虑

　　AES 作为新一代的标准替代了 DES 地位,必然在设计时考虑到一些已有的攻击[41],同时还需要考虑一些可能存在的攻击方法。与 DES 相比,AES 在设计上有什么特点呢?

1. 扩散速度更快

　　AES 算法是一种 SPN 体制,与 DES 的 Feistel 体制的每次循环时有一半数据未被更改不同,AES 将数据中的所有比特同等对待,使输入比特的扩散影响更快,通常两轮循环就足以得到完全的扩散,即所有的 128 比特输出都完全依赖 128 比特输入。而这一扩散效果有一部分依赖行移位和列混合。

2. S 盒的构造方法

与 DES 的 S 盒构造方法存在神秘色彩不同,AES 的 S 盒构造使用一种简单而清晰的方法,这样就可以避免任何建立在算法上的陷门,从而使其得到广泛应用。

3. 抗攻击能力

AES 的 S 盒是基于有限域建立的,用它对抗差分分析和线性分析效果显著。AES-128 的轮数为 10 轮,这是因为较低的轮次会导致蛮力攻击成功。密钥扩展函数中的循环常量用于消除在循环过程中生成每个循环差别的对称性,并且使用 S 盒以防止攻击者在知道部分密钥的情况下发起攻击。而 128 比特的密钥相较于 DES 的 56 比特,防穷尽搜索的能力更强,且最大可支持 256 比特密钥,提供更高的防护级别[42]。但是随着计算能力的提高和攻击方式的优化,精心保护的 AES 也会存在安全隐患。例如,针对重用掩码 AES 算法的侧信道碰撞攻击在噪声为 0.0029 时,成功率能够达到 95%[43]。上海交通大学郁昱教授曾在 BlackHat 现场演示侧信道攻击破解 SIM 卡 AES-128 加密,用其方法能使用一张克隆 SIM 卡成功伪装成卡主,更改支付宝的密码,而且有可能将账户中的资金全部盗走。

对于 AES 设计上的改进,主要集中在提高硬件的吞吐量[44,45]和算法安全性[46]两方面。

5.5 有限域

在古典密码学中,常以模运算作为密码学加密运算技术。而随着计算机能力的提升,单纯的模运算并不安全。AES 引入了数论中的有限域,提高了加密算法抵抗攻击的能力。本节将简单讨论有限域的知识,主要侧重其在计算机上的实现,详细的理论不在本书的讨论范围。在讨论有限域前,需要先介绍一个有趣的问题——多项式算术,这里只讨论单自变量的多项式。

5.5.1 什么是有限域

有限域是一个有限集合 S 再添加两种特定运算的代数系统,与现实生活中的十进制运算不同的是,其上自定义的加法运算和乘法运算只要满足以下条件,即可以认为 S 是一个有限域。

① 加法的封闭性:如果 a 和 b 属于 S,则 $a+b$ 也属于 S。

② 加法结合律:对 S 中任意元素 a,b,c 有 $a+(b+c)=(a+b)+c$。

③ 加法单位元:S 中存在一个元素 a,使得对于 S 中任意元素 b,有 $a+b=b+a=b$,通常记 a 为 0。

④ 加法逆元:对于 S 中的任意元素 a,S 中一定存在一个元素 $-a$,使得 $a+(-a)=(-a)+a=0$。

⑤ 加法交换律：对于 S 中的任意元素 a 和 b，使得 $a+b=b+a$。

⑥ 乘法封闭性：如果 a 和 b 属于 S，则 ab 属于 S。

⑦ 乘法结合律：对于 S 中的任意元素 a,b,c，有 $a(bc)=(ab)c$。

⑧ 分配律：对于 S 中任意元素 a,b,c，有 $a(b+c)=ab+ac$，$(a+b)c=ac+bc$。

⑨ 乘法交换律：对于 S 中任意元素 a 和 b，有 $ab=ba$。

⑩ 乘法单位元：对于 $S\backslash\{0\}$ 中任意元素 a，在 S 中存在一个元素 b，使得 $ab=ba=a$，通常记 b 为 1。

⑪ 无零因子：对于 S 中元素 a,b，若 $ab=0$，则必有 $a=0$ 或 $b=0$。

⑫ 乘法逆元：如果 a 属于 S，且 a 不为 0，则 S 中存在一个元素 a^{-1}，使得 $a(a^{-1})=(a^{-1})a=1$。

5.5.2　阶为 p 的有限域

给定一个素数 p，则元素个数为 p 的有限域 $GF(p)$ 可被定义为整数 $\{0,1,\cdots,p-1\}$ 的集合 Z_p，其运算为模 p 的加法运算和模 p 的乘法运算。最简单的有限域是 $GF(2)$，它的算术运算可以被简单地描述为如图 5-7 所示。

+	0	1		×	0	1
0	0	1		0	0	0
1	1	0		1	0	1

加　　　　　　　乘

图 5-7　GF(2)运算表

5.5.3　有限域 $GF(2^8)$ 的动机

实际上所有的加密算法都涉及整数集上的算术运算。如果某种算法使用的运算之一是除法，那么就必须使用定义在域上的运算。为了方便使用和提高效率，人们希望这个整数集中的数与给定的二进制比特数所能表达的信息意义对应而不出现浪费。前面章节中提到的有限域可以满足这一要求，但是，要求阶是素数。对于计算机来说，这是不可能的，因为 n 大于 1 时，2^n 不可能是素数。实际上，有限域的要求并没有那么严格，阶为 p^n 也可以成为一个有限域，只需定义适当的运算。为了方便硬件实现，AES 使用了 $GF(2^8)$ 有限域，并且寻找了一种有效的运算——多项式模运算。在介绍多项式模运算之前，首先介绍普通的多项式运算。

5.5.4　普通多项式算术

一个 n 次多项式 $(n\geq 0)$ 的表达形式如下。

$$f(x)=a_nx^n+a_{n-1}x^{n-1}+\cdots+a_1x+a_0=\sum_{i=0}^{n}a_ix^i$$

其中，a_i 是某个指定数集 S 中的元素，该数集称为系数集，且 $a_n\neq 0$。称 $f(x)$ 是定义在系数集 S 上的多项式。

在抽象代数中,一般不给多项式中的 x 赋一个特定值(如 $f(7)$)。为了强调这一点,自变量 x 有时被称为不定元。

多项式的运算包含加法、减法和乘法,这些运算是把变量 x 当作集合 S 中的一个元素定义的。除法也以类似的方式定义,但这要求 S 是一种域。

加法、减法的运算规则是把相应的系数相加减。因此,如果

$$f(x) = \sum_{i=0}^{n} a_i x^i ; \quad g(x) = \sum_{i=0}^{m} b_i x^i ; \quad n \geqslant m$$

那么加法运算定义为

$$f(x) + g(x) = \sum_{i=m+1}^{n} a_i x^i + \sum_{i=0}^{m} (a_i + b_i) x^i$$

乘法运算定义为

$$f(x) \times g(x) = \sum_{i=0}^{n+m} c_i x^i$$

其中,

$$c_k = a_0 b_k + a_1 b_{k-1} + \cdots + a_{k-1} b_1 + a_k b_0$$

在最后一个公式中,当 $i>n$ 时,令 $a_i=0$;当 $i>m$ 时,令 $b_i=0$ 。

例 5-1 $f(x)=x^3+x+3, g(x)=-x+1$,其中, S 是整数集,则

$$f(x) + g(x) = x^3 + 4$$
$$f(x) - g(x) = x^3 + 2x + 2$$
$$f(x) \times g(x) = -x^4 + x^3 - x^2 - 2x + 3$$
$$f(x) \div g(x) = -x^2 - x - 2$$

其中除法的手工运算如图 5-8 所示。

$$
\begin{array}{r}
-x^2 - x - 2 \\
-x+1\overline{\smash{)}\,x^3+0x^2+x+3} \\
\underline{x^3-x^2} \\
x^2+x+3 \\
\underline{x^2-x} \\
2x+3 \\
\underline{2x-2} \\
5
\end{array}
$$

图 5-8 多项式除法运算

5.5.5 GF(2^n)上的多项式运算

AES 使用 GF(2^8)有限域,通过定义的多项式运算可以简单地对字节进行加减乘除运算[①]。下面使用 GF(2^3)上的运算作为示例进行讲解,它和 AES 上的 GF(2^8)上的运算类似。

设集合 S 由域 $\mathbf{Z}_p$ 上次数小于 n 的所有多项式组成,每个多项式具有如下形式。

_____

① 虽然有限域并未定义减法和除法运算,但它们可以分别通过已有运算转换得到,即求加法逆元与乘法逆元。

$$f(x) = a_{n-1}x^{n-1} + \cdots + a_1 x + a_0 = \sum_{i=0}^{n-1} a_i x^i$$

其中, a_i 在集合 $\{0,1,\cdots,p-1\}$ 上取值。 S 中共有 p^n 个不同的多项式。对于 $GF(2^3)$,则 p 为 2, n 为 3,如表 5-4 所示,共有 8 个不同的多项式。

表 5-4 $GF(2^3)$ 中所有元素对应的多项式

0	$x+1$	x^2+x
1	x^2	x^2+x+1
x	x^2+1	

如果定义了合适的运算,那么每个这样的集合 S 都是一个有限域。定义由如下几条组成。

(1) 该运算遵守代数基本规则中的普通多项式运算规则及以下两条限制。

(2) 系数运算以 p 为模,如在 2 为模的时候, $3x$ 须模 2,为 x。

(3) 如果乘法运算的结果是次数大于 $n-1$ 的多项式,那么必须将其除以某个次数为 n 的既约多项式 $m(x)$ 并取余式。对于多项式 $f(x)$,这个余式可被表示为 $r(x) \equiv f(x) \ (\mathrm{mod}\ m(x))$。

为了构造有限域 $GF(2^3)$,这里需要选择一个 3 次既约多项式。根据既约多项式所需的性质,3 次既约多项式只有 2 个 x^3+x^2+1 和 x^3+x+1,既约多项式的性质详见数论的相关书目,这里读者只需要知道, n 次及以上的多项式模上 n 次既约多项式是 $GF(2^n)$ 的元素。

由于加法较为简单,这里对乘法的运算进行手工演示,参与运算的 $f(x)$、 $g(x)$ 和 $m(x)$ 如下。

$$f(x) = x^2 + x + 1, \quad g(x) = x^2 + 1$$

手工运算过程如图 5-9 所示, $f(x) \times g(x) = x^2 + x$。

$$
\begin{aligned}
f(x) \times g(x) &= (x^2+x+1) \times (x^2+1) \\
&= (x^4+x^3+x^2) + (x^2+x+1) \\
&= x^4+x^3+x+1
\end{aligned}
$$

$$
\require{enclose}
\begin{array}{r}
x+1 \\
x^3+x+1 \enclose{longdiv}{x^4+x^3+0x^2+x+1} \\
\underline{x^4+0x^3+x^2+x} \\
x^3+x^2+0x+1 \\
\underline{x^3+0x^2+x+1} \\
x^2+x
\end{array}
$$

图 5-9 $GF(2^3)$ 上的乘法运算

通过多次以上运算,可以得到 $GF(2^3)$ 在既约多项式为 x^3+x+1 情况下的运算表如表 5-5 所示。

表 5-5 GF(2^3)以 x^3+x+1 为模的多项式运算

(a) 加法

+	000 0	001 1	010 x	011 $x+1$	100 x^2	101 x^2+1	110 x^2+x	111 x^2+x+1
000 0	0	1	x	$x+1$	x^2	x^2+1	x^2+x	x^2+x+1
001 1	1	0	$x+1$	x	x^2+1	x^2	x^2+x+1	x^2+x
010 x	x	$x+1$	0	1	x^2+x	x^2+x+1	x^2	x^2+1
011 $x+1$	$x+1$	x	1	0	x^2+x+1	x^2+x	x^2+1	x^2
100 x^2	x^2	x^2+1	x^2+x	x^2+x+1	0	1	x	$x+1$
101 x^2+1	x^2+1	x^2	x^2+x+1	x^2+x	1	0	$x+1$	x
110 x^2+x	x^2+x	x^2+x+1	x^2	x^2+1	x	$x+1$	0	1
111 x^2+x+1	x^2+x+1	x^2+x	x^2+1	x^2	$x+1$	x	1	0

(b) 减法

×	000 0	001 1	010 x	011 $x+1$	100 x^2	101 x^2+1	110 x^2+x	111 x^2+x+1
000 0	0	0	0	0	0	0	0	0
001 1	0	1	x	$x+1$	x^2	x^2+1	x^2+x	x^2+x+1
010 x	0	x	x^2	x^2+x	$x+1$	1	x^2+x+1	x^2+1
011 $x+1$	0	$x+1$	x^2+x	x^2+1	x^2+x+1	x^2	1	x
100 x^2	0	x^2	$x+1$	x^2+x+1	x^2+x	x	x^2+1	1
101 x^2+1	0	x^2+1	1	x^2	x	x^2+x+1	$x+1$	x^2+x
110 x^2+x	0	x^2+x	x^2+x+1	1	x^2+1	$x+1$	x	x^2
111 x^2+x+1	0	x^2+x+1	x^2+1	x	1	x^2+x	x^2	$x+1$

将上表中的多项式表示方法,按照系数向量形式表示,映射为二进制表示,可以得到图 5-10 所示的数据。

从表 5-5 和图 5-10 可见,通过使用既约多项式的多项式模运算,GF(2^3)可成为一个有限域。同样,GF(2^8)和 GF(2^n)均可根据某一个特定的既约多项式成为有限域。

5.5.6 GF(2^8)运算的计算机实现

虽然上一节描述了 GF(2^8)的运算规则,但是,手工运算在计算机上并不能高效地实现,本节将讲述如何在计算机上实现这种运算。

	000	001	010	011	100	101	110	111
+	0	1	2	3	4	5	6	7
000 0	0	1	2	3	4	5	6	7
001 1	1	0	3	2	5	4	7	6
010 2	2	3	0	1	6	7	4	5
011 3	3	2	1	0	7	6	5	4
100 4	4	5	6	7	0	1	2	3
101 5	5	4	7	6	1	0	3	2
110 6	6	7	4	5	2	3	0	1
111 7	7	6	5	4	3	2	1	0

（a）加法

	000	001	010	011	100	101	110	111
×	0	1	2	3	4	5	6	7
000 0	0	0	0	0	0	0	0	0
001 1	0	1	2	3	4	5	6	7
010 2	0	2	4	6	3	1	7	5
011 3	0	3	6	5	7	4	1	2
100 4	0	4	3	7	6	2	5	1
101 5	0	5	1	4	2	7	3	6
110 6	0	6	7	1	5	3	2	4
111 7	0	7	5	2	1	6	4	3

（b）乘法

w	$-w$	w^{-1}
0	0	—
1	1	1
2	2	5
3	3	6
4	4	7
5	5	2
6	6	3
7	7	4

（c）逆元

图 5-10　GF(2^3)上的运算

首先对于 GF(2^8)的多项式

$$f(x) = a_7 x^7 + a_6 x^6 + \cdots + a_1 x + a_0 = \sum_{i=0}^{7} a_i x^i$$

可以由它的 8 个二进制系数$(a_7, a_6, \cdots, a_0)$唯一地表示。因此，GF(2^8)中的每个多项式都可以被表示成一个 8 位的二进制整数。此方法已经在表 5-6 和图 5-10 中运用。

1. 加法

可以发现，GF(2^8)上的加法运算实际上就是一个计算机上的异或运算，所以 GF(2^8)中的两个多项式加法等同于按比特异或运算。

例 5-2 $f(x) = x^6 + x^5 + x^3 + x + 1$ 和 $g(x) = x^7 + x^3 + x^2 + 1$ 的加法。

$$(x^6+x^5+x^3+x+1)+(x^7+x^3+x^2+1) \quad =x^7+x^6+x^5+x^2+x \quad (多项式表示)$$

$$01101011\oplus10001101 \quad =11100110 \quad (二进制表示)$$

$$(6B)_{16}\oplus(8D)_{16} \quad =(E6)_{16} \quad (十六进制表示)$$

2. 乘法

简单的异或运算不能完成 $GF(2^8)$ 上的乘法运算,但是人们可以使用一种相当直观且容易实现的技巧以实现乘法运算。以 $m(x)=x^8+x^4+x^3+x+1$ 为多项式的有限域 $GF(2^8)$ 是 AES 中用到的有限域,下面将参照该域以讨论该技巧。同样,这个技巧容易推广到域 $GF(2^n)$。

首先,需要知道

$$x^8(\bmod m(x))\equiv(m(x)-x^8)=(x^4+x^3+x+1)$$

而在 $GF(2^n)$ 上,设既约多项式为 $p(x)$,则有 $x^n(\bmod p(x))=p(x)-x^n$。

现在考虑 $GF(2^8)$ 上的多项式 $f(x)=a_7x^7+a_6x^6+a_5x^5+a_4x^4+a_3x^3+a_2x^2+a_1x+a_0$,将它乘以 x,可得

$$x\times f(x)\equiv(a_7x^8+a_6x^7+a_5x^6+a_4x^5+a_3x^4+a_2x^3+a_1x^2+a_0x)(\bmod m(x))$$

如果 a_7 是 0,那么结果就是一个次数小于 8 的多项式,不需要进行模处理。如果 a_7 是 1,那么通过上面所说的技巧,进行模 $m(x)$ 的约化(其利用了分配律):

$$x\times f(x)=(a_6x^7+a_5x^6+a_4x^5+a_3x^4+a_2x^3+a_1x^2+a_0x)+(x^4+x^3+x+1)$$

这表明,乘以 x 的运算可以通过左移 1 比特后再根据最高位按比特异或 $(00011011)_2$ 实现,关系如下所示。

$$x\times f(x)=\begin{cases}b_6b_5b_4b_3b_2b_1b_00 & (b_7=0)\\(b_6b_5b_4b_3b_2b_1b_00)\oplus(00011011) & (b_7=1)\end{cases}$$

乘以 x 的更高次幂可以通过重复上述过程实现。这样一来,$GF(2^8)$ 上的乘法可以用多个中间结果相加实现,此过程只用到了移位和异或运算。

例 5-3 $f(x)=x^6+x^5+x^3+x+1$ 和 $g(x)=x^7+x^3+x^2+1$ 的乘法。

根据上述方法,首先计算中间结果。

$01101011\times00000010 \quad =(11010110)\oplus(00011011)=11001101$

$01101011\times00000100 \quad =(11001101)\times(00000010)=(10101100)\oplus(00011011)=10110111$

$01101011\times00001000 \quad =(10110111)\times(00000010)=01101110$

$01101011\times00010000 \quad =(01101110)\times(00000010)=(11011100)\oplus(00011011)=11000111$

$01101011\times00100000 \quad =(11000111)\times(00000010)=(10001110)\oplus(00011011)=10010101$

$01101011\times01000000 \quad =(10010101)\times(00000010)=00101010$

$01101011\times10000000 \quad =(00101010)\times(00000010)=01010100$

所以,$(01101011)\times(10001101)=01010100\oplus01101110\oplus10110111\oplus01101011=11100110$,等价于 $x^7+x^6+x^5+x^2+x$。

5.6　小结

　　本章介绍了取代 DES 的 AES 对称加密算法。同样,从算法的起源说起,然后对 SPN 结构进行了概述。接着介绍 AES 的总体结构,然后给出了 AES 加解密的详细流程,并具体讲解了 AES 单轮结构中的轮密钥加、字节代换、行移位、列混合以及其中用到的密钥扩展算法。随后讲解了其背后与 DES 不同的设计原理,最后通过介绍有限域上的运算来展示 AES 实现的高效性。

思　考　题

　　1. Rijndael 和 AES 有何不同?

　　2. S 盒在 AES 和 DES 中均具有很重要的位置,那么这两个算法使用的 S 盒的构造方法是否有区别?

　　3. AES 在软件实现上存在哪些优化?

　　4. 已知有限域为 $GF(2^3)$ 既约多项式为 $f(x)=x^3+x+1$,请写出其对应 8×8 的乘法表(可以手动实现,也可以代码实现)。

　　5. 请结合 SPN 结构考虑,为什么 AES 第 10 轮变换与前 9 轮变换不同?

　　6. 已知一个修改过的 SPN,区别于以交替方式在 n 轮轮转中执行密钥异或、S 盒替代、P 盒置换这些步骤,而是先执行 n 轮密钥异或,然后执行 n 轮的 S 盒替代,最后执行 n 轮 P 盒置换。分析这个 SPN 的安全性。

　　7. 假设某个 AES 明文分组长度和密钥长度都是 128 比特。如果明文是 128 比特,并且第一个子密钥的长度也是 128 比特,请问 AES 第一轮的输出是什么?

第6章

RSA 与公钥体制

从单表代换密码到多表代换密码,再到分组密码,密码系统的安全性不断提高,但是随之而来的密钥分发问题却越来越突出。具体而言,双方为了实现保密通信而不得不事先分享一对加解密密钥,但当时的密钥分享方式均很低效。20世纪70年代,美国政府每天需要分发数以吨计的密钥。虽然几乎所有人都认为密钥分发的问题不可能解决,但这个问题还是被奇迹般地解决了。这个解决方法被称为公钥密码,其发展是整个密码学发展历史上最伟大的一次革命,也许可以说是唯一一次革命。

公钥密码学与以前的密码学完全不同。首先,公钥算法是基于数学困难问题而不是基于代换和置换,更重要的是,与只使用一个密钥的对称传统密码不同,公钥密码是非对称的,它使用两个独立的密钥。下面读者将会看到,使用两个独立密钥在消息的保密性、密钥分配和认证领域有着重要意义。

1976年,怀特菲尔德·迪菲(Whitefield Diffie)和马丁·赫尔曼(Martin Hellman)提出了公钥(public key)密码的加解密新思想[47]。虽然他们没能给出公钥加密的具体方案,但这个思想仍具有划时代的意义。与经典密码学相对应,业界将1976年定为现代密码学元年。迪菲和赫尔曼(见图6-1)也因此获得美国计算机协会ACM授予的2015年度"图灵奖"。

图 6-1　迪菲和赫尔曼

1977年《科学美国人》报道了当时麻省理工学院(Massachusetts Institute of Technology,MIT)的罗纳德·里维斯特(Ronald Rivest)、阿迪·沙米尔特(Adi Shamir)和伦纳德·阿德曼(Leonard Adleman,三人见图6-2)开创的一种"数百万年才能破解"的公钥密码体制(public key cryptosystem)[48]。他们三人先申请了专利,被命名为 RSA 公钥密码技术,在加州成立了 RSA 数据安全公司,并于2002年共同获得"图灵奖"。如今 RSA 密码系统已经成为使用广泛、安全性高的公开密钥密码系统。

但是,1977年英国官方情报资料显示:前身为位于布莱切利公园(Bletchley Park)的

图 6-2　RSA 三剑客

英国政府密码学校（Government Code and Cipher School，GC&CS）、政府通信总部（Government Communication Headquarters，GCHQ）才是最早发明公钥密码系统的单位。詹姆斯·埃利斯（James H. Ellis）早在 1970 年已有公钥密码的想法，而克利福德·克里斯托弗·考克斯（Clifford Christopher Cocks）在 1973 年就已发明现被称为 RSA 的算法，迪菲-赫尔曼（Diffie-Hellman）密钥交换也在 1974 年被马尔科姆·威廉姆森（Malcom Williamson）发现，公钥密码的主要技术都在 1974 年被英国情报单位掌握，足足比学术界宣称的时间早数年之久。英国情报机构在密码学方面的研究实力实在不容小觑。

> **政府通信总部**
> 英国政府通信总部是英国秘密通信电子监听中心，相当于美国国家安全局。英国政府通信总部是英国从事通信、电子侦察、邮件检查的情报机构。其与军情五处、军情六处并列为英国三大情报机构。

本章将讨论公钥密码体制、RSA 算法、RSA 签名与协议验证应用、素性判定、RSA-129 挑战与因子分解、RSA 攻击等内容。

6.1　公钥密码体制

1970 年以前，密码学的具体应用一直是对称密钥体制，即消息发送者 Alice 用特定的密钥加密，接收者 Bob 用同一个密钥解密（如密码锁）。对称密钥体制的缺点如下。

（1）它需要在 Alice 和 Bob 传输密文之前使用一个安全信道交换密钥。但是，这可能很难实现。例如，假定 Alice 和 Bob 的居住地相距很远，他们决定用 e-mail 或手机通信，在这种情况下，Alice 和 Bob 可能无法获得一个合理的安全信道。

（2）如果 Alice 需要和多人进行通信（假设 Alice 是一家银行），那么她需要和每个人交换不同的密钥，并且她必须管理所有这些密钥，为了建立密钥还需要发送成千上万的消息。

由此可见对称密钥体制已经无法满足实际应用的需求。在公钥密码体制中，任何使用者都可以取得其他使用者的加密密钥（即公钥）。假设 Alice 欲通过此公钥密码系统加密消息给 Bob，她可以先取得 Bob 的加密密钥，通过加密函数 E_{Bob} 将信息加密成密文传递给 Bob，Bob 在收到 Alice 传来的密文后，便可使用自己的解密密钥（即私钥），用解密函数 D_{Bob} 解密。

公钥密码体制是由几个部分组成的。首先,包括可能信息的集合 M(可能的明文和密文),还包括密钥的集合 K。对于每个密钥 k,有一个加密函数 E_k 和解密函数 D_k。E_k 和 D_k 通常被假定从 M 映射到 M,虽然可能出现一些变化,但其允许明文和密文来自不同的集合。这些部分必须满足下列要求。

① 对于每个 $m \in M$ 和每个 $k \in K$,$E_k(D_k(m)) = m$ 和 $D_k(E_k(m)) = m$。

② 对于每个 m 和每个 k,$E_k(m)$ 和 $D_k(m)$ 的值很容易被计算出来。

③ 对于几乎每个 $k \in K$,如果某人仅知道函数 E_k,那么找到一个算法计算出 D_k 在计算上是不可行的。

④ 已知 $k \in K$,很容易找到函数 E_k 和 D_k。

要求①说明加密和解密互相抵消了;要求②是必需的,否则有效地加密和解密是不可能的。由于④,一个用户能够从 K 中选择一个秘密的随机数 k 并得到函数 E_k 和 D_k,要求③使该体制成为公钥密码体制。因为很难由 E_k 确定 D_k,所以公开 E_k 而不危及系统的安全性。

6.2 RSA 算法

1970 年,英国工程师兼数学家詹姆斯·埃利斯研究了一个非秘密的加密算法,它基于一个简单而巧妙的概念:上锁和解锁是一对相反的操作,Alice 可以买一把锁,保留钥匙,并将打开的锁送给 Bob;然后 Bob 将要发送给 Alice 的消息上锁送还给 Alice。注意在这个过程中他们没有交换钥匙。这意味着 Alice 可以广泛地发布她的锁,让任何人用它给她发送消息,只需要保留单个钥匙。这个想法还可以改变成将一把钥匙分为两部分:一把加密钥匙和一把解密钥匙。解密钥匙执行相反的操作,而且很难由加密密钥推导出来。

遗憾的是埃利斯没有归纳出一种数学方法,尽管他直观地给出了工作原理。为了使该思想能够在实践中实现,另一个英国数学家兼密码专家克利福德·克里斯托弗·考克斯发现了一种数学方法。

定义 6-1 单向陷门函数(Trapdoor One-way Function)是满足下列条件的函数 f。

① 正向计算容易,即如果知道了密钥 pk 和消息 x,容易计算 $y = f_{pk}(x)$。

② 在不知道密钥 sk 的情况下,反向计算不可行,即如果只知道消息 y 而不知道密钥 sk,则计算 $x = f_{sk}^{-1}(y)$ 是不可行的(计算不可行是指计算上相当复杂,在有限时间和成本范围内很难得到结果的计算,已无实际意义)。

③ 在知道密钥 sk 的情况下,反向计算是容易的,即如果同时知道消息 y 和密钥 sk,则计算 $x = f_{sk}^{-1}(y)$ 是容易的。这里的密钥 sk 相当于陷门,它和 pk 是配对使用的。

也就是说,单向陷门函数是指除非知道某种附加的信息,否则这样的函数在一个方向上容易计算,在另外的方向上计算则是不可行的;有了附加信息,函数的逆就可以容易地被计算出来。

注:仅满足①、②两条的为单向函数;第③条为陷门性,其中的密钥 sk 被称为陷门信息;当用陷门函数 f 作为加密函数时,可将 pk 公开,此时加密密钥 pk 便被称为公钥(f

函数的设计者将陷门信息 sk 保密，用作解密密钥，此时密钥 sk 被称为私钥）。由于加密函数 f 是公开的，任何人都可以将信息 x 加密成 $y=f_{pk}(x)$，然后送给目的接收者（当然可以通过不安全信道传送），由于目的接收者拥有 sk，自然可以解出 $x=f_{sk}^{-1}(y)$；单向陷门函数的第②条性质表明窃听者由截获的密文 $y=f_{pk}(x)$ 推测消息的明文是不可行的。

1. 模的指数运算

考克斯首先使用模的指数运算构建单向陷门函数。模的指数运算曾被称为时钟算术，例如，$3^1 \equiv 3(\bmod\ 17)$，$3^2 \equiv 9(\bmod\ 17)$，$3^3 \equiv 10(\bmod\ 17)$。

为什么使用模的指数运算呢？假设 Bob 有一条消息，编码转换为 m，然后自乘 e 次（公开指数 e），最后他将这个数除以一个随机数 n，并得出除数的余数 $c \equiv m^e(\bmod\ n)$。这个计算很容易，但是如果仅给出 c、e、n，那么算出 m 则困难得多，因为需要借助某种形式的试错，所以这就是可以用在 m 上的单向函数。

模的指数运算就是 RSA 算法的数学锁，那么解密密钥呢？此时需要算出 c 的某次方，例如 d 次方，将逆反原来对 m 的操作，并找回原始的消息 m，即 $m \equiv c^d(\bmod\ n)$。这两次操作的效果就等价于 $m^{ed} \equiv m(\bmod\ n)$，$e$ 是加密，d 是解密。此时需要第二个单向陷门函数构建 e 和 d，使得由 e 很难推出 d。为此，考克斯求助于素数因子分解。

2. 素数因子分解

定义 6-2　素数因子分解大整数是指将一个正整数分解成几个素数的乘积。

任何正整数都有唯一的素数因子分解式（如 $30=5 \times 3 \times 2$），而且素数因子分解大整数是一个很难的问题。

对于很大的整数来说，乘法很容易计算，现在将乘法和素数因子分解比较。例如，求解 589 的素数因子分解，无论采用什么策略都需要经过一番试错后才能找到 $589=19 \times 31$。如果对 437 231 进行素数因子分解呢？试着用计算机分解越来越大的整数可以发现完成计算所需时间会快速增加，因为会涉及更多的试错步骤。随着整数变大，计算机需要几分钟、几小时，最后将是几百年或几千年以分解大整数。所以说素数因子分解是一个很难的问题，其所需计算时间的增长速度很快。

所以考克斯采用素数因子分解以构建密钥陷门，步骤如下。

（1）假设 Alice 随机生成两个互异的大素数，分别记作 p 和 q，将这两个大素数相乘得到 $n=p \times q$，然后隐藏 p 和 q，公布 n。

定义 6-3　对于正整数 n，欧拉函数 $\varphi(n)$ 是小于或等于 n 的正整数中与 n 互质的所有数的个数。

欧拉函数具有两个很重要的性质。

① 任何素数 p 的欧拉函数值 $\varphi(p)=p-1$。

② 欧拉函数可乘，即 $\varphi(p \times q)=\varphi(p) \times \varphi(q)$。

定理 6-1　欧拉定理：若正整数 m 和 n 互素，即 $\gcd(m,n)=1$，则 $m^{\varphi(n)} \equiv 1(\bmod\ n)$。

（2）根据欧拉定理将欧拉函数和模的指数运算关联起来。根据同余运算的性质对 $m^{\varphi(n)} \equiv 1(\bmod\ n)$ 等式进行变形，可得到 $m^{k\varphi(n)+1} \equiv m(\bmod\ n)$。结合之前的 $m^{ed} \equiv m(\bmod\ n)$，于是 $ed \equiv 1(\bmod\ \varphi(n))$。假设已知 n 的素数因子分解，那么计算 d 很容易。

实际上 n 的素数因子分解很难获得,这意味着 d 可以作为 Alice 的私钥。

至此,RSA 算法总结如下。

算法 6-1　RSA 算法

1. Alice 选择秘密的两个互异大素数 p 和 q,并计算 $n = p \times q$。
2. Alice 选择 e 满足 $\gcd(e,(p-1)(q-1)) = 1$。
3. Alice 计算 d 满足 $ed \equiv 1(\bmod (p-1)(q-1))$。
4. Alice 将 (n,e) 作为公钥,(p,q,d) 作为私钥。
5. Bob 加密 m 为 $c \equiv m^e (\bmod n)$,发送 c 给 Alice。
6. Alice 解密 $m \equiv c^d (\bmod n)$。

例 6-1　Alice 选择

$$p = 885320963, \quad q = 238855417$$

那么

$$n = p \times q = 211463707796206571$$

加密指数是

$$e = 9007$$

将 (n,e) 发给 Bob。

Bob 的消息是 cat。对消息进行编码,即

$$m = 30120$$

Bob 计算

$$c = m^e = 30120^{9007} \equiv 113535859035722866 \ (\bmod n)$$

他将 c 发送给 Alice。

因为 Alice 知道 p 和 q,所以他知道 $(p-1)(q-1)$。他利用欧几里得扩展算法计算 d,满足

$$ed \equiv 1(\bmod(p-1)(q-1))$$

解密密钥是

$$d = 116402471153538991$$

Alice 解密

$$m = c^d = 113535859035722866^{116402471153538991} \equiv 30120(\bmod n)$$

这样她就得到了原始的信息。

注意,Eve 或其他人知道 c、n、e,只要当他能够算出 $\varphi(n)$ 时,就可以找到一个指数 d,而计算 $\varphi(n)$ 需要他们知道 n 的素数因子分解。如果 n 足够大,Alice 可以确信即使拥有最强大的计算机网络,这个计算过程也需要几百年。反过来,已有证明给出,只知道 n,e 以找出解密指数 d 本质上和分解 n 的难度是相同的。但有趣的是,这不能保证有其他方法,既不必分解模数 n 也不必知道解密指数 d,就能恢复出 RSA 对应的明文 m,其被称为 RSA 问题。虽然 RSA 问题是否困难至今仍公开未决,人们一般假定它与大素数因子分解问题一样困难。陷门信息是 n 的因子分解。这个算法在发布后迅速被列为机密,直到 1977 年被"RSA 三剑客"重新独立发明,这就是它被称为 RSA 加密算法的原因。

RSA 算法是世界上被使用最多的公钥算法,其强度依赖于素数因子分解的难度,这个难度源自素数分布问题,这个分布问题数千年来尚未得到解决。另外还有许多地方需要做出解释。

(1) Eve 既然知道 $c \equiv m^e \pmod{n}$,他为什么不简单地求 c 的 e 次方根呢?

这是因为在模 n 下求 c 的 e 次方根是很困难的。例如,已知 $m^3 \equiv 3 \pmod{85}$,但不能计算成 3 的立方根 $1.4422\cdots$,然后再模 85。当然,穷举搜索最后也能找到 $m = 7$,但是这种方法对足够大的模数 n 是不可行的。

(2) Alice 如何选择 p 和 q 呢?

应当随机独立地分别选取,长度应取决于需要的安全级别,其长度最好还略有不同,理由将在以后讨论。当讨论到素性测试的时候,可以看到找这样的素数相当快。还要对 p 或者 q 做一些测试,去掉那些坏的选择。例如,如果 $p-1$ 只有一些小的素数因子,那么可以很容易用 $p-1$ 方法(见 6.5 节)对 n 进行分解,因此应拒绝这样的 p,用其他的素数代替。

(3) 为什么 Alice 要求 $\gcd(e, (p-1)(q-1)) = 1$ 呢?

数论中有这样一个结论: $ed \equiv 1 \pmod{(p-1)(q-1)}$ 有解 d,当且仅当 $\gcd(e, (p-1)(q-1)) = 1$。因此为了确保 d 是存在的,需要这个条件,用欧几里得扩展算法能够快速地计算出 d。因为 $p-1$ 是偶数,所以不能使用 $e = 2$。有人也许会使用 $e = 3$,但是使用小 e 会存在一些危险,编者通常推荐用大一些的 e。

图 6-3 为使用 GnuPG 开源程序创建了有效期为 1 年的 RSA 公私钥对,其密钥长度

图 6-3　公私钥对的生成

为 2048 比特,私钥由创建者设置的口令来保护。只要导入他人的公钥,就可以实现文本的 RSA 加密,如图 6-4 所示。文本解密只需输入私钥保护口令即可。

图 6-4　RSA 公钥加密文本信息

随着密码分析技术的进步,学者们开始使用格分析方法对 RSA 及其变体算法进行分析研究[49],并取得了一定的成果。

6.3　RSA 签名与协议验证应用

定义 6-4　数字签名方案:一个数字签名方案由签名算法与验证算法两部分构成,可由 5 元关系组 $(\boldsymbol{M},\boldsymbol{A},\boldsymbol{K},\boldsymbol{S},\boldsymbol{V})$ 描述。

(1) $\boldsymbol{M}$ 是由一切可能消息所构成的有限集合。

(2) $\boldsymbol{A}$ 是一切可能签名的有限集合。

(3) $\boldsymbol{K}$ 是一切可能密钥的有限集合。

(4) 任意 $k\in\boldsymbol{K}$,有签名算法 $\mathrm{sig}_k\in\boldsymbol{S}$,且有对应的验证算法 $\mathrm{ver}_k\in\boldsymbol{V}$,对每个 sig_k 和 ver_k 满足条件:任意 $x\in\boldsymbol{M}$,$y\in\boldsymbol{A}$,有签名方案的一个签名满足 $\mathrm{ver}_k(x,y)=\{$真或假$\}$。

注:任意 $k\in\boldsymbol{K}$,函数 sig_k 和 ver_k 都为多项式时间函数,即容易计算;ver_k 为公开的函数,而 sig_k 为秘密函数;如果攻击者 Eve 要伪造 Alice 对 x 的签名,在计算上是不可能的,也即给定 x,仅有 Alice 能计算出签名 y 使得 $\mathrm{ver}_k(x,y)=$真;一个签名方案不可能是无条件安全的,有足够的时间,Eve 总能伪造 Bob 的签名。

6.3.1　RSA 的数字签名应用

对于 RSA 公开密钥密码算法来说,其签名方案是:Alice 选择秘密的两个互异大素数 p 和 q,并计算 $n=p\times q$,消息空间与签名空间均为整数空间,即 $\boldsymbol{M}=\boldsymbol{A}=\boldsymbol{Z}_n$,定义密钥集合 $\boldsymbol{K}=\{(n,e,p,q,d)|n=p\times q,\ ed\equiv 1(\mathrm{mod}(p-1)(q-1))\}$。这里 (n,e) 为公钥,(p,q,d) 为私钥。对 $x\in\boldsymbol{M}$,Alice 要对 x 签名,取 $k\in\boldsymbol{K}$,$\mathrm{sig}_k(x)\equiv x^d(\mathrm{mod}\ n)=y$,于是 $\mathrm{ver}_k(x,y)=$真等价于 $x\equiv y^e(\mathrm{mod}\ n)$。通过计算,后者即可验证签名的真实性。

例 6-2　若 Alice 选择了 $p=7$ 和 $q=17$,并计算 $n=p\times q=119$,$\varphi(n)=(p-1)\times$

$(q-1)=6\times16=96$，假设 Alice 选择 $e=5$，计算得到 $d=77$，因此，相应的私钥 $(p,q,d)=(7,17,77)$，公钥 $(n,e)=(119,5)$。如图 6-5 所示，假设 Alice 想对消息 19 进行数字签名并将其发送给 Bob，她将计算：$19^{77}\equiv66(\mathrm{mod}\ 119)$，且在一个开放性信道上将消息与签名结果 $(19,66)$ 一起发送给 Bob。当 Bob 接收到签名结果 66 时，他用 Alice 的公钥 $(119,5)$ 进行验证：$66^5\equiv19(\mathrm{mod}\ 119)$，与收到的消息一致，从而证实该签名。

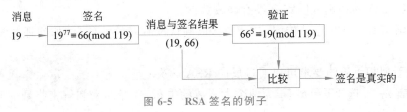

图 6-5　RSA 签名的例子

1. 签名消息的加密传递问题

假设 Alice 想把签了名的消息加密送给 Bob，她对明文 x 计算签名 $y=\mathrm{sig}_{\mathrm{Alice}}(x)$，然后用 Bob 的公钥算出 $z=E_{\mathrm{Bob}}(x,y)$，Alice 将 z 传给 Bob，Bob 收到 z 后，第一步解密 $D_{\mathrm{Bob}}(z)=D_{\mathrm{Bob}}[E_{\mathrm{Bob}}(x,y)]=(x,y)$，然后检验 $\mathrm{ver}_{\mathrm{Alice}}(x,y)=$ 真。

这里先签名后加密的次序很重要，因为：若 Alice 首先对消息 x 进行加密，然后再签名，$z=E_{\mathrm{Bob}}(x)$，$y=\mathrm{sig}_{\mathrm{Alice}}(z)$。Alice 将 (z,y) 传给 Bob，Bob 先将 z 解密，获得 x；然后用 $\mathrm{ver}_{\mathrm{Alice}}$ 检验关于 x 的加密签名 y。这个方法的一个潜在问题是如果攻击者 Eve 获得了这对 (z,y)，那么他就能用自己的签名代替 Alice 的签名，从而能够签署本不属于 Eve 的文件：$y'=\mathrm{sig}_{\mathrm{Eve}}(z)=\mathrm{sig}_{\mathrm{Eve}}(E_{\mathrm{Bob}}(x))$。特别地，Eve 能签名密文 $E_{\mathrm{Bob}}(x)$，即使他不知道明文 x 也能这么做。Eve 传达 (z,y') 给 Bob，Bob 可能推断明文来自 Eve。这就给伪造签名者以可乘之机，所以要先签名后加密。

2. 盲数字签名问题

有时一个文档 $\boldsymbol{M}$ 需要某个人签名但又不希望他知道文档的内容，例如某位科学家 Bob 发现了一个非常重要的理论需要公证人 Alice 进行公证签名，但又不希望 Alice 知道这个理论的内容，这就涉及盲数字签名问题。盲数字签名方案允许一个人对他不知道内容的文档进行数字签名。

基于 RSA 的盲数字签名方案是：在 RSA 方案中，假设 Alice 的私钥是 (p,q,d)，对应的公钥是 (n,e)。Bob 选择一个随机数 r（也称为盲因子）并计算 $\boldsymbol{M}'\equiv\boldsymbol{M}\times r^e(\mathrm{mod}\ n)$，Bob 将 $\boldsymbol{M}'$ 发送给 Alice；Alice 对 $\boldsymbol{M}'$ 进行签名：$S_{\mathrm{blind}}\equiv(\boldsymbol{M}')^d(\mathrm{mod}\ n)$，得到消息 $\boldsymbol{M}$ 的盲数字签名 S_{blind}。原始消息的数字签名 S 与盲数字签名 S_{blind} 的关系为：$S\equiv S_{\mathrm{blind}}\times r^{-1}(\mathrm{mod}\ n)$，因为

$$
\begin{aligned}
S &\equiv S_{\mathrm{blind}}\times r^{-1}(\mathrm{mod}\ n)\equiv(\boldsymbol{M}')^d\times r^{-1}(\mathrm{mod}\ n)\\
&\equiv(\boldsymbol{M}\times r^e)^d\times r^{-1}(\mathrm{mod}\ n)\equiv\boldsymbol{M}^d\times r^{ed}\times r^{-1}(\mathrm{mod}\ n)\\
&\equiv\boldsymbol{M}^d\times r\times r^{-1}(\mathrm{mod}\ n)\equiv\boldsymbol{M}^d(\mathrm{mod}\ n)
\end{aligned}
\tag{6-1}
$$

可见 S 是原始消息的数字签名。

6.3.2　RSA 的协议验证应用

国家 A 和 B 已经签署了禁止核试验协议,现在每一方都想确认另一方没有试验任何炸弹。例如,国家 A 怎样用地震数据来监控国家 B 呢? 国家 A 想把传感器放到国家 B,并把数据传回国家 A。这里出现了两个问题。

(1) 国家 A 希望确认国家 B 没有修改数据。

(2) 国家 B 想在信息被传回前查看它,以确认没有其他的信息(如间谍数据)正在被传输。

这些看似矛盾的要求可以通过反向 RSA 解决。

(1) 首先,A 选择 $n = p \times q$ 为两个大素数的乘积,选择加密和解密指数 e 和 d,将数字 n 和 e 公开给 B,但 p、q 和 d 保密。

(2) 传感器(它被埋在地下很深的地方,假设是防篡改的)收集数据 x,并用 d 把 x 加密为 $y \equiv x^d \pmod{n}$。

(3) x 和 y 都首先被传送到国家 B,由国家 B 核查 $y^e \equiv x \pmod{n}$。如果成立,那么它就知道加密信息 y 与数据 x 是相应的,并继续把组合 x、y 传送给国家 A。

(4) 然后国家 A 也核查 $y^e \equiv x \pmod{n}$。如果成立,那么 A 就能确定数字 x 没有被修改(因为一旦 x 被选定,那么为了求 y 而解 $y^e \equiv x \pmod{n}$ 与破解 RSA 信息 x 是一样的,而且要确信这样做难度是很大的。当然 B 首先能够选择一个数 y,然后令 $x \equiv y^e \pmod{n}$,但是 x 可能不是一条有意义的信息,所以 A 就会意识到某些信息被改变了)。

以上方法本质上是 RSA 的数字签名方案。RSA 除了类似上述应用外,还应用于多方协议中,详细内容请参阅文献[50]的有关部分。

6.4　素性判定

RSA 公钥密码体制是依靠这样一个事实:将两个大素数(如两个百位素数)乘起来很容易;反过来要分解一个大整数(如 200 位)则几乎不可能。因此 RSA 密码体制与素数判定和大数分解有密切联系。

关于素数的一个基本问题是判定给定的一个数是否为素数。假设要判定一个 200 位的整数是否为素数。为什么不用所有小于它的平方根的数去除它呢? 因为小于 10^{100} 的素数大概有 4×10^{97} 个,这比宇宙所有的粒子的数量还要大。如果计算机每秒处理 109 个素数,那么这一过程大概要 1081 年。显然需要更好的方法,其中一些方法将在本节中讨论。

在讨论素性判定方法之前先看一下许多因子分解方法中的一个非常基本的思想。

基本原理　令 n 表示一个整数,假设存在整数 x 和 y 满足 $x^2 \equiv y^2 \pmod{n}$,但 $x \not\equiv \pm y \pmod{n}$,那么 n 是合数,而且 $\gcd(x-y, n)$ 给出了 n 的一个非平凡因子。

证明:(反证法)令 $d = \gcd(x-y, n)$。如果 $d = n$,那么假定 $x \equiv y \pmod{n}$ 不会发生。假设 $d = 1$,结合关于整除性的一个基本结论:如果 $0 \equiv bc \pmod{a}$ 并且 $\gcd(a, b) =$

1，那么 $0 \equiv c \pmod{a}$。在这个例子中，既然 $0 \equiv (x-y)(x+y) \equiv x^2 - y^2 \pmod{n}$，并且 $\gcd(x-y, n) = d = 1$，那么 $0 \equiv (x+y) \pmod{n}$，与 $x \not\equiv \pm y \pmod{n}$ 矛盾。因此 $d \neq 1$，n，所以 d 为 n 的一个非平凡因子。

例如，$12^2 \equiv 2^2 \pmod{35}$，$12 \not\equiv \pm 2 \pmod{35}$，35 是一个合数，$\gcd(12-2, 35) = 5$ 是 35 的一个非平凡因子。

可能有些令人吃惊，因子分解和素性判定是不一样的，证明一个数是合数比分解它要容易得多，人们已知有很多大数是合数，但是不知道如何分解它们。这怎么可能呢？这里给一个简单的例子。由费马定理可知，如果 p 是一个素数，那么 $2^{p-1} \equiv 1 \pmod{p}$。利用该定理证明 35 不是素数，通过连续的平方，可以发现

$$2^4 = 16 \pmod{35}$$
$$2^8 = 256 \equiv 11 \pmod{35}$$
$$2^{16} \equiv 121 \pmod{35} \equiv 16 \pmod{35}$$
$$2^{32} \equiv 256 \pmod{35} \equiv 11 \pmod{35}$$

因此

$$2^{34} = 2^{32} 2^2 \equiv 11 \times 4 \pmod{35} = 9 \not\equiv 1 \pmod{35}$$

费马定理表明 35 不是素数，因此这里在没有找到 35 的因子的情况下证明了它是个合数。

费马素性判定　设 n 是一个整数。选择一个随机的 a 满足 $1 < a < n-1$。如果 $a^{n-1} \not\equiv 1 \pmod{n}$，那么 n 是一个合数。如果 $a^{n-1} \equiv 1 \pmod{n}$，那么 n 可能是一个素数。

虽然这和其他一些相似的判定方法通常被称为"素性判定"，但它们实际上是"合数判定"，因为这些方法只给出了对合数完全肯定的回答。费马判定对大的 n 相当准确。如果它宣布一个数是合数，那么一定是正确的。如果宣布可能是素数，那么由经验判断这很可能是正确的。同时，模指数运算是很快的，费马判定可以很快地执行。

回忆模指数运算可以用连续平方实现，如果注意到如何做连续平方，将费马定理和基本原理结合起来，就能得到以下更强的结论。

米勒-拉宾素数判定[51]　设 n 是一个奇数，$n-1 = 2^k m$，其中 m 是一个奇数。选择一个随机的 a，满足 $1 < a < n-1$，计算 $b_0 \equiv a^m \pmod{n}$。如果 $b_0 \equiv \pm 1 \pmod{n}$，那么停止，$n$ 可能为素数；否则，计算 $b_1 \equiv b_0^2 \pmod{n}$。如果 $b_1 \equiv 1 \pmod{n}$，那么 n 是合数且 $\gcd(b_0 - 1, n)$ 是 n 的一个非平凡因子。如果 $b_1 \equiv -1 \pmod{n}$，那么停止，n 可能是素数；否则，计算 $b_2 \equiv b_1^2 \pmod{n}$。如果 $b_2 \equiv 1 \pmod{n}$，那么 n 是合数且 $\gcd(b_1 - 1, n)$ 是 n 的一个非平凡因子。如果 $b_2 \equiv -1 \pmod{n}$，那么停止，n 可能是素数。如此继续，直到停止或者达到 b_{k-1}。如果 $b_{k-1} \not\equiv -1 \pmod{n}$，那么 n 是合数。

该算法的另一种表述是：设 n 是一个奇数，$n-1 = 2^k m$，其中 m 是一个奇数。要测试 n 是否为素数，可先随机选一个介于 $(1, n-1)$ 的整数 a，之后如果对所有的 $r \in [0, k-1]$，若 $a^m \not\equiv 1 \pmod{n}$ 且 $a^{2^r m} \not\equiv -1 \pmod{n}$，则 n 是合数，否则 n 可能为素数。算法流程如图 6-6 所示。

例 6-3　令 $n = 561$，那么 $n-1 = 560 = 2^4 \times 35$，所以 $k = 4$，$m = 35$。令 $a = 2$，那么

$$b_0 = a^m = 2^{35} \equiv 263 \pmod{561}$$

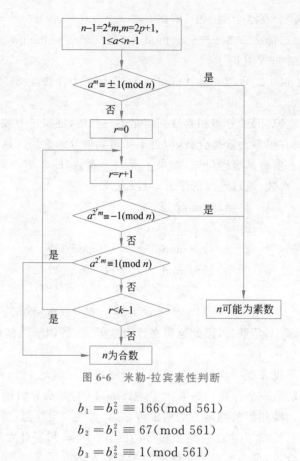

图 6-6 米勒-拉宾素性判断

$$b_1 = b_0^2 \equiv 166 \pmod{561}$$
$$b_2 = b_1^2 \equiv 67 \pmod{561}$$
$$b_3 = b_2^2 \equiv 1 \pmod{561}$$

因为 $b_3 \equiv 1 \pmod{561}$，所以结论是 561 是合数，并且 $\gcd(b_2 - 1, 561) = 33$ 是 561 的非平凡因子。

定义 6-5 （伪素数）如果 n 为合数，且 $a^{n-1} \equiv 1 \pmod{n}$，那么可以认为 n 是一个基数为 a 的伪素数。如果 a 和 n 是这样的，且 n 通过了米勒-拉宾测试，那么可以认为 n 是一个基数为 a 的强伪素数。

例 6-4 令 $n = 25$，那么 $n - 1 = 2^3 \times 3$，所以 $k = 3, m = 3$。令 $a = 7$，那么 $a^{n-1} \equiv 1 \pmod{n}$，所以 25 是一个基数为 7 的伪素数，而且

$$b_0 = 7^3 \equiv 18 \pmod{25}$$
$$b_1 = b_0^2 \equiv -1 \pmod{25}$$

通过了米勒-拉宾测试，则可以认为 25 是一个基数为 7 的强伪素数。

可以证明，若 a 是随机选取的，则米勒-拉宾判定将合数当成素数的概率不超过 1/4。事实上的概率要小得多[52]。如果将这个判定方法重复 10 次，那么对随机选择的 a，将合数当成素数的概率最多是 $(1/4)^{10} \approx 10^{-6}$。

米勒-拉宾判定的速度在实际中很快，但是该算法并没有严格地证明 n 是素数。大多数这样的方法都是概率算法，对每个数的判定正确的概率极高，但是不能保证成功。2002 年，阿格拉瓦尔(M. Agrawal)、卡亚尔(N. Kayal)和萨克塞纳(N. Saxena)给出了一

种确定性的多项式时间算法以判定一个数是否为素数[53]。这意味着判断素数的计算时间总是以常数的 $\log n$ 次幂为界。这是一个很大的理论进展,但是他们的算法还没有改进到比概率算法更有优势的程度。更多素性判定及其历史的信息,请参阅文献[54]。

6.5　RSA-129 挑战与因子分解

RSA 密码系统本质上是双素数密码(bi-prime cipher),在实际操作中,必须关注以下两个素数问题。

(1) RSA 的模数 $n = p \times q$,其中 p、q 为相异素数,如何找到素数 p、q? 又如何判断所找到的数是素数?

(2) 在 RSA 密码系统中模数 n 是公开的,如果有人能做到因子分解 $n = p \times q$,任何以此模数 n 设计的 RSA 密码都可被其破解,因此模数 n 能否容易地被因子分解已成为了 RSA 密码系统在实际使用时最需要考虑的问题;数论学家在因子分解问题上的进展程度也成了 RSA 密码是否能继续使用的关键。

在 6.4 节中已经讨论了第一个素数问题,在此将研究第二个问题,即因子分解问题。

6.5.1　RSA-129 挑战

试图破解 RSA 密码就意味着尝试素因子分解 RSA 密码的模数 n。"RSA 三剑客"在该算法初次发表之际,就在《科学美国人》中提出模数为 129 位的十进制数[55],如下所示。

$$n = 114381625757888867669235779976146612010218296721242362562561842935706935245733897830597123563958705058989075147599290026879543541$$

加密密钥 $e = 9007$ 的 128 位密文如下。

$$c = 968696137546220614771409222543558829057599911245743198746951209308162982251457083569314766228839896280133919905518299451 57815154$$

三人悬赏 100 美元给任何能在 1982 年 4 月 1 日愚人节之前破解的人。以当时的素因子分解技术,他们推算应花 4×10^{16} 年方可破解成功。1982 年愚人节时,这项 RSA-129 挑战未能被破解。但在 1994 年,多位数论学家提出改良版的二次筛法算法[56],结合全球 600 多人的团队用 1600 台计算机执行了 8 个月,当中尝试以高斯消去法(Gauss elimination)找出了数十万项变量的关联,终于成功地将 n 分解成素因子 $n = p \times q$,即

$$p = 3490529510847650949147849619903898133417764638493387843990820577$$

$$q = 32769132993266709549961988190834461413177642967992942539798288533$$

如此以广义辗转相除法计算解密密钥

$$d \equiv e^{-1}(\mathrm{mod}(p-1)(q-1))$$
$$= 10669861436857802444286877132892015478070$$
$$99066339378628012262244966310631259117744$$
$$70873340168597462306553968544513277109053$$
$$606095$$

明文数字代码为

$$m \equiv e^d (\mathrm{mod}\ n)$$
$$= 200805001301070903002315180419000118050$$
$$0 191721050113091908001519190090618010705$$

以代码 $a=01, b=02, \cdots$,空白键 $=00$ 将密语解读为

the magic words are squeamish ossifrage

即密语是一种神经质鹰(squeamish ossifrage,为一种生长在北美的易受惊吓的鹰),总共计算次数为 5000MIPS-年。另外公布在 RSA 信息安全公司首页的 RSA-155 挑战也在 1999 年被破解,计算次数为 800MIPS-年,而在辛格所著的密码故事[57]附录中所录的第 10 个悬赏密文(也是 155 位十进制的 RSA 密文)也被瑞典一个研究团队于 2000 年首次破解。

6.5.2 因子分解

因子分解基本的分解方法是将整数 n 除以所有的素数 $p < \sqrt{n}$,但是速度太慢。多年以来,人们一直致力于研究更高效的分解算法,这里介绍其中的一些。

1. 费马因子分解法

其思想是用两个平方的差值表示 $n = x^2 - y^2$,那么 $n = (x+y)(x-y)$ 给出了 n 的因子分解。计算 $n+1^2$,$n+2^2$,$n+3^2$,$\cdots$,直到找到一个完全平方数。

例如,求 $n=3127$ 的因子分解,$n+1^2 = 55.9285^2$,$n+2^2 = 55.9553^2$,$n+3^2 = 56^2$,所以 $x=56, y=3, n=(x-y)(x+y)=53 \times 59$。

当 n 是两个彼此非常接近的素数乘积时,费马方法非常高效。如果 $n = p \times q$,那么将花费 $|p-q|/2$ 步才能找到它的因子分解,如果 p 和 q 是两个随机选择的 100 位的素数,那么很可能 $|p-q|$ 非常大,可能也接近 100 位。所以,费马因子分解法不可能高效。作为 RSA 系数的素数经常被选为稍微不同的大小。

2. 通用指数因子分解法

主要分三步,如下所示。

(1) 假设有一个指数 $r > 0$,对于所有满足 $\gcd(a,n)=1$ 的 a 满足 $a^r \equiv 1(\mathrm{mod}\ n)$,令 $r = 2^k m$,其中,m 为奇数。

(2) 选择一个满足 $1 < a < n-1$ 的随机数 a,如果 $\gcd(a,n) \neq 1$,那么可以得到 n 的一个因子,所以假定 $\gcd(a,n)=1$。

(3) 令 $b_0 \equiv a^m (\mathrm{mod}\ n)$,并对于 $0 \leqslant u \leqslant k-1$ 连续地定义 $b_{u+1} \equiv b_u^2 (\mathrm{mod}\ n)$。如果 $b_0 \equiv 1(\mathrm{mod}\ n)$($n$ 可能为素数),那么停下来,尝试用一个不同的 a;如果对于某个 u,有 $b_u \equiv$

$-1(\mod n)$（n 可能为素数），那么停下来，尝试用一个不同的 a；如果对于某个 u 有 $b_{u+1}\equiv 1(\mod n)$，但 $b_u\not\equiv\pm 1(\mod n)$，那么 $\gcd(b_u-1,n)$ 给出了 n 的一个非平凡因子。

算法流程如图 6-7 所示。其和米勒-拉宾测试非常相似，差别在于 r 的存在性保证了对某个 u 有 $b_{u+1}\equiv 1(\mod n)$，这在米勒-拉宾测试中不是经常发生的。

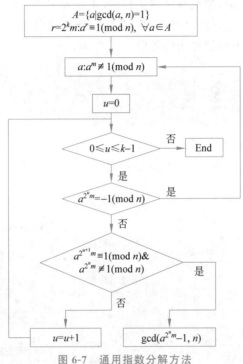

图 6-7　通用指数分解方法

一般来讲，找到通用指数 r 很困难，所以该算法在实际中应用很难。但是知道指数 r 对一个值 a 是可行的，那么有时利用这些就可以分解 n 了，这就是下面的指数分解法。

1）指数分解法

主要分两步，如下所示。

(1) 假设有一个指数 $r>0$，和满足 $a^r\equiv 1(\mod n)$ 的整数 a，令 $r=2^k m$，其中 m 为奇数。

(2) 令 $b_0\equiv a^m(\mod n)$，并对于 $0\leqslant u\leqslant k-1$ 连续地定义 $b_{u+1}\equiv b_u^2(\mod n)$。若 $b_0\equiv 1(\mod n)$（n 可能为素数），那么停下来，这个过程因式分解 n 失败；如果对于某个 u，有 $b_u\equiv-1(\mod n)$（n 可能为素数），那么停下来，这个过程因式分解 n 失败；如果对于某个 u，有 $b_{u+1}\equiv 1(\mod n)$，但 $b_u\neq\pm 1(\mod n)$，那么 $\gcd(b_u-1,n)$ 给出了 n 的一个非平凡因子。

2）$p-1$ 因子分解法

选择一个整数 $a>1$，经常用 $a=2$。选一个上限 B，像下面这样计算 $b\equiv a^{B!}(\mod n)$。令 $b_1\equiv a(\mod n)$，$b_j\equiv b_{j-1}^j(\mod n)$，那么 $b_B\equiv b(\mod n)$。令 $d=\gcd(b-1,n)$，如果 $1<d<n$，那么就得到了 n 的一个非平凡因子。

假设 p 是 n 的素数因子，并且 $p-1$ 只含有小的素数因子，那么很有可能 $p-1$ 整除 $B!$，设 $B!=(p-1)k$。用费马定理，$b\equiv a^{B!}\equiv(a^{p-1})^k\equiv 1(\mod p)$，因此 p 将在 $b-1$ 和 n 的最大公因子中出现。如果 q 是 n 的另一个素数因子，那么不大可能有 $b\equiv 1(\mod q)$，

除非 $q-1$ 也仅含有小的素数因子。如果 $d=n$，并非什么都没有用了。在这种情况下，有指数 r(即 $B!$)和 a 满足 $a^r\equiv1(\bmod\ n)$。很有可能用指数因子分解方法分解 n。因此可以选择一个更小的 B，然后重复这个计算。

如何选择上界 B 呢？如果选择一个小的 B，那么算法会很快终止，但是成功的概率很小；如果选择一个大的 B，那么算法将会很慢，实际采用的值取决于当时的情况。

除此之外，因子分解还有二次筛法、数域筛法，详细过程请参阅文献[58]，其中有这两个方法的描述和关于因子分解方法的历史。

6.6　RSA 攻击

目前还没有发现针对 RSA 的破坏性攻击。业内已经预言了几种基于弱明文、弱参数选择或不当执行的攻击，图 6-8 所示就是这些潜在攻击的分类。

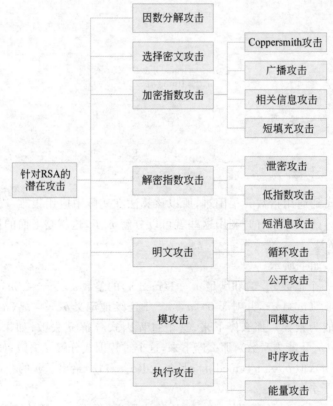

图 6-8　针对 RSA 的潜在攻击的分类

1. 因子分解攻击(factorization attack)[59]

RSA 的安全性基于模数足够大以至于在适当的时间内把它分解是不可能的。Bob 选择 p 和 q，并且计算出 $n=p\times q$。虽然 n 是公开的，但 p 和 q 是保密的。如果 Eve 能分解 n 并获得 p 和 q，她就可以计算出 $\varphi(n)=(p-1)(q-1)$。然后，因为 e 是公开的，Eve

还可以计算出 $d \equiv e^{-1}(\bmod \varphi(n))$。私密指数 d 是 Eve 可以用来对任何加密信息进行解密的陷门。

目前有许多种因子分解算法,但是没有一种可以多项式时间分解大整数。为了保证安全,目前 RSA 要求 n 必须大于 1024 比特,应用较多的是 1024 比特和 2048 比特。即使运用现在效率最高的计算机,分解这么大的整数所要花费的时间也是不可想象的。这就表明只要还没有发现更高效的因子分解算法,RSA 就是安全的。

2. 选择密文攻击(chosen-ciphertext attack)

针对 RSA 的潜在攻击都基于 RSA 的乘法特性,可以假定 Alice 创建了密文 $c \equiv m^e(\bmod n)$ 并且把 c 发送给 Bob。同时也假定 Bob 可以为攻击者 Eve 解密其发送过来的任意其他密文 $y \neq c$,并反馈对应明文。Eve 拦截 c 并运用下列步骤求出 m。

(1) Eve 选择 Z_n^* 中的一个随机整数 X。

(2) Eve 计算出 $Y \equiv c \times X^e(\bmod n)$。

(3) 为了解密,Eve 把 Y 发送给 Bob 并得到 $Z \equiv Y^d(\bmod n)$;这个步骤就是选择密文攻击的一个例子。

(4) Eve 能够很容易地得到 m,因为

$$Z \equiv Y^d(\bmod n) \equiv (c \times X^e)^d(\bmod n) \equiv (c^d \times X^{ed})(\bmod n)$$
$$\equiv (m \times X)(\bmod n) \Rightarrow m \equiv Z \times X^{-1}(\bmod n)$$

Eve 运用扩展的欧几里得算法求 X 的乘法逆,并最终求得 m。

RSA 在选择密文攻击面前很脆弱。一般攻击者是将某一信息做一下伪装(blind),让拥有私钥的实体签署。然后,经过计算就可得到它所想要的信息。实际上,攻击者利用的都是同一个弱点,即存在这样一个事实:乘幂保留了输入的乘法结构:$(XM)^d \equiv X^d M^d(\bmod n)$ 前面已经提到,这个固有的问题来自于公钥密码系统的最有用的特征——每个人都能使用公钥。但从算法上无法解决这一问题,主要措施有两条:一条是采用好的公钥协议,保证工作过程中实体不对其他实体任意产生的信息解密,不对自己一无所知的信息签名;另一条是绝不对陌生人送来的随机文档签名,签名时首先使用单向散列函数对文档作散列处理,或同时使用不同的签名算法。

3. 对加密指数的攻击

为了缩短加密时间,使用小的加密指数 e 是非常诱人的。普通的 e 值是 $e=3$(第二个素数)。不过目前人们已发现有几种针对低加密指数的潜在攻击是有效的,在这里只作简单的讨论。这些攻击一般不会造成系统的崩溃,不过还是得进行预防。为了阻止这些类型的攻击,编者推荐使用 $e=2^{16}+1=65\ 537$(或者一个接近这个值的素数)。

1) 库珀史密斯(Coppersmith)定理攻击

库珀史密斯(Coppersmith)定理攻击(Coppersmith theorem attack)[60] 是一种已知明文攻击。该项定理表明在一个 e 阶的模 n 多项式 $f(x)$ 中,如果有一个根小于 $n^{1/e}$,就可以运用一个复杂度 $\log n$ 的算法求出这些根。这个定理可以应用于 $c=f(m) \equiv m_e(\bmod n)$ 的 RSA 密码系统。如果 $e=3$ 并且在明文当中只有三分之二的比特是已知的,那么这种算法可以求出明文中的所有比特。

2) 广播攻击

如果一个实体使用相同的低加密指数给一个接收者的群发送相同的信息,就会导致广播攻击(broadcast attack)[61]。例如,假设 Alice 要使用相同的公共指数 $e=3$ 和模 n_1、n_2 和 n_3 给三个接收者发送相同的信息。

$$c_1 \equiv m^3 \pmod{n_1}, \quad c_2 \equiv m^3 \pmod{n_2}, \quad c_3 \equiv m^3 \pmod{n_3}$$

对这些等式运用中国剩余定理[62],Eve 就可以求出 $c' \equiv m^3 \pmod{n_1 n_2 n_3}$ 的等式。这就表明 $m^3 < n_1 n_2 n_3$。也表明 $c'=m^3$ 是在规则算法中(不是模算法)。Eve 可以求出 $m=c'^{1/3}$ 的值。

3) 相关信息攻击

相关信息攻击(related message attack)是由库珀史密斯提出来的[63],下面简单描述一下这种攻击。Alice 用 $e=3$ 加密两个明文 m_1 和 m_2,然后再把 c_1 和 c_2 发送给 Bob。如果通过一个线性函数把 m_1 和 m_2 联系起来,那么 Eve 就可以在一个可行的计算时间内恢复 m_1 和 m_2。

4) 短填充攻击

短填充攻击(short pad attack)是由库珀史密斯提出来的[64],下面简单描述一下这种攻击。Alice 有一条信息 M 要发送给 Bob。她先用 r_1 对信息填充,加密的结果是得到了 c_1,并把 c_1 发送给 Bob。Eve 拦截 c_1 并把它丢掉。Bob 通知 Alice 他还没有收到信息,所以 Alice 就再次使用 r_2 对信息进行填充,加密后发送给 Bob。Eve 又拦截了这一信息。Eve 现在有 c_1 和 c_2,并且她知道 c_1 和 c_2 都是属于相同明文的密文。库珀史密斯证明如果 r_1 和 r_2 都是短的,Eve 也许就能恢复原信息 M。

4. 对解密指数的攻击

可以对解密指数发动攻击的两种攻击方式是:暴露解密指数攻击(revealed decryption exponent attack)和低解密指数攻击(low decryption exponent attack)。下面简单讨论一下这两种攻击。

1) 暴露解密指数攻击[64]

很明显,如果 Eve 可以求出解密指数 d,那么她就可以对当前加密的信息进行解密。不过,到这里攻击并还没有停止。如果 Eve 知道 d 的值,她就可以运用概率算法(这里不讨论)对 n 进行因子分解,并求出 p 和 q 值。因此,如果 Bob 只改变了泄露解密指数但是保持模 n 相同,因为 Eve 有 n 的因子分解,所以她就可以对未来的信息进行解密。这就是说,如果 Bob 发现解密指数已经泄露,那么他就要有新的 p 和 q 的值且要计算出 n,并创建所有新的公钥和私钥。

在 RSA 中,如果 d 已经泄露,那么 p、q、n、e 和 d 就必须要重新生成。

2) 低解密指数攻击[64-66]

Bob 也许会想到,运用一个小的私钥 d 就会加快解密的过程。迈克尔·维纳表示:如果 $d < 1/3\, n^{1/4}$,一种基于连分数(一个数论当中的问题)的特殊攻击类型就可以危害 RSA 的安全。要发生这样的事情,必须要有 $q < p < 2q$。如果这两种情况存在,Eve 就可以在多项式时间内分解 n。

在 RSA 中,编者推荐用 $d < 1/3 n^{1/4}$ 来防避低解密指数攻击。

5. 明文攻击(plaintext attack)

因为是相同间隔($0 \sim n-1$)的整数,RSA 中的明文和密文是相互置换的。也就是说,Eve 已经知道了有关明文的一些内容。这一特征也许会引起一些针对明文的攻击,下面介绍三种攻击:短信息攻击、循环攻击和公开信息攻击。

1) 短信息攻击(short message attack)[64]

在短信息攻击中,如果 Eve 知道可能的明文组,那么她除了知道明文是密文的转换之外还知道一些别的信息。Eve 可以对所有可能的信息进行加密,直到结果和所拦截的信息相同。例如,如果知道 Alice 正在发送一个 4 位数的数字,Eve 就可以轻易地试验 $0000 \sim 9999$ 的明文数字以发现明文。为此,短信息必须要在开头和结尾用随机比特填充以阻止这类攻击。

2) 循环攻击(cycling attack)[67,68]

循环攻击是基于这样一个事实,即密文是明文的一个置换,密文的连续加密最终结果就是明文。也就是说,如果对所拦截的密文 c 连续加密,Eve 最终就得到了明文。不过 Eve 不知道明文究竟是什么,所以她就不知道什么时候要停止加密。她就要往前多走一步。如果她再次得到了密文 c,她只要返回一步就可得到明文。

拦截密文:c

$c_1 \equiv c^e \pmod{n}$

$c_2 \equiv c_1^e \pmod{n}$

$\cdots$

$c_k \equiv c_{k-1}^e \pmod{n} \rightarrow$ If $c_k = c_t$,停止:明文是 $P = c_{k-1}$

对于 RSA 来说,这种攻击很严重吗? 已经表明算法的复杂性和分解 n 的复杂性是相当的。也就是说,如果 n 足够大,就不会有一种有效的算法可以在多项式时间内发动这种攻击。

3) 公开信息攻击(unconcealed message attack)[69]

另一种基于明文和密文之间置换关系的攻击是公开信息攻击。公开信息就是自身加密(不被隐藏)的信息。已经证明,总有一些信息是自身加密的,因为加密指数通常是一个奇数,有一些明文,如 $m=0$ 和 $m=1$ 都是自身加密的。如果加密指数是被仔细选出来的,那就会有更多的这种信息被忽略。如果算出来的密文和明文相同,那么加密程序总要在提交密文之前阻止并拒绝明文。

6. 对模的攻击

正如前面讨论的那样,针对 RSA 的主要攻击就是因子分解攻击。因子分解攻击可以被看成是对低模的攻击。不过,这种攻击已经被讨论过了,现在集中讨论一下针对模的另一种攻击:同模攻击(common modulus attack)[64]。

如果一个组织使用一个共同的模 n,那么攻击者就有可能发动同模攻击。例如,一个组织中的人也许会让一个可信机构选出 p 和 q,计算出 n 和 $\varphi(n)$,并为每个实体创建一对指数(e_i,d_i)。现在假定 Alice 要发送一则信息给 Bob,发给 Bob 的密文是 $c \equiv m^{e_{\text{Bob}}}$

$(\bmod n)$。Bob 用他的私密指数 d_{Bob} 对信息 $m \equiv c^{d_{Bob}} (\bmod n)$ 解密。问题是如果 Eve 是该组织中的一个成员,并且像前文在"低解密指数攻击"那一部分介绍过的那样,她也得到了分配的指数对(e_{Eve}, d_{Eve}),这样她也就可以对信息解密。运用她自己的指数对,Eve 可以发动一个概率攻击以分解 n 并得到 e_{Bob} 的 d_{Bob}。为了阻止这种类型的攻击,模必须不是共享的,每个实体都要计算她或他的模。

7. 执行攻击

前面所述的攻击都基于 RSA 的基本结构。正像丹·博内(Dan Boneh)所论述的那样,有几种针对 RSA 执行的攻击,在这些攻击中下文将讨论两种:时序攻击和能量攻击。

1) 时序攻击(timing attack)[70]

保罗·科赫(Paul Kocher)精密地论证了这种纯密文攻击,人们称之为时序攻击。如果私密指数 d 中的相关比特是 0,那么这种算法只应用平方;如果相关的比特是 1,这种算法就既应用平方也应用乘法。也就是说,如果相关的比特是 1,那么完成每个迭代需要的时序会更长。这种时序上的不同就可以使 Eve 逐一找出 d 中的比特值。

假定 Eve 已经拦截了一个密文的一个大数,$c_1 \sim c_k$,同时假定 Eve 已经注意到 Bob 对密文进行解密所用的时间为 $T_1 \sim T_k$。由于 Eve 知道基本硬件处理乘法运算所用的时间,她就可以计算出 $t_1 \sim t_k$ 的值,这里 t_i 就是计算乘法运算 Result $\equiv$ Result$\times c_i (\bmod n)$ 所需的时间。

```
算法 6-2   针对 RSA 的时序攻击
RSA_Timing_Attack([T₁…Tₖ])
{
d₀←1                                        //因为 d 是奇数
计算[t₁…tₖ]
[T₁…Tₖ]←[T₁…Tₖ]−[t₁…tₖ]                      //更新 Tᵢ 为下一个比特
for(j 从 i 到 l−1)
{
    重新计算[t₁…tₖ]                           //重新计算 tᵢ,设下一个比特是 1
    [D₁…Dₖ]←[T₁…Tₖ]−[t₁…tₖ]
    var←方差([D₁…Dₖ])−方差([T₁…Tₖ])
    if(var＞0)dⱼ←0  else  dⱼ←0
    [T₁…Tₖ]←[T₁…Tₖ]−dⱼ×[t₁…tₖ]               //更新 Tᵢ 为下一个比特
}
}
```

Eve 可以运用算法 6-2,这是一个实践中所用算法的简化版,用来计算 d($d_0 \sim d_{l-1}$)中所有的比特。

算法设置 $d_0 = 1$(因为 d 应该是奇数),并且计算 T_i 的新值(与 $d_1 \sim d_{l-1}$ 有关的解密时间)。然后该算法假定下一个比特值是 1,并求出一些基于假定的 $D_1 \sim D_m$ 的新值。如果这个假定是正确的,那么每一个 D_i 也许就小于相应的 T_i。不过算法运用方差(或别的相关标准)以考虑 D_i 和 T_i 的所有变化。如果 $D_1, \cdots, D_k$ 的方差大于 $T_1, \cdots, T_k$ 的方差,算法就假定下一个比特为 1;否则,就假定下一个比特为 0。然后算法计算出新的 T_i 并将之用作冗余比特。

有两种方法可以阻止时序攻击。

(1) 把随机延迟加到指数上,使每个指数所消耗的时间相同。

(2) 引入盲签名(blinding)[71],这个概念就是在解密前用一个随机数乘以密文,过程如下。

> ① 选出一个 $1\sim(n-1)$ 之间的秘密随机数 r。
> ② 计算 $c_1\equiv c\times r^e(\bmod\ n)$。
> ③ 计算 $m_1\equiv c_1^d(\bmod\ n)$。
> ④ 计算 $m\equiv m_1\times r^{-1}(\bmod\ n)$。

2) 能量攻击(power attack)[72,73]

能量攻击和时序攻击相似。科赫表示,如果 Eve 能够准确测量解密过程中消耗的能量,她就可以发动一个基于时序攻击原则的能量攻击,涉及乘法和平方的迭代所消耗的能量要比只涉及平方的迭代多,可以用来避免时序攻击的同类技术也可以用来阻止能量攻击。

肖尔(Shor)算法

肖尔算法是数学家彼得·肖尔(Peter Shor(图 6-9))于 1994 年提出的一个量子算法。它的作用就是找出给定整数 N 的素因子。众所周知 RSA 基于大整数素因子分解的困难性,而在量子计算机上面要分解整数 N,肖尔算法的运作需要多项式时间——$O((\log N)^3)$($\log N$ 在这里的意义是输入的长度)。这就是说,目前广泛使用的 RSA 加密方案在量子计算机上是不安全的。非但如此,肖尔的算法在修改后也可以被用于破解比 RSA 更强大的椭圆曲线加密方案。肖尔算法的提出迅速引起了世界各国对量子计算以及抗量子密码方案研究的高度关注。

图 6-9　彼得·肖尔

当然对于 RSA 攻击的研究还有很多,例如现在流行的侧信道攻击,感兴趣的读者可以参阅文献[74-76]。

6.7　小结

本章首先介绍了公钥密码体制的开端及其与对称密钥体制的对比,然后通过介绍 RSA 算法,让读者领悟公钥密码体制的工作方式。对 RSA 的介绍首先从单向陷门函数的定义开始,再介绍模的指数运算和素因子分解,之后通过一个例子详细阐述了 RSA 算法的加解密过程。接着,介绍了 RSA 在签名和协议验证方面的应用。最后阐述了 RSA 算法其安全性所基于的困难问题,以及对 RSA 构成潜在威胁的各种密码分析思路。

思 考 题

1. RSA 算法中 $n=11\,413$，$e=7467$，密文是 5859，利用分解 $11\,413=101\times113$，求明文。

2. 指数 $e=1$ 和 $e=2$ 能不能被用在 RSA 中？为什么？

3. 试分解 $n=64\,2401$。假设可以发现

$$516\,107^2 \equiv 7 \pmod{n}$$
$$187\,722^2 \equiv 2^2 \times 7 \pmod{n}$$

利用这些信息分解 n。

4. 假设 n 是一个大奇数，计算 $2^{(n-1)/2} \equiv k \pmod{n}$，其中，$k$ 是一个整数满足 $k \not\equiv \pm1 \pmod{n}$。

(1) 假设 $k^2 \not\equiv 1 \pmod{n}$，说明为何这表明 n 不是素数。

(2) 假设 $k^2 \equiv 1 \pmod{n}$，说明如何利用这个信息分解 n。

5. 若 $n=pq$，其中，p 和 q 为不同的奇素数，且 $ab \equiv 1 \pmod{(p-1)(q-1)}$。RSA 加解密运算如下。

$$加密：E(x) \equiv x^b \pmod{n}$$
$$解密：D(y) \equiv y^a \pmod{n}$$

使用中国剩余定理证明 $D(E(x))=x$ 对所有的 $x \in \mathbf{Z}$ 都成立。

6. 已知 $n=pq$，其中，p 和 q 为不同的奇素数，定义

$$\lambda(n) = \frac{(p-1)(q-1)}{\gcd(p-1, q-1)}$$

假设对 RSA 做限定 $ab \equiv 1 \pmod{\lambda(n)}$。

(1) 证明加密和解密在限定后的 RSA 中仍然是互逆的运算。

(2) 已知 $p=37$，$q=79$，$b=7$，计算限定后的 RSA 以及原生 RSA 中 a 的值。

7. 假设 Alice 和 Bob 两名用户有相同的 RSA 模数 n，并且他们的加密指数 e_A 和 e_B 是互素的，Charles 要发送消息 m 给 Alice 和 Bob，他加密得到 $c_A \equiv m^{e_A} \pmod{n}$ 和 $c_B \equiv m^{e_B}$ $\pmod{n}$。说明如果 Eve 截获到了 c_A 和 c_B，她就能恢复 m。

8. 这里给出了另一个 RSA 密码体制中协议失败的例子。假定网络中有三个使用者，比如 Bob、Bart 和 Bert，都有公开加密指数 $e=3$。设他们的模数分别为 n_1、n_2、n_3，假定 n_1、n_2、n_3 两两互素。现在假定 Alice 加密了同一明文 m 发给 Bob、Bart 和 Bert。也就是说，Alice 计算 $c_i \equiv m^3 \pmod{n_i}$，$1 \leqslant i \leqslant 3$。描述敌手如何由给定的 c_1、c_2、c_3 计算出 m 而无须分解任何一个模数。

9. 本题将证明在 RSA 密钥参数生成过程中，应注意确保 $q-p$ 不是太小，其中，$n=pq$，并且 $q>p$。

(1) 假定 $q-p=2d>0$，且 $n=pq$。证明 $n+d^2$ 是一个完全平方数。

(2) 已知一个整数 n 是两个奇素数的乘积，且有一个小的正整数 d 使 $n+d^2$ 是一个完全平方数。描述如何利用这些信息来分解 n。

第 7 章

离散对数与数字签名

在 RSA 算法中可以看到了大整数分解的困难性对构建密码系统的作用。还有一个数论问题,即离散对数也具有类似的应用。本章着重研究这个问题。

本章讨论如下内容:

- 离散对数问题。
- Diffie-Hellman 密钥交换协议。
- ElGamal 公钥体制。
- 比特承诺。
- 离散对数计算。
- 生日攻击。
- 数字签名。

7.1 离散对数问题

ElGamal 密码体制就基于离散对数问题[77]。

定义 7-1 离散对数问题:选择一个素数 p,设 α 和 β 为模 p 的非 0 整数,令 $\beta \equiv \alpha^x (\bmod\ p)$,求 x 的问题被称为离散对数问题。如果 x 是满足 $\alpha^x \equiv \beta (\bmod\ p)$ 的最小正整数,假设 $0 \leqslant x < n$,记 $x = L_\alpha(\beta)$,并可称之为与 α 相关的 β 的离散对数(素数 p 可从符号中忽略)。

例如,令 $p=11$,$\alpha=2$。由于 $9 \equiv 2^6 (\bmod\ 11)$,于是 $L_2(9)=6$。

α 通常取为模 p 的一个本原根,这表明每一个 β 都是 $\alpha(\bmod\ p)$ 的一个幂。如果 α 不是一个本原根,那么对于某些 β 而言离散对数会没有定义。

离散对数在很多方面很像通常的对数。特别地,如果 α 是模 p 的一个本原根,那么

$$L_\alpha(\beta_1\beta_2) \equiv L_\alpha(\beta_1) + L_\alpha(\beta_2)(\bmod\ (p-1))$$

α 是模 p 的一个本原根,那么 $p-1$ 就是使 $\alpha^n \equiv 1(\bmod\ p)$ 成立的最小正指数 n,这隐含着

$$\alpha^x \equiv \alpha^y (\bmod\ p) \Leftrightarrow x \equiv y (\bmod\ (p-1))$$

当 p 较小时,可以通过穷举搜索所有的指数而很容易地计算离散对数。然而,当 p 很大时这是不可行的。下文会给出一些攻击离散对数问题的方法,但一般都认为离散对数的计算在通常情况下是很困难的。这个假设是一些密码系统的基础。所以离散对数问题在公钥密码学中有着广泛的应用,如下面将要介绍的 Diffie-Hellman 密钥交换协议以

及 ElGamal 密码。

7.2 Diffie-Hellman 密钥交换协议

Diffie-Hellman 密钥交换协议（Diffie-Hellman key exchange agreement）简称"D-H 协议"，是 1976 年怀特菲尔德·迪菲（Whitfield Diffie）和马丁·赫尔曼（Martin Hellman）合作发明的安全协议[47]，它可以让双方在完全没有对方任何预先信息的条件下通过不安全信道创建一个密钥，这个密钥可以在后续的通信中作为对称密钥以加密通信内容。

算法描述及举例如下。

（1）Alice 和 Bob 确定两个大素数 p 和 q，这两个数不必保密，因此 Alice 和 Bob 可以用不安全信道确定这两个数。

$$设 p=11, \quad q=7$$

（2）Alice 选择另一个大的随机数 r_1，并计算：$A \equiv q^{r_1} (\bmod\ p)$。

$$设 r_1=3, \quad 则 A \equiv 7^3 (\bmod\ 11) = 2$$

（3）Alice 将 A 发送给 Bob。

（4）Bob 选择另一个大的随机数 r_2，并计算：$B \equiv q^{r_2} \bmod p$。

$$设 r_2=6, \quad 则 B = 7^6 \bmod 11 = 4$$

（5）Bob 将 B 发送给 Alice。

（6）Alice 计算密钥：$k_1 \equiv B^{r_1} (\bmod\ p)$。

$$k_1 \equiv 4^3 (\bmod\ 11) = 9$$

（7）Bob 计算密钥：$k_2 \equiv A^{r_2} (\bmod\ p)$。

$$k_2 \equiv 2^6 (\bmod\ 11) = 9$$

在现实场景中，除了理论假设之外，实现过程的安全性通常也会严重影响密码系统的整体安全性[78]。

D-H 协议的安全性在上文说过的，在有限域中计算离散对数难度远大于在同一个域中计算指数。但 D-H 协议也存在缺陷，即容易受到中间人攻击（Man-in-the-Middle Attack，简称"MITM 攻击"）[79]，就是通过拦截正常的网络通信数据并进行数据篡改和嗅探，而通信的双方却毫不知情。

中间人攻击过程如下。

（1）第一步总是相同，Alice 和 Bob 确定两个大素数 p 和 q，这两个数不必保密，因此 Alice 和 Bob 可以用不安全信道确定这两个数。

$$设 p=11, \quad q=7$$

（2）Alice、Bob 都不知道窥探者 Eve 在监听他们的会话。Eve 取得 p 和 q 值。

（3）Alice、Bob、Eve 同时选择随机数。

设 Alice 选择的 $r_1=3$，Bob 选择的 $r_2=6$，Eve 选择的 $r_1'=8$，$r_2'=9$

（4）Alice、Bob、Eve 分别计算 $q^r (\bmod\ p)$ 的值。

也就是说,Alice、Bob 分别计算出 **A** = 2 和 **B** = 4,Eve 算出 A′ 是 9,B′ 是 8。

(5) 此时精彩的内容开始了。Alice 将 A 发送给 Bob,Eve 截获这个 A,将自己的 A′ 发送给 Bob,Bob 对这一过程并不知情。

(6) Bob 将 B 发送给 Alice,Eve 截获这个 B,将自己的 B′ 发送给 Alice,Alice 对这一过程也不知情。

(7) 此时 Eve 可以根据截获的 A、B 计算出 Alice 和 Bob 的密钥,分别和 Alice、Bob 共享不同的密钥。

如此,Eve 就可以和 Alice、Bob 分别通信,而 Alice 和 Bob 还不知情。

请读者思考如何修改 D-H 协议以防御中间人攻击。

7.3　ElGamal 公钥体制

ElGamal 算法是一种基于公钥密码体制和椭圆曲线加密体系的算法,于 1985 年被塔希尔·埃尔加马(Taher ElGamal(见图 7-1),SSL、ElGamal 算法的发明者)提出。它既能用于数据加密,也能用于数字签名,其安全性依赖求解有限域上离散对数这一难题。

ElGamal 加密是利用 D-H 密钥交换的思想产生随机密钥加密,然后传递生成随机密钥的部件,接收方利用该部件和自己的私钥生成随机密钥进行解密,具体原理利用了可交换单向函数的性质。通过本节可知,ElGamal 算法的加密是非确定性的(概率加密),依赖随机数 r,相同明文可能产生不同的密文。同时,在加密过程中生成的密文长度是明文的两倍,这也是 ElGamal 算法的一个不足之处,即它的密文会成倍扩张。

图 7-1　塔希尔·埃尔加马

ElGamal 公钥的加密方案步骤如下。

(1) Bob 向 Alice 发送信息 m,Alice 选择一个大素数 p 和模 p 本原根 α,同时选择一个秘密的整数 x 并且计算 $\beta \equiv \alpha^x \pmod{p}$。Alice 公布其公钥 (p, α, β),保留私钥 x。

(2) Bob 选择随机数 k 并计算 $r \equiv \alpha^k \pmod{p}$ 和 $t \equiv \beta^k m \pmod{p}$,向 Alice 发送密文 (r, t)。

(3) Alice 解密:$m \equiv tr^{-x} \pmod{p}$,因为 $tr^{-x} \equiv \beta^k m \ (\alpha^k)^{-x} \equiv (\alpha^x)^k m \alpha^{-xk} \equiv m \pmod{p}$。

上述加密方案总结如表 7-1 所示。

表 7-1　ElGamal 加密方案

公钥	p:大素数; α:p 的本原根; $\beta \equiv \alpha^x \pmod{p}$
私钥	x:$x < p$
加密	k:随机选择,与 $p-1$ 互素; 密文 (r, t):$r \equiv \alpha^k \pmod{p}$, $t \equiv \beta^k m \pmod{p}$
解密	明文:$m \equiv tr^{-x} \pmod{p}$

ElGamal 密码体制的工作方式可以被非正式地描述为：明文 m 通过乘以 β^k"伪装"起来，产生 t。值 α^k 也被作为密文的一部分传送。Alice 知道密钥 x，可以由 α^k 计算出 β^k。最后用 t 除以 β^k 除去伪装得到 m。

下面的这个简单例子能够说明在 ElGamal 密码体制中进行的计算。

例 7-1　设 $p=2579,\alpha=2$。α 是模 p 的本原根。令私钥 $x=765$，所以

$$\beta=2^{765}\equiv949(\bmod\ 2579)$$

假设 Bob 现在想要传送消息 $m=1299$ 给 Alice，且 $k=853$ 是他选择的随机数，那么他计算密文如下。

$$r=2^{853}\equiv435(\bmod\ 2579),t=949^{853}\times1299\equiv2396(\bmod\ 2579)$$

当 Alice 收到密文 $(r,t)=(435,2396)$ 后，计算如下。

$$m=2396\times435^{-765}\equiv1299(\bmod\ 2579)$$

这正是 Bob 加密过的明文。

接下来分析该加密方案的安全性。既然 k 是一个随机的整数，β^k 就是一个随机的模 p 非零整数。因此 $t\equiv\beta^k m(\bmod\ p)$ 等于 m 乘以一个随机的非零整数，即 t 是一个模 p 随机数(除非 $m=0$，当然这种情况应该避免)。所以 t 并没有给 Eve 任何关于 m 的信息，即使 Eve 知道了 r，也不能得到足够的辅助信息。由于这也是一个关于离散对数的问题，所以很难从 r 求得 k。

但是，如果 Eve 知道了 k，那么她就可以通过计算 $t\beta^{-k}$ 得到 m，所以每个传送的信息都需要使用一个不同的随机数 k。假设 Bob 加密信息 m_1 和 m_2 给 Alice 时使用相同的 k，那么对于这两个信息而言，r 是相同的，因此密文是 (r,t_1) 和 (r,t_2)，如果 Eve 知道了 m_1，那么她能够根据 $m_2\equiv t_2 m_1/t_1(\bmod\ p)$ 很快地计算出 m_2。

如果 Eve 可以计算 $x=L_\alpha(\beta)$，那么她可以使用和 Alice 相同的过程解密，因此 ElGamal 公钥密码体制安全的一个必要条件就是离散对数问题的困难性。这里大素数 p 的选取是关键，为了防止已知攻击，p 应该具有至少 300 个十进制数位，$p-1$ 应该具有至少一个较"大"的素数因子。

虽然目前离散对数问题未找到多项式时间算法，但是当大素数 p 选取不当时，有没有算法能够破解上述 ElGamal 加密体制呢？具体内容将在 7.5 节中讨论。

7.4　比特承诺

Alice 声称她有方法预测乒乓球比赛的结果，她希望将方法卖给 Bob。Bob 不相信 Alice 的能力，让她预测今晚的比赛结果以证明自己。Alice 不同意，因为 Bob 可以利用她的预测赌钱并且不付钱给她。Alice 向 Bob 提议，不如让她预测上周的比赛结果。而这显然是不科学的。

作为解决办法，二人可以建立一个公信处，Alice 在比赛开始前将结果放在公信处，并且一旦确定，此结果就无法更改，而且 Bob 无权在比赛结束前知晓放置在公信处的结果。

如果没有 Alice 的帮助，Bob 自己是无法判断比赛结果的。

根据以上的事例可以建立一个密码学模型如下。

（1）Alice 和 Bob 就一个大素数 $p \equiv 3 \pmod 4$ 和它的一个本原根 α 达成一致。

（2）Alice 选择一个随机数 $x < p-1$（x 形如 $x_0, x_1, x_2, \cdots$），x_1 是 b。

（3）Alice 发送 $y \equiv \alpha^x \pmod p$ 给 Bob。

假设 Bob 不能计算模 p 的离散对数，即不能确定 $b = x_1$ 的值。但当 Bob 想知道 b 时，Alice 发送给他 x，通过计算 $x \pmod 4$，Bob 可以求得 b。因为只有一个 $x < p-1$ 使 $y \equiv \alpha^x \pmod p$ 成立，所以 Alice 不可能临时更改 x 的值。

返回到乒乓球比赛。对于结果，若 Alice 预测这个人将取得胜利，就发送 $b=1$，反之，发送 $b=0$。比赛结束后，Bob 查看预测。用这种方法，Bob 无法提前利用预测购买彩票，同时，Alice 也不能根据比赛情况随机变更自己的预测。

7.5 离散对数计算

离散对数问题可以表达成：给定一个素数 p，α 是模 p 的一个本原根，β 是模 p 的非零整数，找出唯一元素 $x \in [0, p-1]$ 使得 $\beta \equiv \alpha^x \pmod p$。本节将给出一些计算离散对数的方法，另外 7.6 节将单独给出另一个比较有趣的求解方法——生日攻击。

7.5.1 离散对数奇偶性判定

由 $\alpha^{p-1} = \alpha^{((p-1)/2)\,2} \equiv 1 \pmod p$ 可得到 $\alpha^{(p-1)/2} \equiv \pm 1 \pmod p$。根据 7.1 节的介绍可知，$p-1$ 是使 $\alpha^n \equiv 1 \pmod p$ 成立的最小正整数 n，所以 $\alpha^{(p-1)/2} \equiv -1 \pmod p$。$\beta \equiv \alpha^x \pmod p$ 两边的幂指数同乘以 $(p-1)/2$，得到

$$\beta^{(p-1)/2} = \alpha^{x(p-1)/2} \equiv (-1)^x \pmod p$$

如果 $\beta^{(p-1)/2} \equiv 1 \pmod p$，那么 x 是偶数；否则 x 是奇数。

例 7-2 假设要求解 $2^x \equiv 9 \pmod{11}$。由于

$$\beta^{(p-1)/2} = 9^5 \equiv 1 \pmod{11}$$

x 一定是偶数，实际上 $x=6$。

7.5.2 Pohlig-Hellman 算法

前一节的思想被 S.C.Pohlig 和 M.E.Hellman 推广到当只有小素数因子时给出一个计算离散对数的算法[80]。假定

$$p-1 = \prod_{i=1}^{k} q_i^{r_i}$$

是 $p-1$ 的因子分解，q_i 是不同的素数因子。值 $a = L_\alpha(\beta)$ 是模 $p-1$ 唯一确定的（$0 \leqslant a < p-1$），如果能够通过每个 i（$1 \leqslant i \leqslant k$）计算出 $a \pmod{q_i^{r_i}}$，那么就可以利用中国剩余定理计算出 a。

对于 q_i，有 $p-1\equiv0(\mathrm{mod}\ q_i^{r_i})$，$(p-1)\not\equiv0(\mathrm{mod}\ q_i^{r_i+1})$。如何计算 $x\equiv a\ (\mathrm{mod}\ q_i^{r_i})$，$0\leqslant x\leqslant q_i^{r_i}-1$? 把 x 以 q_i 的幂表示为

$$x=\sum_{j=0}^{r_i-1}a_jq_i^j, 0\leqslant a_j\leqslant q_i-1$$

于是，可以把 a 表示为

$$a=x+a_{r_i}q_i^{r_i}=\sum_{j=0}^{r_i}a_jq_i^j$$

（1）计算 a_0。$\beta^{(p-1)/q_i}=(\alpha^a)^{(p-1)/q_i}=(\alpha^{a_0+q_iK})^{(p-1)/q_i}=\alpha^{a_0(p-1)/q_i}\alpha^{K(p-1)}=\alpha^{a_0(p-1)/q_i}$。下面确定 a_0 就很简单了，可以计算 $\gamma=\alpha^{(p-1)/q_i}$，$\gamma^2,\cdots$，直到对某个 $j\leqslant\gamma_i-1$，有 $\gamma^i=\beta^{(p-1)/q_i}$，这时 $a_0=i$。

（2）如果 $r_i=1$，事情已解决。否则 $r_i>1$，继续确定 $a_1,\cdots,a_{r_i-1}$，计算过程类似计算 a_0。记 $\beta_0=\beta$，定义 $\beta_j=\beta\alpha^{-(a_0+a_1q_i+\cdots+a_{j-1}q_i^{j-1})}=\alpha^{a-(a_0+a_1q_i+\cdots+a_{j-1}q_i^{j-1})}$，$1\leqslant j\leqslant r_i-1$。于是有

$$\begin{cases}\beta_j=\beta_{j-1}\alpha^{-a_{j-1}q_i^{j-1}}\\\beta_j^{(p-1)/q_i^{j+1}}=(\alpha^{a-(a_0+a_1q+\cdots+a_{j-1}q^{j-1})})^{(p-1)/q_i^{j+1}}=(\alpha^{(a_jq_i^j+\cdots+a_{r_i}q_i^{r_i})})^{(p-1)/q_i^{j+1}}\\\quad=(\alpha^{(a_jq_i^j+K_jq_i^{j+1})})^{(p-1)/q_i^{j+1}}=\alpha^{a_j(p-1)/q_i}\alpha^{K_j(p-1)}=\alpha^{a_j(p-1)/q_i}\end{cases}$$

交替使用上述两式就可以计算出 $a_0,\beta_1,a_1,\beta_2,\cdots,\beta_{r_i-1},a_{r_i-1}$。所以能够得到 $x\equiv a\ (\mathrm{mod}\ q_i^{r_i})$。

（3）对所有 $p-1$ 的素数因子重复上述过程，可得到对所有 i，$a\ (\mathrm{mod}\ q_i^{r_i})$ 的值。根据中国剩余定理将这些组合成 $a\ (\mathrm{mod}\ (p-1))$ 的同余式，因为 $0\leqslant a<p-1$，故可以确定 a 的值了。

例 7-3 令 $p=41,\alpha=7,\beta=12$，求解：$7^a\equiv12(\mathrm{mod}\ 41)$。

解：$p-1=2^3\times5,q_1=2,r_1=3,q_2=5,r_2=1$

$$q_1=2: x=\sum_{j=0}^{r_1-1}a_jq_1^j=2^0a_0+2^1a_1+2^2a_2(0\leqslant a_j\leqslant q_i-1)$$

计算 a_0。$\beta^{(p-1)/q_1}\equiv-1(\mathrm{mod}\ 41)$，$\alpha^{a_0(p-1)/q_1}\equiv-1(\mathrm{mod}\ 41)\Rightarrow a_0=1$。

计算 a_1。$\beta_1=\beta_0\alpha^{-a_0}\equiv31(\mathrm{mod}\ 41)\Rightarrow\beta_1^{(p-1)/q_1^2}\equiv1(\mathrm{mod}\ 41)\equiv\alpha^{a_1(p-1)/q_1}(\mathrm{mod}\ 41)\Rightarrow a_1=0$。

计算 a_2。$\beta_2=\beta_1\alpha^{-a_1q_1}\equiv31(\mathrm{mod}\ 41)\Rightarrow\beta_2^{(p-1)/q_1^3}\equiv-1(\mathrm{mod}\ 41)\equiv\alpha^{a_2(p-1)/q_1}(\mathrm{mod}\ 41)\Rightarrow a_2=1$。

综上，能够得到 $x=2^0a_0+2^1a_1+2^2a_2\equiv5(\mathrm{mod}\ q_1^{r_1})$，即 $a\equiv5(\mathrm{mod}\ 8)$。

同理对于 $q_2=5$，$x=\sum_{j=0}^{r_2-1}b_jq_2^j=b_0(0\leqslant b_j\leqslant q_i-1)$。

（4）计算 b_0。$\beta^{(p-1)/q_2}\equiv18(\mathrm{mod}\ 41)$，$\alpha^{b_0(p-1)/q_2}=37^{b_0}\equiv18(\mathrm{mod}\ 41)\Rightarrow b_0=3$。能够得到 $x\equiv3(\mathrm{mod}\ q_2)$，即 $a\equiv3(\mathrm{mod}\ 5)$。

最后，根据中国剩余定理可得 $\left.\begin{array}{l}a\equiv5(\mathrm{mod}\ 8)\\a\equiv3(\mathrm{mod}\ 5)\end{array}\right\}\Rightarrow a=173+40k=13$，通过快速计算可

以验证 $7^{13} \equiv 12 \pmod{41}$ 正是所要的结果。

只要前面算法中的素数 q_i 足够小，那么计算就可以快速完成；当 q_i 很大时对 $k=0$，$1,2,\cdots,q_i-1$ 计算 $\alpha^{k(p-1)/q_i}$ 就变得不可行了，因此这个算法也就不再适用了。这意味着为了使离散对数难以计算，就要保证 $p-1$ 至少有一个很大的素数因子。

7.5.3　指数微积分

当 p 的大小适当时，通过指数微积分方法求解离散对数问题比较有效[81]。首先看一个定义。

定义 7-2　分解基：由一些小素数组成的集合。设 B 是上限值，q_1，$q_2,\cdots,q_m$ 是小于 B 的素数，这个素数的集合称为分解基。

利用指数微积分方法求解离散对数问题主要分为以下两步。

（1）（预处理步）计算分解基中 m 个素数的离散对数。

对不同的 k 值计算 $\alpha^k \pmod p$，试着把一个数字表示为小于 B 的素数乘积，如果无法表示就将 α^k 舍弃。如果 $\alpha^k \equiv \prod q_i^{a_i} \pmod p$，那么 $k \equiv \sum a_i L_\alpha(q_i) \pmod{(p-1)}$。在得到足够多的关系式后就能对每个 i 求 $L_\alpha(q_i)$。

（2）利用这些离散对数计算所要求的离散对数。

对任意的整数 r，计算 $\beta \alpha^r \pmod p$。对每个这样的数，试着将其写成小于 B 的素数的乘积的形式。如果能够写成这种形式，就有 $\beta \alpha^r \equiv \prod q_i^{b_i} \pmod p$，即

$$L_\alpha(\beta) \equiv -r + \sum b_i L_\alpha(q_i) \pmod{(p-1)}$$

例 7-4　设 $p=131$，$\alpha=2$，$B=10$，分解基为 $\{2,3,5,7\}$，对于不同的 k 值计算 $\alpha^k \pmod p$，并试着将之表示为分解基中元素的乘积，可得

$$
\left.
\begin{array}{l}
2^1 \equiv 2 \pmod{131} \\
2^8 \equiv 5^3 \pmod{131} \\
2^{12} \equiv 5 \times 7 \pmod{131} \\
2^{34} \equiv 3 \times 5^2 \pmod{131}
\end{array}
\right\}
\Rightarrow
\left\{
\begin{array}{l}
1 \equiv L_2(2) \pmod{130} \\
8 \equiv 3L_2(5) \pmod{130} \\
12 \equiv L_2(5) + L_2(7) \pmod{130} \\
34 \equiv L_2(3) + 2L_2(5) \pmod{130}
\end{array}
\right.
\Rightarrow
\left\{
\begin{array}{l}
1 \equiv L_2(2) \pmod{130} \\
46 \equiv L_2(5) \pmod{130} \\
96 \equiv L_2(7) \pmod{130} \\
72 \equiv L_2(3) \pmod{130}
\end{array}
\right.
$$

假设 $\beta=37$，$\beta \alpha^{43} \equiv 3 \times 5 \times 7 \pmod{131}$，所以 $L_\alpha(\beta) = -43 + L_2(3) + L_2(5) + L_2(7) \equiv 41 \pmod{130}$。

7.5.4　小步大步算法

小步大步算法（baby-step giant-step algorithm）由 D.Shank 提出[83]，故也被称为 Shank 算法。

设 p 是素数，α 是 p 的一个本原根。对于给定的 y，求 x 的值，使得 $y \equiv \alpha^x \pmod p$，其中 $1 < x < p-1$。

假设 $p=41$，$\alpha=6$，取 $y=26$，求等式 $6^x \equiv 26 \pmod{41}$。

（1）令 $s = \lfloor \sqrt{p} \rfloor$，则

$$s = \lfloor \sqrt{41} \rfloor = 6$$

（2）计算序列 $(y\alpha^r, r)$，$r = 0,1,\cdots,s-1$。

$(26,0),(33,1),(34,2),(40,3),\cdots$

（3）计算序列$(\alpha^{ts},t),t=1,2,\cdots,s$。

$(39,1),(4,2),(33,3),(15,4),\cdots$

（4）在两个序列中找到第一个坐标相同的序列。

$(33,1)$和$(33,3)$

（5）由$y\alpha^r=\alpha^{ts}$，计算得到$x=ts-r$。

$x=6\times3-1=17$

验证：$6^{17}\equiv26(\bmod\ 41)$。

序列"$(y\alpha^r,r),r=0,1,\cdots,s-1$"走的是小步，从$y$开始走，相邻两步的比值是$\alpha$，总共走了$\alpha^s$长度；而序列"$(\alpha^{ts},t),t=1,2,\cdots,s$"走的是大步，从0开始走，相邻两步比值是$\alpha^s$。在经过适当的步数后两个序列会踏上同一个脚印，由此解出x的值。

7.6　生日攻击

被用来求解离散对数问题的方法还有一个很有用，它就是生日攻击。在具体讨论生日攻击求解离散对数问题之前先看一下什么是生日悖论。

1. 生日悖论

考虑这个问题：某人准备办一场聚会，那么要随机邀请多少客人才能保证屋子里至少有两位客人的生日是相同一天？实际上，当屋子里有23位客人时，其中两位客人生日相同的概率就已略大于50%。如果是30位客人，概率大约是70%。这个看起来有些让人吃惊的结论被称为生日悖论（birthday paradox）[83]。现在看看这个结论为什么是正确的。假设生日的可能性有365个，每个可能性都是等概率的。

考虑23位客人的情况并计算他们生日互不相同的概率。将他们列成1行。第1位客人的生日占了1天，第2位客人生日是另1天的概率是$(1-1/365)$。对第3位客人来说，其生日与前两位客人不同的概率是$(1-2/365)$。因此3位客人生日互不相同的概率是$(1-1/365)(1-2/365)$。于是可推出23位客人生日互不相同的概率是

$$\left(1-\frac{1}{365}\right)\left(1-\frac{2}{365}\right)\cdots\left(1-\frac{22}{365}\right)=0.493$$

因此，至少有两位客人有相同生日的概率是

$$1-0.493=0.507$$

推广到一般情况，假设有N个对象，其中N是1个大数。有r位客人，每位客人选择一个对象（可以重复选择）。那么

$$\text{Prob}(重复出现)\approx1-e^{-r^2/2N}$$

这个近似值只对大的N成立；对小的N最好用上面的乘积得到精确的答案。当$r^2/2N=\ln2$时，即$r\approx1.177\sqrt{N}$时，那么至少有两位客人选择同一对象的概率是50%。于是可得出这样1个结论：如果一个表的每1项元素有N种可能取值，那么可以列1个长为$\sqrt{N}$的表，此表中很有可能出现重复的元素。如果想增加重复的概率，可以列1个长为2

$\sqrt{N}$ 或者 5 $\sqrt{N}$ 的表。建议长度为 $\sqrt{N}$（而不是 N）的常数倍。

再考虑 1 个场景。假设有两个屋子，每个屋子 30 位客人。那么第 1 个屋子中的人的生日和第 2 个屋子中的人的生日重复的概率是多少？一般地，假设有 N 个对象，两组人每组 r 人。每组中的每 1 位客人选择 1 个对象（可重复）。那么第 1 组选择的对象和第 2 组重复的概率是多少？如果 $\lambda = r^2/N$，那么概率是 $1 - e^{-\lambda}$。出现 i 对重复的概率是 $\lambda^i e^{-\lambda}/i$。这个问题的分析和推广，请参阅文献[84]。

同样，如果表中每 1 项有 N 种可能取值，且有两个长为 $\sqrt{N}$ 的表，那么很有可能出现重复的元素。如果想增加重复的概率，可以列 1 个长为 2 $\sqrt{N}$ 或者 5 $\sqrt{N}$ 的表。建议表的长度为 $\sqrt{N}$（而不是 N）的常数倍。

例 7-5　如果 $N = 365, r = 30$，那么

$$\lambda = r^2/N = 2.466$$

因为 $1 - e^{-\lambda} = 0.915$，所以大约有 91.5% 的概率第 1 组中某位客人的生日和第 2 组中某位客人的生日是相同的。

2. 对离散对数的生日攻击

假设有一个大素数 p，要计算 $L_\alpha(\beta)$。换句话说，需要求解 $\beta \equiv \alpha^x \pmod{p}$。下面用生日攻击法以高概率解决这个问题。

列两个表，长度都是 $\sqrt{p}$。

(1) 第一个列表包含 $\alpha^k \pmod{p}$，通过随机选取大概 $\sqrt{p}$ 个 k 可得。

(2) 第一个列表包含 $\beta\alpha^{-l} \pmod{p}$，通过随机选取大概 $\sqrt{p}$ 个 l 可得。

第一个列表中的数和第二个列表中的数很有可能重复出现。如果发生重复，则有 $\alpha^k \equiv \beta\alpha^{-l} \pmod{p}$，因此 $\alpha^{k+l} \equiv \beta \pmod{p}$，那么 $x \equiv k + l \pmod{(p-1)}$ 就是要找的离散对数。

需要注意的是，生日攻击是一个概率算法，无法保证一定能输出结果。

7.7　数字签名

首先提出一个场景：Alice 用其私钥加密消息，并把加密后的消息发送给 Bob[85]。

这个场景有什么用处呢？由于 Alice 的公钥是公开的，任何人都可以解密，故消息处于不安全的状态。但是 Alice 用私钥加密并不是要保密，而是另有用途。

当 Bob 收到消息，假如可以用 Alice 的公钥加密，那么他就可以肯定这则消息是 Alice 发送过来的，并且 Alice 无法否认这个消息是她发送的。假如有窥探者 Eve 中途拦截了消息，可以用公钥解密后更改消息的内容，不过那也毫无意义，因为 Eve 无法再将消息加密，即使发送给 Bob，Bob 也不会误以为消息是 Alice 发送过来的。

因为人们默认 Alice 的私钥是保密的，除了 Alice 再无人知晓，并且公钥和私钥一一对应，用一个私钥加密的消息只能用对应的公钥解密，反之亦然。

现在可以知道,这个场景是用来进行消息认证的,而 Alice 用私钥加密消息就得到了数字签名。

数字签名(digital signature,又称公钥数字签名、电子签章)是一种类似写在纸上普通物理签名的技术,其使用了公钥加密领域的技术实现,是用于鉴别数字信息的方法。一套数字签名通常定义两种互补的运算,一个用于签名(加密),另一个用于验证(解密)。手机、计算机上安装的文件一般都带有数字签名,用于验证文件的真实性和完整性,如图 7-2 所示。

图 7-2　QQ 安装包的数字签名

签名的注意事项

纸质签名和数字签名在中国都是有法律效力的,且数字签名比纸质签名更容易验证文件的完整性。在生活中,签名需要注意以下几个问题。

(1) 在签名笔画中要设置一些只有自己才能分辨的痕迹。

(2) 不要轻易在空白纸上签名,如确有需要签名,务必在签名旁边注明用途。

(3) 借条内容由借款人自行书写。借条出具后由借款人保留一份复印件,并要求出借人在复印件上签字。交易记录有迹可循。

(4) 多页文件最好在每一页上签名,并在署名处注明,曾在所有页上都签了名。

---

1. RSA 数字签名

准备过程如下。

(1) 选择两个大素数 p、q,计算 $n = p \times q$,$\phi(n) = (p-1) \times (q-1)$,其中 $\phi(n)$ 是欧拉函数。

(2) 选择一个整数 $e(1 < e < \phi(n))$ 且 $\gcd(\phi(n), e) = 1$,通过 $d \times e \equiv 1 (\bmod\ \phi(n))$,计算 d。

(3) 以二元组 (e, n) 为公钥,(d, n) 为私钥。

签名过程如下。

签名者为 Alice 则只有 Alice 知道密钥。假设需要签名的消息为 m,则 Alice 通过 $s \equiv m^d (\bmod\ n)$ 对 m 签名,那么 (m, s) 就是签名。

验证过程如下。

Bob 利用公钥(e,n)验证计算 $m\equiv s^e(\bmod n)$是否成立。若成立则签名有效,且内容没有被篡改。

还要注意一个问题,在 RSA 中,公钥由模 n 与公钥指数 e 两部分组成,私钥由模 n 与私钥指数 d 两部分组成。但是存在私钥指数比特大小与模数大致相同的问题,这大大影响了 RSA 签名的安全性。具体可以参阅文献[86]。

2. 数字签名算法(DSA)

准备过程如下。

素数 p 长度为 l 比特,$512<l<1024$,且 l 是 64 的倍数。q 长度是 160 比特,且是 $p-1$ 的素因子。整数 g、h,$1<h<p-1$,$g>1$,且 $g\equiv h^{(p-1)/q}(\bmod p)$。

x 是私钥,是随机选取的一个小于 q 的正整数。y 是公钥,满足:$y\equiv g^x(\bmod p)$。安全散列算法为 H。

签名者 Alice 公开(p,q,g,y)以及 H,保密 x。

签名过程如下。

Alice 选取随机正整数 k,$k<q$,计算

$$r\equiv(g^k(\bmod p))(\bmod q)$$
$$s\equiv(k^{-1}(H(m)+xr))(\bmod q)$$

(r,s)就是对消息 m 的签名。

验证过程如下。

Bob 收到消息 m 和签名(r,s)后,计算

$$w\equiv s^{-1}(\bmod q)$$
$$u_1\equiv H(m)w(\bmod q)$$
$$u_2\equiv rw(\bmod q)$$
$$v\equiv(g^{u_1}y^{u_2}(\bmod p))(\bmod q)$$

如果 $v=r$,则签名有效。

从上面的过程可以看出,DSA 算法是 ElGamal 算法的变形,所以对 ElGamal 算法的攻击也可以实施到 DSA 算法上。但就目前的攻击来看,DSA 算法还是安全的。

将散列函数与 RSA 和 DSA 算法相结合可以确保加密数据的完整性,这是非常重要的[86,87]。

3. 对签名方案中的生日攻击

(1) Alice 事先准备两份不同的消息:一份对 Bob 有利,另一份却会使 Bob 破产。

(2) Alice 分别对这两份文件做一些改变,如增减空格等。假设 Alice 在对 Bob 有利的文件中能够改动 k 个位置,每个位置改或不改都有两种选择,因此她能得到 2^k 个本质上与原始文档相同的文档,同时可以得到 2^k 个使 Bob 破产的文档,然后分别计算散列值。

(3) Alice 比较这两份文件的散列值集合,找出相同的一组,即 $m_1\neq m_2$,但 $H(m_1)=H(m_2)$。

(4) Alice 将第一份文件发送给 Bob,并让他签名。Bob 再将文件返回给 Alice。

(5) Alice 同时使公证人员相信 Bob 签名的那份文件是使 Bob 破产的文件,因为他们的散列值相同。

设单向散列函数 $y = H(x)$,x,y 均是有限长度,且 $|x| \geqslant 2|y|$。记 $|x| = n$,$|y| = m$。那么散列函数有 2^m 个可能的输出。如果 H 的 k 个随机输入中至少有两个产生相同输出的概率大于 50%,那么 $k \approx 2^{m/2}$。也就是说,当改动位置大于 $m/2$ 处时,就有可能实现生日攻击。

如果散列值的长度是 64 比特,则 Alice 攻击成功所需的时间复杂度是 $O(2^{32})$。现在的计算能力足以对 64 比特长度的散列值构成威胁,因此大多数单向散列函数需要产生 128 比特的输出。

7.8 小结

本章首先给出了离散对数问题的定义,然后介绍了一些基于离散对数问题的密码学应用,包括 DH 密钥交换协议、ElGamal 公钥体制和比特承诺。然后详细讲解了有关离散对数计算的内容,包括离散对数奇偶性判定、Pohlig-Hellman 算法、指数微积分、小步大步算法和生日攻击。本章着重讲解了生日攻击的内容,通过对生日悖论的介绍引出了对离散对数的生日攻击。最后展示了多个基于离散对数问题的流行签名算法及其安全性。

思 考 题

1. 什么是离散对数?

2. ElGamal 中的随机数为什么被要求是一次性的?

3. 设 $p = 5$,$m = 8$,构造一个 ElGamal 密码,并用它对 m 加密。

4. 在 ElGamal 密码系统中,Alice 选择素数 $p = 17$ 和本原根 $\alpha = 3$。Bob 选择随机数 $x = 6$,Bob 向 Alice 发送的密文为 $(15, 4)$,确定明文 m。

5. 为什么数字签名能够保证数据的真实性?

6. 给定一个公钥为 $(e = 11, n = 14351)$ 的 RSA 数字签名方案。现有一个消息 $m = 3$,试求消息 m 的签名 s。

7. 说明 DSA 签名方案与 ElGamal 体制的不同。

8. 说明 RSA 数字签名和 RSA 公钥加密的不同。

9. 在数字签名中建立信任的重要前提是什么?

第 8 章
散 列 函 数

8.1　概述

散列（Hash）的概念于 1956 年第一次出现在 A.I. Dumey 的一篇论文中,用来提高随机存取存储器中数据表的操作速度。随着近 70 年的发展,散列函数中的密码散列函数（cryptographic hash function）发展出庞大的家族,例如,美国的 MD 系列（message-digest）和 SHA 系列（secure hash algorithm）、我国的 SM3 密码杂凑算法等。其中 MD 系列算法由美国密码学家罗纳德·林恩·里维斯特（Ronald Linn Rivest）于 21 世纪 90 年代初开发,该系列算法具有紧凑、稳定、快速的特点。2004 年,山东大学的王小云教授攻破了 MD5 和 MD4 算法,证实 MD 系列无法抵御碰撞攻击[88]。对于需要高度安全性的数据,专家一般建议改用其他算法,如 SHA-2（详见 8.2.2 节）。SHA-1 算法因为与 MD5 具有相似结构于 2005 年被王小云教授攻破。因此本章着重介绍 SHA 系列的 SHA-2 和 SHA-3 算法,以及我国设计研发的 SM3 密码杂凑算法。

8.1.1　散列函数的定义

密码散列函数是一种单向散列函数（也称散列函数、杂凑函数）,是一个将任意长度的输入变换为固定长度输出的单向函数。本书中所使用的散列函数均指密码散列函数,在后文中直接简称为散列函数。其计算过程可表示为

$$h = H(x)$$

其中,映射所得像 $H(x)$ 这样的函数被称作**消息摘要**（message digest）或者数字指纹、杂凑值、散列值。

对散列函数的要求[89]如下。

（1）能够接收任意长度的消息作为输入。

（2）能够生成较短的固定长度的输出。

（3）对于任何消息的输入都能够容易和快速地计算消息摘要。

（4）具有单向性（或抗第一原像性）、抗第二原像性（或弱抗碰撞性）和抗碰撞性（或强抗碰撞性）,这三个性质是散列函数的安全性所在,在后面的几小节中将进行详细讨论。

散列函数的应用：首先是保证数据完整性;其次散列函数和对称加密体制相结合可以提供消息认证码,用于鉴别消息的来源;最重要的是散列函数可以被应用于数字签名,先将消息散列后再签名可以有效提高签名的速度[90]。

　　散列函数在日常生活中的应用是比较常见的,例如,为下载的软件提供完整性校验(软件的发布者提供一个包含十六进制字符串的文件以供下载者校验),图 8-1 为使用 MD5 算法生成 128 比特散列值并成功校验文件的完整性的过程。另外,版本控制工具(如 git、Mercurial 等)把用户改动记录的散列值作为其索引的标识。

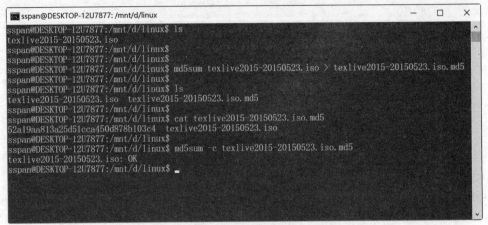

图 8-1　生成散列值并校验

MD5、SHA-1 的破译——密码学界的一次"地震"

　　MD5、SHA-1 曾是国际上广泛应用的两大密码算法。2004 年 8 月,在美国加州圣芭芭拉召开的国际密码年会 Crypto 上,王小云院士(见图 8-2)破译了 MD5、HAVAL-128、MD4 和 RIPEMD 四个著名密码算法。会议结果公布后,NIST 即宣布他们将逐渐减少使用 SHA-1,改以 SHA-2 取而代之。2005 年,王小云提出针对 SHA-1 的碰撞攻击,攻击复杂度为 2^{63}。从 2010 年开始,很多公司、组织开始建议使用 SHA-2、SHA-3 算法。微软、谷歌、Mozilla 等公司从 2017 年开始停止接受 SHA-1 SSL 证书。

图 8-2　王小云院士

8.1.2　散列函数的特性

　　由散列函数的定义可知,散列函数具有抗碰撞性(collision resistance)。在一个无限定义域和有限值域的场景下,根据鸽巢原理可知,必然会产生碰撞(collision)。如果散列函数在计算上很难发生碰撞,那么人们就称为具有抗碰撞性。

　　为了详细地阐述抗碰撞性,首先定义一个碰撞发现实验 Hash-coll$_{A,Y}(n)$,实验包括一个散列函数 $Y=(\text{Gen}, H)$、一个敌手 A 以及一个安全参数 n,实验流程如下。

　　(1) 运行密钥生成器 $\text{Gen}(1^n)$,生成密钥 k。

　　(2) 敌手 A 得到密钥 k,并且输出两个猜测的结果 x_1 和 x_2。(如果 Y 是一个长度为 $l(n)$ 的定长散列函数,则规定 m_1、$m_2 \in \{0,1\}^{l(n)}$)

（3）当且仅当满足 $m_1 \neq m_2$ 且 $Y^k(m_1) = Y^k(m_2)$，实验输出为 1。即认为敌手 A 发现了一个碰撞。

抗碰撞性的定义表明，敌手在上述实验中发现碰撞的概率是可被忽略的。生日攻击是当前最主要针对碰撞性的攻击（详细见 7.6 节）。

散列函数还具有单向性。所谓单向性是指在给定散列函数 H 的情况下通过摘要 $H(m)$ 找到对应的消息 m 在计算上是不可行的。单向性也是密码散列函数的显著特点，特别需要与数据结构中常见的标准散列函数区别开。

散列函数除了抗碰撞性和单向性以外，还具有雪崩效应（avalanche effect）。作为密码学术语，雪崩效应是指当输入发生最微小的改变时会导致输出的不可区分性改变。严格雪崩准则（strict avalanche criterion）是雪崩效应的形式化，其规定如果输入数据有任何一位发生了改变，输出的结果中每一位发生变化的概率都应有 50%。雪崩效应是加密算法的一种理想属性，它能够使加密结果更加具有随机性，从而掩盖输入与输出之间的关联[91]。

8.1.3　散列函数的安全性

前文提到散列函数的抗碰撞性和单向性是散列函数的安全性所在，但是由于现实原因，这两种特性很难真正意义上达到。但是在某些应用场景下，人们并不需要达到这么高的要求，所以人们通常都将密码散列函数的安全性划分为三个标准[92]。

（1）抗碰撞攻击：找到满足 $H(m_1) = H(m_2)$ 条件的任意一对 m_1、m_2 在计算上是不可行的。

（2）抗第二原像攻击：对于任意给定的输入 m_1，难以在概率多项式时间内找到一个 m_2 满足 $H(m_1) = H(m_2)$ 且 $m_1 \neq m_2$。

（3）抗原像攻击：对于任意给定的散列函数值 $h = H(m)$，但未给定 m 的情况，在概率多项式时间内找到一个 m' 满足是 $H(m') = h$ 不可行的。

不是所有抗碰撞攻击的散列函数都能够抵御第二原像攻击。虽然抗碰撞攻击的散列函数可以保证不同的输入产生不同的输出，但是在第二原像攻击中，攻击者可以根据已知的散列值和输入，找到另一个输入，使得它们的散列值相同。因此，抗碰撞攻击的散列函数并不一定能够抵御第二原像攻击。7.6 节讨论的生日攻击就是对碰撞性的一种攻击，但是目前还没有针对第二原像和抗原像的通用攻击。

8.2　SHA 系列算法

安全散列算法（secure hash algorithm，SHA）是一组经美国联邦信息处理标准（Federal Information Processing Standards，FIPS）认证的密码散列函数。相比于 MD 系列算法，SHA 具有更长的摘要长度、更强的抗碰撞性，更难被密码分析攻击，并且更加偏重软件运行。随着 ISO/IEC 将其收录为国际标准，SHA 已然成为国际密码散列函数中最流行的算法之一，SHA 系列算法生成摘要主要通过消息填充、压缩函数和摘要生成三个步骤实现,在摘要计算过程中使用不同的轮转结构来达到散列效果。与以往散列函数不同的是,SHA 将数学运算代入散列算法,进一步提高了算法的安全性。

8.2.1 SHA 的起源

20 世纪末,美国政府为了更好地规范敏感信息加密方法,计划由 NSA 牵头设计并由 NIST 负责发布一个安全散列标准(secure hash standard,SHS)。随着技术的发展,NAS 不断对该标准进行更新,同时也在标准内发布了多个安全散列算法,即 SHA 系列算法。

1993 年,NIST 发布 SHS 的第一个版本 FIPS PUB 180。由于该版本很快就被发现了安全隐患,故它在发布之后短时间内就被 NSA 撤回,这个版本通常就被称作 SHA-0,也是 SHA-1 的前身。

1995 年,经过两年的修改,NIST 发布修订版本 FIPS PUB 180-1[93],其通常被称为 SHA-1,该标准在众多安全协议中得到应用,例如,SSH、TLS、IPsec、S/MIME 和 GnuPG。但由于 SHA-1 是继承自 MD5 算法,故两种算法存在相同的缺点。

2002 年,NIST 正式发布 FIPS PUB 180-2[94],其中包含 SHA-256、SHA-384、SHA-512 三个算法。之后又相继发布 SHA-224、SHA-512/224、SHA-512/256 三个变种,这些算法被统称为 SHA-2。虽然 SHA-2 与 SHA-1 算法结构大体相似,但目前尚未被发现有效的攻击。随着全球的加密厂商大部分将 SHA-1 迁移到了 SHA-2,SHA-2 各个版本已经成为了主流。

2007 年,NIST 举办了 SHA-3 竞赛并公开征集第三代安全散列函数,参加竞赛的算法必须满足以下三个条件。

(1) 安全性。能够抵御所有已知的攻击,并且支持 224 比特、256 比特、384 比特、512 比特四种散列大小。

(2) 开销小。实现代码和随机存储器(random-access memory,RAM)都尽可能小。

(3) 代码多样性。不能使用 SHA-2 系列算法的 Merkle-Damgard 引擎。

NIST 一共征集到 64 个算法,经过上述三个条件初步筛选,有 51 个算法进入评估阶段。经过三轮测试评估,2012 年,Keccak 算法胜出。2015 年,NIST 正式批准 SHA-3。须注意 SHA-3 采用了海绵结构,设计简单,在硬件上的运行速度具有无可比拟的优势。SHA-3 并不是要取代 SHA-2,因为 SHA-2 并没有出现明显的弱点。由于 MD5、SHA-0 和 SHA-1 被成功破解,NIST 感觉需要一个与之前算法不同的,可替换的加密散列算法,也就是 SHA-3[95]。

下文将着重介绍 SHA-2、SHA-3 算法。

8.2.2 SHA-2

SHA-2 算法包含 SHA-224、SHA-256、SHA-384、SHA-512、SHA-512/224 以及 SHA-512/256 六个不同的版本的安全散列算法[96]。SHA-256、SHA-384、SHA-512 是最早发布的三个算法,其中,SHA-256 是使用最为广泛的算法。由于 SHA-2 中的各个算法的结构基本一致,故下文将以 SHA-256 算法为例介绍 SHA-2 的工作流程。

1. 总体结构

图 8-3 展示了 SHA-256 生成摘要的总体过程。该算法输入消息长度不能超过 2^{64} 比特,输出摘要的长度为 256 比特,能够满足大部分应用场景的需求。根据消息摘要的长度,算法称为 SHA-224、SHA-256、SHA-384、SHA-512、SHA-512/224 和 SHA-512/256,并且消息摘要长度的改变也将导致压缩函数的轮次的不同。

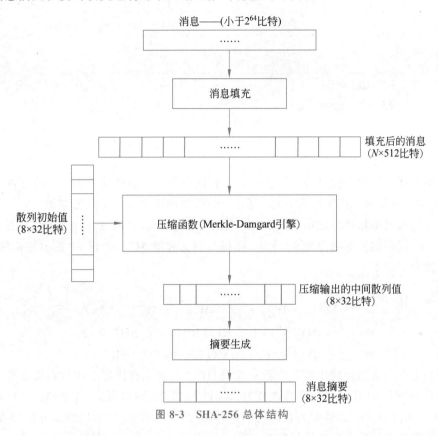

图 8-3　SHA-256 总体结构

SHA-256 中压缩函数的输入是一个固定长度的分组,为了使不同长度的消息满足压缩函数的输入条件,算法需要先将消息填充到 512 比特的倍数。通常这个分组将被描述为一个比特串,并会在压缩函数的各个阶段被修改。压缩函数除了接收消息分组外,还会接收 8 个 32 比特的字作为散列函数的初始值。压缩函数会输出 8 个 32 比特的字符串作为最终散列值,最后将最终散列值拼接起来生成摘要。

2. 预处理

预处理实际上就是一个消息填充的过程,消息填充是为了调节消息长短,让不同长度的消息能够输入压缩函数。假设对一个长度为 Len(M) 的消息进行填充,首先需要在原始消息之后补上一个 1,其次填充 k 比特的 0,最后使用固定 64 比特记录原始消息长度,这也就限制了原始消息的长度不能够超过 2^{64} 比特。最后,所需要的 0 的个数 k 可以被表示为

$$\text{Len}(M)+1+k \equiv 448 \pmod{512}$$

填充阶段完成,新消息长度达到 512 的倍数。为了方便后续处理,消息按 512 比特进行分组。如图 8-4 说明了对消息的填充。这里存在一种特殊情况,消息本身的长度就是 512 的倍数,此时仍然应该进行填充操作。

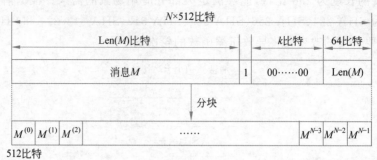

图 8-4　消息填充

3. 压缩函数

在预处理阶段中,通过算法获得了 N 个长度为 512 的消息分组 $M^{(i)}$。在压缩函数阶段,算法需要对每个分组依次进行散列函数计算,最后输出 8 个中间散列值。

在进行散列函数计算之前,需要先将当前分组进行消息调度并准备 8 个工作变量。首先将 512 比特的分组细分为 16 个 32 比特的消息调度 $M_t^{(i)}$,运行 64 轮消息调度函数,调度函数表示如下

$$W_t = \begin{cases} M_t^{(i)}, & 0 \leqslant t \leqslant 15 \\ \sigma_1^{\{256\}}(W_{t-2}) + W_{t-7} + \sigma_0^{\{256\}}(W_{t-15}) + W_{t-16}, & 16 \leqslant t \leqslant 63 \end{cases}$$

$$\sigma_0^{\{256\}}(W_{t-15}) = \mathrm{ROTR}^7(x) \oplus \mathrm{ROTR}^{18}(x) \oplus \mathrm{SHR}^3(x)$$

$$\sigma_1^{\{256\}}(W_{t-15}) = \mathrm{ROTR}^{17}(x) \oplus \mathrm{ROTR}^{19}(x) \oplus \mathrm{SHR}^{10}(x)$$

$\mathrm{ROTR}^n(x)$ 表示比特串循环右移 n 位,$\mathrm{SHR}^n(x)$ 表示将比特串逻辑右移 n 位。每一轮都计算出一个 32 比特新的消息调度 W_t,经过 64 轮的运算,原来 16 个消息调度将被扩展为 64 个消息调度。这样做的目的有两个,其一是为之后 64 轮的压缩运算做准备,其二是通过线性运算扩散消息的统计特性。

工作变量相当于临时变量,可暂时保存本轮的运算结果。工作变量长度为 32 比特的,初始值由上一轮压缩函数输出的中间散列值决定。如果是第一轮运算,中间散列值为空,则将 8 个固定值赋给中间散列值

$$H_0^{(0)} = \mathrm{6a09e667}$$
$$H_1^{(0)} = \mathrm{bb67ae85}$$
$$H_2^{(0)} = \mathrm{3c6ef372}$$
$$H_3^{(0)} = \mathrm{a54ff53a}$$
$$H_4^{(0)} = \mathrm{510e527f}$$
$$H_5^{(0)} = \mathrm{9b05688c}$$
$$H_6^{(0)} = \mathrm{1f83d9ab}$$
$$H_7^{(0)} = \mathrm{5be0cd19}$$

$H_t^{(i)}$ 表示在第 i 轮压缩中的第 t 个中间散列值。SHA-256 规定了固定值来源,首先找自然数中前 8 个素数并对这些素数求平方根,取小数部分的前 32 位作为此处的固定值,即中间散列值的初始值。这样做是为了增加混淆,使消息和散列值之间的关系尽可能地复杂,加大破解难度。

消息调度和工作变量都准备完毕后,开始进行压缩工作,如图 8-5 所示。

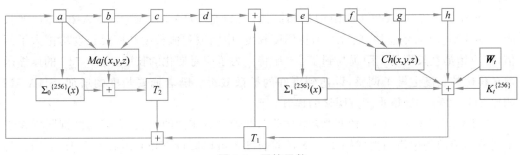

图 8-5　压缩函数

图中的 a、b、c、d、e、f、g、h 代表 8 个工作变量,T_1 和 T_2 是定义的临时变量,W_t 表示消息调度。$K_t^{\{256\}}$ 表示 64 个长度为 32 比特的固定值,固定值的取值方法与中间散列值的初始值计算相似,找自然数中前 64 个素数并分别对其求立方根,取得小数部分的前 32 位。

428a2f98	71374491	b5c0fbcf	e9b5dba5	3956c25b	59f111f1	923f82a4	ab1c5ed5
d807aa98	12835b01	243185be	550c7dc3	72be5d74	80deb1fe	9bdc06a7	c19bf174
e49b69c1	efbe4786	0fc19dc6	240ca1cc	2de92c6f	4a7484aa	5cb0a9dc	76f988da
983e5152	a831c66d	b00327c8	bf597fc7	c6e00bf3	d5a79147	06ca6351	14292967
27b70a85	2e1b2138	4d2c6dfc	53380d13	650a7354	766a0abb	81c2c92e	92722c85
a2bfe8a1	a81a664b	c24b8b70	c76c51a3	d192e819	d6990624	f40e3585	106aa070
19a4c116	1e376c08	2748774c	34b0bcb5	391c0cb3	4ed8aa4a	5b9cca4f	682e6ff3
748f82ee	78a5636f	84c87814	8cc70208	90befffa	a4506ceb	bef9a3f7	c67178f2

$Maj(x,y,z)$、$Ch(x,y,z)$、$\Sigma_0^{\{256\}}(x)$ 和 $\Sigma_1^{\{256\}}(x)$ 函数分别代表了一些线性运算,主要起到扩散的作用。结合 $K_t^{\{256\}}$ 防止频率分析攻击。

$$Ch(x,y,z)=(x \wedge y) \oplus (\neg x \wedge z)$$
$$Maj(x,y,z)=(x \wedge y) \oplus (x \wedge z) \oplus (y \wedge z)$$
$$\Sigma_0^{\{256\}}(x)=ROTR^2(x) \oplus ROTR^{13}(x) \oplus ROTR^{22}(x)$$
$$\Sigma_1^{\{256\}}(x)=ROTR^6(x) \oplus ROTR^{11}(x) \oplus ROTR^{25}(x)$$

全部 64 轮计算完成之后,提取 8 个工作变量中的内容。将工作变量与中间散列值的初始值相加,以得到的值作为中间散列值的初始值参与下一个分组的计算。

4. 生成摘要

在完成所有 N 个分组的压缩之后,会获得最终的中间散列值 $H_0^{(N)}$、$H_1^{(N)}$、$H_2^{(N)}$、$H_3^{(N)}$、$H_4^{(N)}$、$H_5^{(N)}$、$H_6^{(N)}$、$H_7^{(N)}$,最后生成摘要直接将 8 个中间散列值首尾拼接起来,即

$$H_0^{(N)} \| H_1^{(N)} \| H_2^{(N)} \| H_3^{(N)} \| H_4^{(N)} \| H_5^{(N)} \| H_6^{(N)} \| H_7^{(N)}$$

前文已介绍过,每个中间散列值的长度为 32 比特,所以得到 256 比特长度的消息摘要。

5. SHA-2 各个算法对比

SHA-224 算法与 SHA-256 算法具有最亲近的血缘关系,SHA-224 的诞生是为了匹配双密钥 3DES 所需要的密钥长度。SHA-224 与 SHA-256 在工作流程的定义上完全相同,它们的区别在于中间散列值的初始值和生成摘要长度。感兴趣的读者可以自行阅读官方文档。

SHA-512 与 SHA-256 的结构是相同的,可以把 SHA-512 视作 SHA-256 的"加长版"。SHA-512 将消息填充长度、消息调度长度、中间散列值长度和摘要长度均扩大了两倍,将原始消息长度的上限提高到了 2^{128} 比特。为了应对变化的长度,SHA-512 的压缩函数在移位的长度上做了调整,以达到更好的扩散效果。随着摘要长度的增加,SHA-512 相比 SHA-256 的破解难度有明显的提升。

SHA-384 则是 SHA-512 的"孪生兄弟",两者具有相同的定义,它们的区别同样在于中间散列值的初始值和生成摘要。感兴趣的读者可以阅读 NIST 出版的 SHS 文档。与 SHA-224 的做法相同,SHA-384 为了满足 384 比特长度的摘要,舍弃掉了最后两个中间散列值。

$$H_0^{(N)} \parallel H_1^{(N)} \parallel H_2^{(N)} \parallel H_3^{(N)} \parallel H_4^{(N)} \parallel H_5^{(N)}$$

SHA-512/224 与 SHA-512/256 均是 SHA-512 的变体,它们都是在中间散列值的初始值和生成摘要上发生变化。但是与 SHA-512 和 SHA-384 不同的是,SHA-512/224 和 SHA-512/256 的中间散列值的初始值由一个简单的 IV 生成函数产生。

$$H_i^{(0)''} = H_i^{(0)'} \oplus a5a5a5a5a5a5a5a5$$

$H_i^{(0)'}$ 代表 SHA-512 的中间散列值的初始值,再运行 8 次 IV 生成函数以生成 SHA-512/224 与 SHA-512/256 的中间散列值的初始值。SHA-512/224 或 SHA-512/256 生成摘要,会先将 8 个中间散列值的初始值拼接起来,然后选取比特串左边的 224 比特或 256 比特作为最终的摘要。

表 8-1 对 SHA-2 的各个算法字段长度做了对比,可以看到 SHA-2 算法具有多种输入长度以及不同安全水平,能够广泛地贴合不同的场景,所以得到广泛的应用。但是由于 SHA-2 延续了 SHA-1 的 Merkle-Damgard 引擎。随着现代计算机性能的不断提高,SHA-2 也存在被破解的风险,所以 NIST 推出了使用海绵结构的 SHA-3。

表 8-1 SHA-2 各算法对比

算　　法	消息大小(比特)	分组大小(比特)	字大小(比特)	消息摘要大小(比特)
SHA-224	$<2^{64}$	512	32	224
SHA-256	$<2^{64}$	512	32	256
SHA-384	$<2^{128}$	1024	64	384
SHA-512	$<2^{128}$	1024	64	512
SHA-512/224	$<2^{128}$	1024	64	224
SHA-512/256	$<2^{128}$	1024	64	256

8.2.3 SHA-3

对 SHA-2 算法被破解的担忧催生出了 SHA-3 算法。SHA-3 是 Keccak 算法的变体,其通过改变算法中分组大小、填充方式、轮转次数以实现扩展。SHA-3 包含了常规的四种摘要长度的标准,分别是 SHA3-224、SHA3-256、SHA3-384、SHA3-512。

1. 总体结构

图 8-6 展示了 SHA-3 的总体结构。假设输入的消息 M,长度没有作限制。然后经过一个消息填充得到新消息 P,新消息长度为 r 比特的倍数。这里 r 比特是海绵结构每一次所能吸收的分组的长度,所以 r 也称为比特率。海绵结构除了每次吸收 r 比特的消息分组,还会有一个长度为 b 比特的状态串 S 作为输入。状态串 S 包含两部分,即比特率 r 和容量 c。其中容量 c 在数值上等于摘要长度 d 的一半。容量 c 越大,比特率 r 越小,安全性越高。在 Keccak 算法中 b 的长度有 7 种选择,即 $\{25, 50, 100, 200, 400, 800, 1600\}$ 比特。NIST 规定 SHA-3 采用 1600 比特的状态串,由此可以通过下列式子计算比特率 r 和容量 c。

$$r = b - c$$
$$c = d/2$$

待海绵结构将所有的分组全部"吸收"后,再慢慢"挤压"摘要,直到满足摘要长度 d,得到摘要 Z。

2. 预处理

SHA-3 的预处理过程与 SHA-2 类似,都是通过消息填充的方式让消息的长度满足压缩函数的输入。图 8-7 展示了 SHA-3 的填充过程,SHA-3 算法也采用多比特填充的方式。首先在原消息 M 后面补充一个 1,再补上 k 个 0,最后再填充一个 1。填充后消息的长度要达到比特率 r 的倍数

$$\text{Len}(M) + k + 2 = nr \quad (n \in Z^+, 0 \leqslant r \leqslant b)$$

其中,$\text{Len}(M)$ 表示原消息 M 的长度。采用这种方式可以提高算法的安全性和效率,适应不同长度的输入数据,并简化算法的实现。填充完成后,将新消息 P 划分为 n 个长度为 r 比特的分组,以便海绵结构进行"吸收"。

3. 海绵结构

预处理之后可以得到 n 个 r 比特的分组 $\boldsymbol{P}_i$。在海绵结构中,SHA-3 首先会依次对

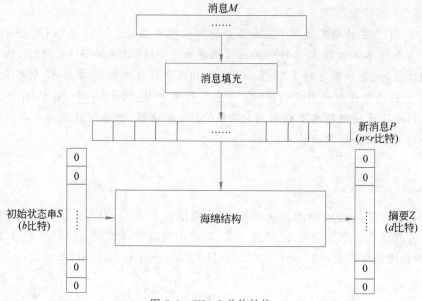

图 8-6　SHA-3 总体结构

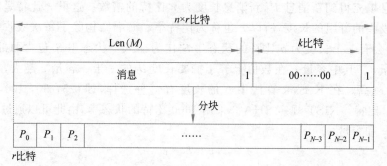

图 8-7　消息填充

每个分组进行扩展，再和初始状态串 S_i 一同被"吸收"，最后通过多次"挤压"拼接得到摘要。海绵结构的大致流程如图 8-8 所示。

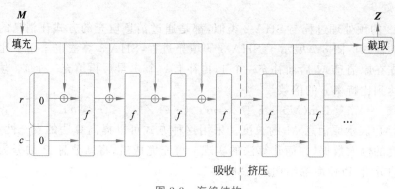

图 8-8　海绵结构

前文介绍过,SHA-3 规定初始状态串 S_i 的长度为 b 比特。为了方便计算,SHA-3 会将每一次被"吸收"的分组都扩展为 b 比特。因为每个分组的大小均为 r 比特,所以只须给分组拼接上 c 比特的字符串。SHA-3 规定使用 0 进行填充。填充结果与初始状态串 S_i 进行异或得到状态串 S_i'。然后运行 f 函数(也称作"轮函数"),其结果将作为下一轮的初始状态串 S_{i+1}。公式如下:

$$S_{i+1} = f(S_i \oplus (P_i \mid\mid 0^c))$$

下面介绍海绵结构中最主要的 f 函数。SHA-3 标准算法规定 f 函数有 24 轮运算,每轮运算包含了 $\theta(A)$、$\rho(A)$、$\pi(A)$、$\chi(A)$、$\iota(A)$ 5 个主要的映射函数。在讲解 5 个映射函数之前,需要介绍一下映射函数所接收的输入 A 变换。在这 5 个变换中,$\theta(A)$、$\rho(A)$、$\pi(A)$ 和 $\chi(A)$ 变换都是在三维状态数组中进行不同方向(即行(row)、列(column)和道(lane)3 个方向)的变换,将所有元素混淆和扩散。最后一步 $\iota(A)$ 变换是将一组特殊的 64 比特常量添加在第一道中以打破其他 4 个变换的对称性,使得利用对称性进行内部差分攻击的方法在轮数较多时不可行。状态数组 A 是一个三维的数组,大小为 $5 \times 5 \times w$,如图 8-9 所示。

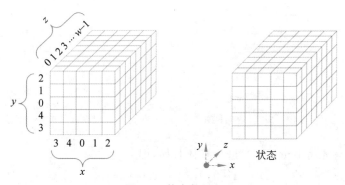

图 8-9 状态数组 A

状态数组 A 由状态串 S_i 映射而来,映射规则如下:

$$A[x,y,z] = S[w(5y+x)+z]$$

这样的非线性映射使得消息和摘要之间的统计关系变得尽可能复杂,可以起到比较好的混淆效果。由于 SHA-3 规定了状态串 S_i 的长度 $b = 1600$ 比特,所以状态数组 A 的第 3 个维度 w 是一个固定值 64。下面将按照算法运行顺序依次对 $\theta(A)$、$\rho(A)$、$\pi(A)$、$\chi(A)$、$\iota(A)$ 5 个变换进行介绍。

(1) $\theta(A)$ 变换将状态数组 A 中的每一个比特与其对应两列的奇偶校验值进行异或。具体来说,对三维数组 A 的每一个比特执行以下的映射规则($0 \leqslant x < 5, 0 \leqslant y < 5, 0 \leqslant z < w$):

$$C[x,z] = A[x,0,z] \oplus A[x,1,z] \oplus A[x,2,z] \oplus A[x,3,z] \oplus A[x,4,z]$$

$$D[x,z] = C[(x-1)(\bmod 5),z] \oplus C[(x+1)(\bmod 5),(z-1)(\bmod w)]$$

$$A'[x,y,z] = A[x,y,z] \oplus D[x,z]$$

$\theta(A)$ 变换的作用是将状态数组 A 中的每一个比特与其对应两列的奇偶校验值进行异或。像基于列的位代换这样的非线性操作,有效地增加了算法的混淆,提高了安全性。

运行过程如图 8-10 所示。$\theta(\mathbf{A})$ 变换会对输入数据进行非线性变换,使得每个比特都受到周围比特的影响,从而增加了输入数据的随机性。其运行结果 $\mathbf{A}'$ 会作为 $\rho(\mathbf{A})$ 变换的输入继续参与运算。

(2) $\rho(\mathbf{A})$ 变换是一个循环移位操作,它将状态矩阵 $\mathbf{A}$ 的每个元素按照一定规则进行移位操作,将其移动到新的位置上。$\rho(\mathbf{A})$ 变换的操作对象被替换为了道,道是一个定义在状态数组 $\mathbf{A}$ 上的一维数组。道表示由矩阵 $\mathbf{A}$ 中 $(x,y)=(i,j)$ 的所有比特组成的字符串:

$$\mathbf{lane}[i,j]=\mathbf{A}[x,y,z] \quad (0\leqslant z < w)$$

道的结构如图 8-11 所示。

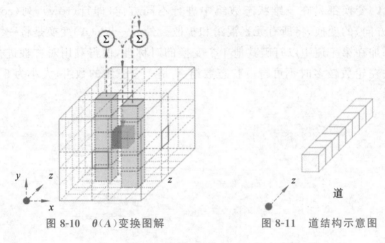

图 8-10 $\theta(\mathbf{A})$ 变换图解   图 8-11 道结构示意图

$\rho(\mathbf{A})$ 变换首先将 lane(0,0) 进行整体替换,即

$$\mathbf{A}'[0,0,z]=\mathbf{A}[0,0,z]$$

然后令 $(x,y)=(1,0)$,再对以下的操作循环 24 次,实现所有 25 组道的整体位移。$\rho(\mathbf{A})$ 运行过程如图 8-12 所示,由于 SHA-3 的三维矩阵过大,以下以 200 比特的位宽 b 为例。

$$\mathbf{A}'[x,y,z]=\mathbf{A}\left[x,y,\left(z-\frac{(t+1)(t+2)}{2}\right)(\bmod w)\right] \quad (0\leqslant z<w)$$

$(x,y)=y,(2x+3y)(\bmod 5)$

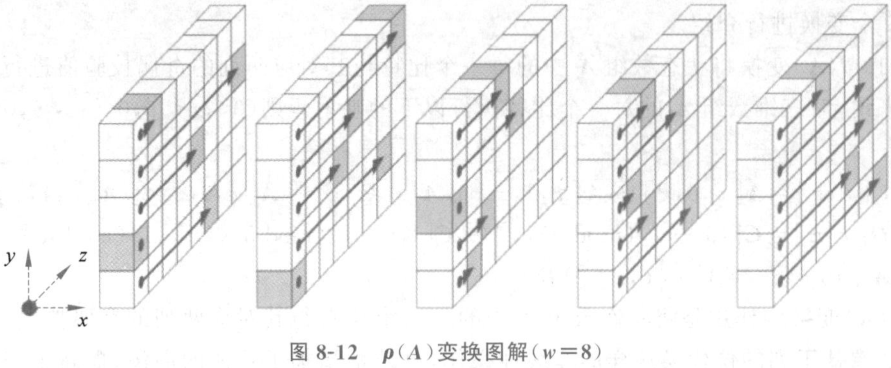

图 8-12 $\rho(\mathbf{A})$ 变换图解($w=8$)

$\rho(\boldsymbol{A})$变换的作用是将每个道内部的比特进行循环移位,目的是让单个消息比特的影响尽可能地扩大到更多的消息比特中,增强雪崩效应。移位的长度称作偏移量。由上述公式可以看出,偏移量取决于坐标(x,y)以及第三维度w的长度。前文提到 SHA-3 中的w是定值 64,因此 SHA-3 的实际偏移量只取决于坐标(x,y)。每个道的偏移量都能够提前计算得到,如表 8-2 所示。

表 8-2　$\rho(\boldsymbol{A})$变换的偏移量

y	x				
	3	4	0	1	2
2	153	231	3	10	171
1	55	276	36	300	6
0	28	91	0	1	190
4	120	78	210	66	253
3	21	136	105	45	15

（3）$\pi(\boldsymbol{A})$变换会沿着z轴从 0 到w扫描每一片结构（如图 8-13 所示）,并进行如下变换:

$$\boldsymbol{A}'[x,y,z]=\boldsymbol{A}\big[(x+3y)(\bmod 5),x,z\big]$$

$\pi(\boldsymbol{A})$运行过程如图 8-14 所示。通过上述公式和运行图解可以知道,$\pi(\boldsymbol{A})$变换对于z上的每一片所做的操作都是相同的。因此$\pi(\boldsymbol{A})$的作用是重新排列每一个道的位置,以达到纵向混淆的效果。

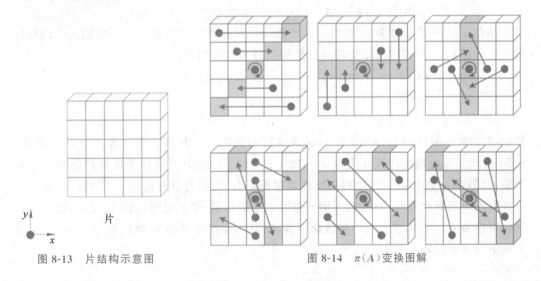

y
片
x

图 8-13　片结构示意图　　　　　　　图 8-14　$\pi(\boldsymbol{A})$变换图解

（4）$\chi(\boldsymbol{A})$变换是一个非线性变换。其操作对象被称为行,行是一个定义在状态数组$\boldsymbol{A}$上的移位数组,表示由矩阵$\boldsymbol{A}$中$(y,z)=(i,j)$的所有比特组成的字符串:

$$\mathrm{row}[i,j]=\boldsymbol{A}[x,y,z]\quad(0\leqslant x<5)$$

行的结构如图 8-15 所示。$\chi(\boldsymbol{A})$变换会对状态数组$\boldsymbol{A}$中的所有行进行扫描,并对所有行内部的比特进行组合:

$$\boldsymbol{A}'[x,y,z]=\boldsymbol{A}[x,y,z]\oplus((\boldsymbol{A}[(x+1)(\bmod 5),y,z]\oplus 1)$$
$$\text{and } \boldsymbol{A}[(x+2)(\bmod 5),y,z])$$

$\chi(\boldsymbol{A})$ 运行结构如图 8-16 所示。

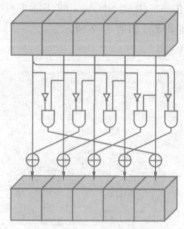

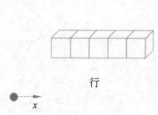

行

x

图 8-15　行结构示意图　　　　图 8-16　$\chi(\boldsymbol{A})$ 变换图解

$\chi(\boldsymbol{A})$ 的作用是将每一比特与同一行的其他两个比特非线性函数进行异或，给变换循环增加了非线性特性，以达到混淆的效果。

（5）$\iota(\boldsymbol{A})$ 变换的操作对象最为独特，只对 lane(0,0) 进行修改，对其他 24 个道不做任何操作。具体操作如下：

$$\boldsymbol{A}'[0,0,z]=\boldsymbol{A}'[0,0,z]\oplus \boldsymbol{RC}[z](0\leqslant z<w)$$

其中，$\boldsymbol{RC}[z]$ 是一个长度为 w 比特的一维数组。首先对其赋值为 0，然后使用一个线性反馈移位寄存器 rc 对其中特定比特进行替换。替换操作如下：

$$\boldsymbol{RC}[2^j-1]=rc(j+7i_r)\quad (0\leqslant j<l,0\leqslant i_r<n_r)$$
$$l=\log_2 w$$
$$n_r=12+2l$$

其中，j 会从 0 循环到 l。i_r 表示 f 函数执行的轮次，n_r 表示 f 函数要进行的总轮次，SHA-3 规定总轮次的计算方式为 $n_r=12+2l=24$。i_r 运算之后作为反馈移位寄存器 rc 的输入，影响 rc 的输出。线性移位反馈寄存器 $rc(t)$ 的执行过程如图 8-17 所示。算法规定在进入反馈寄存器前，判断输入值 t 是否 255 的倍数，如果是则返回 1；反之，进入反馈移位寄存器 rc。如果进入反馈移位寄存器，则首先要给寄存器 R 赋初值为 10000000，然后将下列式子循环 t 次：

$$R=0\parallel R$$
$$R[0]=R[0]\oplus R[8]$$
$$R[4]=R[4]\oplus R[8]$$
$$R[5]=R[5]\oplus R[8]$$
$$R[6]=R[6]\oplus R[8]$$
$$R=\text{Trunc}_8[R]$$

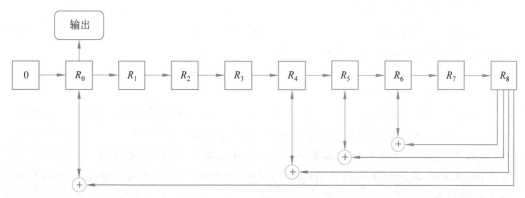

图 8-17　线性反馈移位寄存器

其中，$\mathrm{Trunc}_n[R]$ 表示选取数组 R 的前 n 比特的数据。寄存器循环 t 次之后，输出寄存器 R 的第一比特的数据作为返回值。

$\iota(A)$ 变换的作用是依赖于 f 函数执行的轮次修改 $\mathrm{lane}(0, 0)$ 的一些比特，从而打破由前 4 个变换所产生的对称性。

以上 5 个变换 $\theta(A)$、$\rho(A)$、$\pi(A)$、$\chi(A)$、$\iota(A)$ 组成了 f 函数，SHA-3 中 f 函数第 i_r 轮的定义如下：

$$\mathrm{rnd}(A, i_r) = \iota(\chi(\pi(\rho(\theta(A)))), i_r)$$

规定每次"吸收"一个分块 P_i 都需要执行 24 轮，让消息得到充分的混淆和扩散。

"吸收"完成一个分块后，状态数组 A 将会展开为状态串 S，展开遵循以下规则：

$$\mathrm{lane}(i, j) = A[i, j, 0] \| A[i, j, 1] \| A[i, j, 2] \| \cdots \| A[i, j, w-2] \| A[i, j, w-1]$$
$$\mathrm{plane}(j) = \mathrm{lane}(0, j) \| \mathrm{lane}(1, j) \| \mathrm{lane}(2, j) \| \mathrm{lane}(3, j) \| \mathrm{lane}(4, j)$$
$$S = \mathrm{plane}(0) \| \mathrm{plane}(1) \| \mathrm{plane}(2) \| \mathrm{plane}(3) \| \mathrm{plane}(4)$$

其中，面（plane）是定义在状态数组 A 的一个二维数组，结构如图 8-18 所示。在状态数组转换为状态串的过程中，面用来存放道拼接的结果。三维的状态数组 A 使用符号串拼接的方式从三维降到二维的面，再降到一维的状态串 S。这个过程并不是状态串映射到状态数组的逆过程，采用这种方法能够增加算法的破解难度，提高安全性。

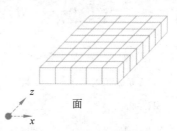

面

图 8-18　面结构示意图

状态数组 A 转换为状态串 S 后，状态串 S 作为下一轮"吸收"的输入状态串参与运算。直至所有的分组都被"吸收"后，将会进入"挤压"阶段。挤压阶段所用的轮函数与吸收阶段的轮函数相同，对状态串的变化也相同。与吸收阶段不同的是，在每次轮函数输出后，会使用 $\mathrm{Trunc}_r(S)$ 函数从状态串中截取出 r 比特的摘要片段。然后对每轮截取出的摘要片段进行拼接，如果总长度大于目标摘要的长度 d，则结束挤压；反之，则继续挤压。

SHA-3 算法作为 SHA 家族的新成员，具有很高的安全性，能够有效地抵抗碰撞攻击和第二原像攻击。同时，SHA-3 在 Intel Core 2 的 CPU 上能够达到 12.5cpb(cycles per byte),比其他算法有明显的优势。SHA-3 虽然在硬件上表现很好,但是在软件效率上不及流行的 SHA-2,并且现在 SHA-2 的安全性能够满足各种应用场景的需求。因此 SHA-3 还没有得到广泛的商业运用,有待进一步的优化。

> **SHA-3 研究新进展**
>
> 2020 年,郭健、廖国宏、刘国珍等实现了针对降低轮转数的 SHA-3 的实际碰撞攻击,但是这种攻击方法并不能够对于完整 24 轮的 SHA-3 构成威胁[99]。经过不懈的研究,他们于 2022 年开发出一个基于 SAT 的自动搜索工具包,大大提高了碰撞攻击的效率,并且首次在 SHAKE-128(SHA-3 的变体)上提出了具有时间复杂性 $2^{123.5}$ 的 6 轮经典碰撞攻击[99]。

8.2.4　SHA 家族安全性对比

SHA 家族中,SHA-1 算法已经被攻破。相比 SHA-1 算法更安全的 SHA-2,是当前最流行的散列算法之一。但是由于 SHA-2 与 SHA-1 使用相同的轮转结构,所以 NIST 征集不同轮转结构的 SHA-3 算法。Keccak 算法得益于独特的海绵结构和优秀的硬件运行速度,从众多优秀算法中脱颖而出并当选为 SHA-3。如表 8-3 所示,通过从散列算法抗碰撞攻击、抗原像攻击和抗第二原像攻击三方面对比 SHA 家族不同算法的安全性,表中 Len(M) 表示输入消息 M 的长度。可以看出,在相同的摘要长度下 SHA-3 的安全强度略高于 SHA-2 算法,SHA-2 和 SHA-3 算法的安全强度均远高于 SHA-1 算法。

表 8-3　SHA 家族算法安全强度对比

算　　法	摘要长度	安全强度(比特)		
		抗 碰 撞	抗 原 像	抗第二原像
SHA-1	160	<80	160	160－Len(M)
SHA-224	224	112	224	min(224,256－Len(M))
SHA-512/224	224	112	224	224
SHA-256	256	128	256	256－Len(M)
SHA-512/256	256	128	256	256
SHA-384	384	192	384	384
SHA-512	512	256	512	512－Len(M)
SHA3-224	224	112	224	224
SHA3-256	256	128	256	256
SHA3-384	384	192	384	384
SHA3-512	512	256	512	512

8.3 SM3 杂凑算法

SM3 杂凑算法(后文中简称"SM3 算法")是我国政府采用的一种密码散列算法,也是受到国际标准组织认证的一种国际标准安全散列算法[101]。

2010 年 12 月 17 日,国家密码管理局发布了 SM3 密码杂凑算法。

2012 年 3 月 21 日,SM3 通过各项技术检验,发布为行业标准。

2016 年 8 月 29 日,国家标准化委员会将 SM3 接纳为国家标准,并于 2017 年 3 月 1 日正式实施。

2018 年,SM3 杂凑密码算法正式成为 ISO/IEC 国际标准。

SM3 主要改进自 SHA-256 算法,二者都采用 Merkle-Damgard 结构,并且具有相同的摘要生成的流程。与 SHA-256 的不同在于 SM3 通过对细节的改进提高了安全性和运行效率[102]。SM3 的应用场景包括数字签名及验证、消息认证码生成及验证、随机数生成等。

8.3.1 SM3 算法结构

图 8-19 展示了 SM3 算法生成摘要的总体结构。与 SHA-256 相同,SM3 输入消息长度不能超过 2^{64} 比特,输出摘要的长度为 256 比特。SM3 输入的消息先经过消息填充,将原消息填充到 512 比特的倍数,再将消息按照每组 512 比特的长度分组,以满足压缩函数的输入条件,然后运行压缩函数,将散列初始值和消息分组进行压缩杂凑,输出 8 个中间散列值,最后在生成摘要阶段将 8 个中间散列值拼接成消息摘要[103]。

由于 SM3 算法的消息填充和摘要生成两个阶段与 SHA-256 完全相同,读者可以前往 8.2.2 节查看。下面主要讲解与 SHA-256 算法存在不同的压缩函数部分。

SM3 算法的压缩函数也是迭代压缩,此算法对每个分组都运行一次压缩函数,并且上一次运行的值会参加到下一次压缩的运算中,如下所示。

$$V^{(i+1)} = \mathrm{CF}(V^{(i)}, \boldsymbol{B}^{(i)})(0 \leqslant i < n)$$

其中,$V^{(i)}$ 表示中间散列值,$\boldsymbol{B}^{(i)}$ 表示分组,CF 是压缩函数,n 表示分组数量。其中,压缩函数 CF 分为扩展阶段和压缩阶段,扩展阶段会将分组 $\boldsymbol{B}^{(i)}$ 按以下方法扩展生成 132 个消息字 $W_0, W_1, \cdots, W_{67}, W_0', W_1', \cdots, W_{63}'$,用于压缩函数 CF。

$$\begin{cases} W_i = \boldsymbol{B}_i^{(i)}, & 0 \leqslant i < 16 \\ W_i = P_1(W_{i-16} \oplus W_{i-9} \oplus (W_{i-13} \oplus 15)) \oplus (W_{i-13} \oplus 7) \oplus W_{i-6}, & 16 \leqslant i < 68 \\ W_i' = W_i \oplus W_{i+4}, & 0 \leqslant i < 64 \end{cases}$$

$$P_1(X) = X \oplus (X \lll 15) \oplus (X \lll 23)$$

SM3 扩展阶段会扩展出 132 个消息字,此处就区别于 SHA-256 扩展出 64 个消息调度。增加消息字的作用主要是加强消息比特之间的相关性,减小通过消息扩展弱点对杂凑算法的攻击可能性。

压缩阶段需要 8 个工作变量,它们在 SM3 中被称作 A,B,C,D,E,F,G,H 8 个

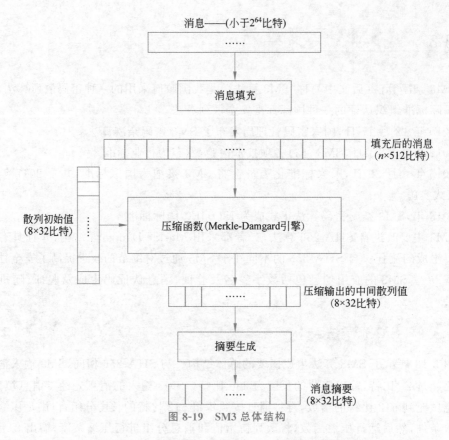

图 8-19　SM3 总体结构

寄存器。在初次参与运算时,和 SHA-256 一样,8 个寄存器会被赋予一个定值。

$$IV = 7380166f4914b2b917442d7da8a0600a96f30bc163138aae38dee4db0fb0e4e$$

这个定值只在第一次使用压缩函数时被使用,之后都会将上一轮压缩得到的中间散列值作为下一轮的初值进行计算。

压缩函数的计算过程描述如下,$SS1,SS2,TT1,TT2$ 为临时变量。

压缩函数

FOR $j=0$ **TO** 63

$\quad SS1=((A\lll12)+E+(T_j\lll(j\ (\mathrm{mod}\ 32))))\lll7$

$\quad SS2=SS1\oplus(A\lll12)$

$\quad TT1=FF_j(A,B,C)+D+SS2+W'_j$

$\quad TT2=GG_j(E,F,G)+H+SS1+W_j$

$\quad D=C$

$\quad C=B\lll9$

$\quad B=A$

$\quad A=TT1$

$\quad H=G$

$$G = F \lll 19$$
$$F = E$$
$$E = P_0(TT2)$$
ENDFOR

其中,T_i 为常数,根据轮转次数不同而更换,提高破解的难度,如下所示。

$$T_i = \begin{cases} 79cc4519, & 0 \leqslant i \leqslant 15 \\ 7a879d8a, & 16 \leqslant i \leqslant 63 \end{cases}$$

FF_i 和 GG_i 都是布尔函数,其主要作用是防止比特追踪法、提高算法的非线性特性和减少差分特征的遗传。

$$FF_i(X,Y,Z) = \begin{cases} X \oplus Y \oplus Z, & 0 \leqslant i \leqslant 15 \\ (X \wedge Y) \vee (X \wedge Z) \vee (Y \wedge Z), & 16 \leqslant i \leqslant 63 \end{cases}$$

$$GG_i(X,Y,Z) = \begin{cases} X \oplus Y \oplus Z, & 0 \leqslant i \leqslant 15 \\ (X \wedge Y) \vee (\neg X \wedge Z), & 16 \leqslant i \leqslant 63 \end{cases}$$

P_0 是置换函数,其参数选择需要排除位移间距较短、位移数为字节倍数和位移数为合数的情况,经过综合考虑,SM3 算法的位移常量选取了 9 和 17。

$$P_0(X) = X \oplus (X \lll 9) \oplus (X \lll 17)$$

压缩函数经过 64 轮压缩之后的结果为 8 位的中间散列值,存放在 8 位的寄存器中,作为下一个分组的初始散列值加入计算。压缩函数循环处理完所有分组后,压缩阶段结束。可以看出 SM3 算法的压缩函数具有结构清晰、雪崩效应强等特点。

SM3 研究新进展

相比于 SHA-2 和 SHA-3 算法,SM3 算法更注重应用方面的研究。2021 年,中国科学院大学的孙淑洲团队首次提出在 GPU 平台上运行 SM3 算法,优化了 SM3 内核和内存事务,使吞吐量有了显著提高[104]。2022 年中国科学院大学的孙思伟团队使用 SM3 算法实例化基于散列的后量子有状态签名方案 LMS 和 HSS 并获得初步测试性能结果,他们的后续工作将聚焦不同场景中测试算法的适用性[105]。

8.3.2　SM3 与 SHA-256

上一小节简单介绍了 SM3 算法的运行流程及其压缩函数的构成,本节中对 SM3 和 SHA-256 两种相似的算法进行对比。

SM3 和 SHA-256 规定字长均为 32 比特,都使用了 64 轮的循环。但是 SHA-256 的扩展消息(前文中的消息调度)为 64 字,而 SM3 的扩展消息为 132 字。SM3 的扩展字可以分为两组,其中 W_{17}-W_{67} 由原消息 W_1-W_{16} 经一系列转换及移位运算生成,另一组 W_0'-W_{63}' 在 W_0-W_{67} 的基础上异或产生。相比之下,对更长的消息扩展进行压缩运算使得各比特之间的相关性更强。另外 SM3 的压缩函数将再次引入移位和异或操作,能够显著增强算法的雪崩效应,使得抗攻击性得到提高。虽然二者的摘要长度均为 256 比特,但 SM3

的杂凑结果和输入消息的相关性更强[106]。

表 8-4　SM3 和 SHA-256 性能对比（cycle/bit）

平　台	算　法	输入长度（比特）			
		2^7	2^9	2^{13}	2^{16}
Win32	SM3	83	40	21	19
	SHA-256	104	44	20	16
x64	SM3	63	30	16	15
	SHA-256	76	34	16	14

如表 8-4 所示。相比于 SHA-256，SM3 算法通过更加复杂的压缩函数获得了更高的安全性。在相同输入消息长度的情况下，SM3 算法的性能也略优于 SHA-256。在输入消息长度为 2^7 比特时，SM3 算法具有明显的优势。当消息长度大于等于 2^9 比特时，SM3 和 SHA-256 算法的软件执行速度就大致相当了。

8.4　小结

本章首先讲述了密码散列函数的定义、特性及其安全性，然后向读者介绍了国外常用的密码散列算法 SHA-2 和 SHA-3，并且对 SHA-2 内部各个变体进行了对比，同时也对比了 SHA-2 和 SHA-3 算法。之后本章又介绍了国内常用的密码散列算法 SM3 杂凑算法，与 SHA-256 进行对比。当前，密码散列算法被广泛地运用于数字签名、消息认证等领域，对社会生活的方方面面产生了深远影响。

思　考　题

1. 密码散列函数需要满足哪些要求？
2. 密码学要求散列函数有哪些安全性？
3. 假设已知输入消息 $M = \underbrace{10\cdots01}_{512\text{比特}}$，计算 SHA-2 的预处理需要填充"0"的个数。
4. 已知一个 Merkle-Damgard 结构的简化版 $MDD(x,k,t)$ 算法如下。

算法 8-1　$MDD(x,k,t)$

external compress

　　$z_1 \leftarrow 0^m \| x_1$

　　$g_1 \leftarrow \text{compress}(z_1)$

　　for $i \leftarrow 1$ to $k-1$

　　do $\begin{cases} z_{i+1} \leftarrow g_i \| x_{i+1} \\ g_{i+1} \leftarrow \text{compress}(z_{i+1}) \end{cases}$

$h(x) \leftarrow g_k$

$\text{return}(h(x))$

其中 compress 定义如下。

$$\{0,1\}^{m+t} \rightarrow \{0,1\}^m \ (t \geqslant 1)$$
$$x = x_1 \parallel x_2 \parallel \cdots \parallel x_k$$
$$(\mid x_1 \mid = \mid x_2 \mid = \cdots = \mid x_k \mid = t)$$

已知 compress 具有抗碰撞性、抗原像碰撞性,换句话说,难以找到一个 $z \in \{0,1\}^{m+t}$ 满足 $\text{compress}(z) = 0^m$。证明: h 也具有抗碰撞性。

5. 假设存在两个函数 f 和 h, $f : \{0,1\}^n \rightarrow \{0,1\}^n$ 是一一对应的函数, $h : \{0,1\}^{2n} \rightarrow \{0,1\}^n$ 存在以下关系:

$$h(x) = f(x' \bigoplus x'')$$
$$x = x' \parallel x''$$
$$x \in \{0,1\}^{2n} x', \quad x'' \in \{0,1\}^n$$

证明: h 不具有抗第二原像攻击。

6. 假设 H 是一个抗碰撞散列函数,那么由 $H'(x) = H(H(x))$ 定义的 $H'(x)$ 一定抗碰撞吗?

第 9 章　密钥管理技术

9.1 概述

"密钥"的概念源自生活中用于开锁的"钥匙"，人们拿到了开锁的"钥匙"就可以打开加密的"锁"。第 1 章已经介绍了现代密码学的基本原理，由其可知现代密码体制要求加密和解密算法是可以公开评估的，因此整个密码系统的安全性由密钥的安全性决定，而不是对密码算法或是加密设备的保密。密钥一旦丢失，加密信息就有可能被窃取，这才是威胁密码安全的根本。

现代密码学除了密码编码学和密码分析学外，又加入了新的分支——密钥密码学，它是以现代密码学的核心内容密钥及密钥管理作为研究对象的学科。设计密钥的规程包括密钥的产生、分配、存储、使用、备份/恢复、更新、撤销和销毁等环节。

密钥管理是指在授权各方之间实现密钥关系的建立和维护的一整套技术和程序，它作为提供数据机密性、数据完整性、数据源认证、实体认证和不可抵赖性等安全密码技术的基础而在保密系统中起着至关重要的作用。此外，密钥管理不仅基于技术性因素，还需要有科学的管理技术，其与管理人员的素质也有很大的关系。整体密码系统的安全性是由系统最薄弱的环节决定的，因此，除了应提高密钥管理的技术水平外，还应积极组织密钥管理人员的教育、培训。

但是，一个优秀的密钥管理系统更应做到尽量不依赖人的因素，而应进一步提高密钥管理的自动化水平，从而提高系统的安全程度。因此，密钥管理系统应能满足：密钥难以被非法窃取，在一定条件下窃取了密钥也不能形成危害，以及密钥的分配和更换过程在用户看来是透明的，用户本身不一定要掌握密钥。

随着密码系统中的用户数量逐渐增多，一些密钥数量和用户数量巨大的密钥系统已经很难管理，其安全性也受到了质疑，因此，如图 9-1 所示的层次式密钥管理结构就进入了人们的视野。这种层次化的密钥结构与整个系统的密钥控制关系相对应，按照密钥的作用和类型以及它们之间的相互控制关系可以将它们划分为多层密钥系统。计算机网络系统和数据库系统的密钥设计大都采用多层密钥体制的形式。

其中，密钥结构中最上层的密钥被称为主密钥（master key），它是对密钥加密密钥（key encrypting key）进行加密的密钥，它是整个密钥管理系统中最核心、最重要的部分，通常主密钥都受到了严格的保护。而密钥加密密钥位于中间层，用来对下层传送的会话密钥或文件加密密钥进行加密，也被称为二级密钥。在通信网络中，一般每个结点都会被

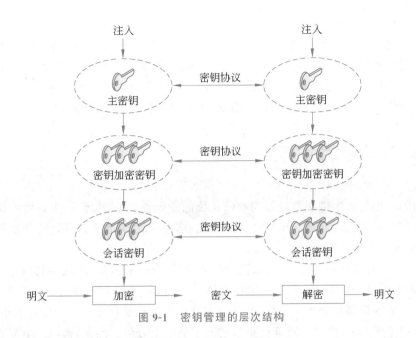

图 9-1　密钥管理的层次结构

分配一个这类密钥,同时各结点的密钥加密密钥应互不相同。结点间的密钥协商的过程是通过密钥加密密钥完成的。

位于密钥系统最下层的就是会话密钥(session key),也被称为数据加密密钥,是在一次通信或数据交换中用户之间所使用的密钥,可由通信用户之间协商得到。会话密钥的生命周期一般较短,仅在需要进行会话数据加密时产生,使用完毕即被清除(或由用户双方预先约定清除)。此外,还有一种密钥被称为基本密钥(base key),又称为初始密钥或用户密钥,其可在较长时间内与会话密钥相结合对消息进行加密。它一般由用户选定或由系统分配给用户,在某种程度上还起到了标识用户的作用。

层次化的密钥结构实现了用密钥来保护密钥的作用,使大量的数据可以被少量动态产生的会话密钥保护,而会话密钥又可以由更少量的、相对不变的密钥加密密钥保护。最后,位于结构最上层的主密钥又对密钥加密密钥进行保护,这样可使除主密钥以明文形式存储在有严密物理保护的主机密码器件中之外,其他的密钥则以加密后的密文形式被存储,这样密钥的安全性就得到了改善。

拥有了层次式结构的密钥系统,原本静态的系统就变成了动态的系统。对于一个静态的密钥管理系统,若一份保密的信息被破解了,则使用该密钥系统的所有信息均可能被泄露;但是,对于动态系统来说,由于系统内的密钥处于不断变化之中,敌人能获取的密钥信息有限,在底层密钥受到攻击之后,高层密钥仍可以有效地保护底层密钥的更换。这样的动态特性最大限度地削弱了底层密钥被攻破后的影响,使敌人无法轻易击溃整个密钥系统。而且,主密钥多被严密的物理方法保护着,所以整体的密钥系统安全性得到了大幅提升。

由此可知,对密钥实行分层管理是十分必要的,分层管理采用了密码算法,上一级对下一级进行保护,底层密钥的泄露不会危及上层密钥的安全,当某个密钥泄露时此模式也可以最大限度地减少损失。

在层次化的密钥架构中,除了主密钥需要人工注入以外,其他各层的密钥均可被设计为由密钥管理系统按照某种协议自动分配、更换、销毁等,实现密钥管理的自动化。这既大大提高了工作效率,也提高了数据的安全性。此外,最核心的信息主密钥仅被少数的安全管理人员知晓,减小了核心密钥的扩散面,更有助于提高密钥的安全性。

9.2 密钥生成

密钥的大小与产生机制直接影响密码系统的安全性,因此如何产生好的密钥对于密码体制而言是很重要的问题。要设计好的密钥,应当注意保持密钥良好的随机性和密码特性,同时避免弱密钥的出现[107]。

例如,对于数据加密标准 DES 来说,有 56 比特密钥,若任何 56 比特的数据随机被用作密钥,则共有 2^{56} 种可能的密钥。但在具体实现时,一般仅允许使用 ASCII 码的密钥,并强制每字节的最高位为零。这样,在某些实现中可能仅是将大写字母转化为小写字母,这些密钥程序使 DES 的攻击难度比正常情况下低了上万倍。因此,密钥的生成方法应该受到高度的重视。

密钥的长度是影响加密安全性的重要因素。但是要决定密钥长度,需要综合考虑数据价值、数据的安全性需求和攻击者的资源情况等因素。此外,计算机的计算能力和加密算法的发展也是需要参考的重要因素。根据摩尔定律粗略估计,计算机的计算能力每 18 个月就可以翻一番或者以每 5 年 10 倍的速度增长,因此,现在选取的密钥长度应该满足应对数据安全期内计算机的计算能力提高后的考验。不同场合可能有不同的密钥长度安全要求,如表 9-1 所示。

表 9-1 不同安全需求的密钥长度

信 息 类 型	时 间	最小密钥长度(比特)
战场军事信息	数分钟/小时	56~64
产品发布、合并、利率	几天/几周	64
贸易秘密	几十年	112
氢弹秘密	>40 年	128
间谍身份	>50 年	128
个人隐私	>50 年	128
外交秘密	>65 年	至少 128

密钥的生成一般也与生成的算法有关,应有严格的技术和行政管理措施,技术上应确保生成的密钥具有良好的随机性,管理上要确保密钥在严格的保密环境下生成,不会被泄露和篡改。不同密码体制的密钥生成方法一般是不相同的,与相应的密码体制或标准相

联系,其基本原理多是选用合理的随机数生成器以产生随机密钥,通常使用密钥生成器以光标和鼠标的位置、内存状态、上次按下的键、声音大小等噪声源来生成具有较好统计分布特性的序列,然后再对这些序列进行各种随机性检验以确保其具有较好的密码特性。

现有的密钥发生器主要分为随机数生成器和伪随机数生成器两种。随机数生成器采用客观世界中存在的随机现象(如物理噪声、放射性衰减等)作为信号源以产生随机数。由于这种产生随机数的方法在客观上是随机的,因此理论上可能产生真正的随机数。伪随机数生成器则使用数学方法或算法技术动态产生随机数,如果算法很好,则产生的序列可以通过随机性检验,但由于算法是确定性的,因此产生的序列实际上并不是统计随机的,这些数通常被称为伪随机数。这部分内容读者可以回顾第 3 章中关于伪随机序列的介绍。

若密码中所使用的密钥导致密码以某种不良的方式运行并降低了安全性,该密钥称为弱密钥。没有弱密钥的密码被称为具有线性密钥空间,否则就是非线性密钥空间。如果要使用有非线性密钥空间的密码,必须在保证加解密算法安全的基础上,要求攻击者不能对其进行反控制,或者区分出不同密钥强度的差异。

9.3　密钥维护

密钥产生后,管理和维护对于密钥的安全性有很重要的影响。下面介绍密钥维护的一般过程,包括密钥分配、密钥更新、密钥存储、密钥使用、密钥备份与恢复等。

9.3.1　密钥分配

密钥分配技术解决的是网络环境中需要进行安全通信的实体间建立共享的密钥问题,最简单的解决办法是生成密钥后通过安全的渠道将密钥送到对方处。这对于密钥量不大的通信是合适的,但随着网络通信的不断增加,密钥量也会随之增加,此时密钥的传递与分配会成为严重的负担。在当前的实际应用中,用户之间的通信并没有安全的通信信道,因此有必要对密钥分配做进一步的研究。

密钥分配技术引入了自动密钥分配机制以减轻系统管理负担、提高网络效率,此外还应尽可能减少系统中驻留的密钥量以提高安全性。为满足上述需求,目前已有两种类型的密钥分配方案,分别是集中式密钥分配方案和分布式密钥分配方案。集中式密钥分配方案是指由密钥分配中心(key distribution center,KDC)[108]或者由一组结点组成层次结构负责密钥的产生并分配给通信双方。分布式密钥分配方案是指网络通信中各个通信方具有相同的地位,它们之间的密钥分配取决于它们之间的协商,不受任何其他方的限制,此时每个通信方同时也是密钥分配中心。上述两种分配方式也可以被混合使用,上层(主机)采用分布式密钥分配方案,而上层对于终端或它所属的通信子网则采用集中式密钥分配方案。

1. 密钥分配的基本方法

使用对称密码技术的两个用户(主机、进程、应用程序)在用单钥密码体制进行保密通信时,首先必须有一个双方共享的密钥,而且为防止攻击者得到密钥还应时常更新这一密钥。因此,密码系统的强度将依赖密钥分配技术[109]。对于通信用户 Alice 和 Bob,他们获得共享密钥有以下几种方法。

(1) 密钥由 Alice 选取并通过物理手段安全地发送给 Bob。

(2) 密钥由可信任的第三方选取并通过物理手段安全地发送给 Alice 和 Bob。

(3) 如果 Alice 和 Bob 事先已有一个密钥,则其中一方选取新密钥后,可以用已有的密钥加密新密钥并发送给另一方。

(4) 如果 Alice 和 Bob 与第三方 CA 分别有一个保密信道,那么 CA 就可以为 Alice 和 Bob 选取密钥,再分别通过两个保密信道安全地发送给 Alice、Bob。

(5) 如果 Alice 和 Bob 都在第三方 CA 发布了自己的公钥,则他们可用彼此的公钥进行保密通信。

前两种方法被称为人工发送。在通信网中,若只有个别用户想进行保密通信,密钥的人工发送还是可行的。然而如果所有用户都要求支持加密服务,则任意一对希望通信的用户都必须有一个共享密钥。如果有 n 个用户,则密钥数目将为 $n(n-1)/2$。因此当 n 很大时,密钥分配的代价非常大,密钥的人工发送是不可行的。

对于第(3)种方法,攻击者一旦获得一个密钥就可获取以后所有的密钥,而且用这种方法对所有用户分配初始密钥时,代价仍然很大,同样不适用于现代通信。

第(4)种方法比较常用,其中的第三方通常是一个负责为用户分配密钥的密钥分配中心(KDC)。这时每个用户必须和密钥分配中心共享一个主密钥。通过主密钥分配给一对用户的密钥被称为会话密钥,被用于这一对用户之间的保密通信。这种分配方式合并了多层密钥系统中的主密钥和密钥加密密钥,会话密钥往往是对称密码的密钥,以便于传输大量数据。通信完成后,会话密钥即被销毁。如上所述,如果用户数为 n,则会话密钥数为 $n(n-1)/2$,但主密钥数却只需 n 个,所以主密钥可通过物理手段发送。

第(5)种方法采用密钥认证中心技术,以可信赖的第三方 CA 作为证书授权中心,常被用于非对称密码技术的公钥分配。

2. 对称密码技术的密钥分配方案

1) 集中式密钥分配

集中式密钥分配是指由密钥分配中心(KDC)或由一组结点组成的层次结构负责产生和分配密钥给通信双方的任务。图 9-2 所示为集中式密钥分配的一般方式,其中 A 和 B 分别代表 Alice 和 Bob。Alice、Bob 分别与 KDC 事先共享加密密钥 K_A、K_B,Alice 希望与 Bob 分享一个会话密钥以保证他们之间的通信安全。

(1) Alice 向 KDC 发送会话密钥请求,请求的消息包含 Alice 和 Bob 的身份信息及一个用于唯一标识本次业务的随机数 N_1。N_1 由会话密钥请求发起人每次请求时随机生成,常以一个时间戳、一个计数器或一个随机数作为这个标识符。为防止攻击者对 N_1 的猜测,这里用随机数作为标识符最合适。

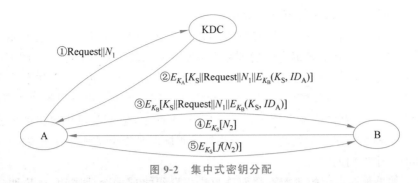

图 9-2　集中式密钥分配

（2）KDC 对 Alice 的请求作出了应答。应答包含密钥 K_A 加密的信息，因此只有 Alice 才能成功地对这一信息解密，并且 Alice 可以相信信息的确是由 KDC 发出的。

信息中包括 Alice 希望得到的一次性会话密钥 K_S 和（1）中 Alice 发送的请求中的随机数 N_1。这样 Alice 可验证应答与请求是否匹配，并验证自己发出的请求在被 KDC 收到之前是否已被他人篡改。此外，Alice 还可以根据一次性随机数相信自己收到的应答是否为被重放的过去的应答。

除了 Alice 需要的必要信息，（2）中还包括 Bob 希望得到的两项内容：Alice 的身份 ID_A 和一次性会话密钥 K_S。这两项则用 K_B 加密，并由 Alice 转发给 Bob 以建立 Alice、Bob 之间的连接并用于向 Bob 证明 Alice 的身份。

（3）Alice 存储会话密钥后，向 Bob 转发其所需的两项内容。因为转发的内容是由 K_B 加密后的密文，所以在转发时不会泄露消息。Bob 收到后，可以获得会话密钥 K_S 和 Alice 的身份确认，并且还可从 E_{K_B} 得知 K_S 的确来源于 KDC。

（4）Bob 用 K_S 加密另一个一次性随机数 N_2 后，将其发送给 Alice。

（5）Alice 以 $f(N_2)$ 作为对 Bob 的应答，其中 f 是对 N_2 进行某种变换的函数，并将应答用会话密钥加密后发送给 Bob。

上述过程中，前三步已经安全地完成了会话密钥的分配，后两步工作则是为了使 Bob 相信第（3）步收到的信息不是一个重放，起到了认证功能。

使用上述密钥分配方案有利有弊。其优点如下。

（1）用户在与他人通信时需要存储一个长期的密钥（他们与 KDC 共享的密钥）。他们仍需存储和管理一些短期的密钥，但是这些密钥在通信会话结束后就会被删除。KDC 需要存储每个用户的长期密钥。为了抵御网络攻击，KDC 可以将其放到一个安全的地方，并给予严密的保护。

（2）当有其他用户加入组织时，只需要建立这个用户与 KDC 之间的密钥，而组织中的其他用户无须做任何操作。

其缺点如下。

（1）组织中的任意两个用户建立会话都要与 KDC 进行通信。当组织中的用户数量过于庞大时，性能问题就会明显地暴露出来。

（2）所有基于 KDC 的方案中都有单点故障的安全缺陷。这个“单点”指的是密钥加密密钥（KEK）的数据库。一旦 KDC 被攻击成功就会导致所有的 KEK 泄露，并且每个用户与 KDC 之间的安全通信信道都需要重新建立。

（3）如果任何一个 KEK 不慎泄露（被黑客攻击或者用户的计算机上存在木马），那么该用户之后发送的所有信息都有可能被黑客解密。如果攻击者获得了用户的 KEK，他就可以做到从该用户与 KDC 通信的信息中获取会话密钥。更可怕的是，如果攻击者之前就存储了旧的信息，他就能够解密过去所有的通信信息，即使用户意识到他的 KEK 有可能已经泄露了，也能够做到不再使用这个 KEK。也就是，他不能阻止攻击者解密他之前的信息。在长期密钥泄露的情况下，一个系统是否脆弱是安全系统非常重要的一个特征。上述描述有一个专门的定义。

定义：如果长期密钥的泄露不会允许攻击者获得之前的会话密钥，则说明这个密码学协议拥有完美向前安全性（PFS）。

由于集中式密钥分配存在上述的安全性问题，故人们提出了另一种密钥分配方案。

2）分布式密钥分配

分布式密钥分配方案是指网络通信中各个通信方具有相同的地位，它们之间的密钥分配取决于它们之间的协商，不受任何其他方的限制，这种密钥分配也被称为无中心的密钥控制。这种密钥分配方案要求有 n 个通信方的网络需要保存 $[n(n-1)/2]$ 个主密钥，显然这种方案对较大型的网络就不再适用了，但是在一个小型网络或一个大型网络的局部范围内，这种方案还是有用的。

若采用分布式密钥分配方案，通信双方 Alice 和 Bob 建立会话密钥的过程将如图 9-3，Alice、Bob 共享加密密钥 K_A、K_B，Alice 希望与 Bob 分享一个会话密钥以保证他们之间的通信安全，协议包括 3 个步骤。

图 9-3　分布式密钥分配

（1）Alice 向 Bob 发送建立会话密钥的请求和一个一次性随机数 N_1。

（2）Bob 用于 Alice 共享的主密钥 MK_{AB} 对应答的消息加密，并发送给 Alice。应答的消息中有 Bob 选取的会话密钥、Bob 的身份 $f(N_1)$ 和另一个一次性随机数 N_2。

（3）Alice 使用新建立的会话密钥 K_S 将 $f(N_2)$ 加密后再返回给 Bob。

3. 非对称密码技术的密钥分配方案

在对称密码技术的密钥分配方案中要求将一个密钥从通信的一方通过某种方式发送到另外一方，只有通信双方知道密钥且其他任何人都不知道密钥；而在非对称密码技术的密钥分配方案中，用户分别拥有自己的私钥和公钥，其中私钥只有通信一方知道，而其他任何方都不知道，与私钥匹配使用的公钥则是公开的，任何人都可以使用该公钥和拥有私钥的一方进行保密通信。非对称密码技术还可以用来分配在对称密码技术中使用的密钥。下面介绍公钥密码技术的密钥分配方案。

1）公钥的分配

非对称密码技术使密钥分配变得较简单，但是也存在一些问题。网络系统中的每个人都只有一个公钥，获得公钥的途径有很多种，如下所示。

（1）公开发布。

公开发布是指用户将自己的公钥发给每一个其他用户，或向某一团体广播。但是这种方式有一个很大的缺点，就是易被其他人伪造发布。

（2）公用目录表。

公用目录表是一个公用的公钥动态目录表，该表的建立、维护及公钥的发布由某个可信的实体或组织承担，被称为公用目录的管理员。首先，管理员为每一用户在目录表中建立一个目录，包含〔用户名，公钥〕。之后，每个用户均亲自或以某种安全的认证通信在管理员那里为自己的公钥注册。若用户自己的公钥用过的次数太多，或与公钥相关的私钥已被泄露，则应将其替换为新的密钥。管理员则负责定期公布或更新目录表，之后用户可以通过电子手段访问目录表，这时从管理员到用户必须有安全的认证通信。但是这种分配方式也有一个致命的弱点，如果攻击者成功得到了目录管理员的私钥就可以伪造公钥，并发送给其他人以达到欺骗的目的。

（3）公钥管理机构。

为了更严格地控制从目录分配出去的公钥的安全性，需要引入一个公钥管理机构以为各个用户建立、维护和管理动态的公用目录。公钥管理机构在公钥目录表中对公钥的分配施加更严密的控制，其安全性将更强。为了实现上述功能，需要对系统提出以下要求，即：每个用户都可靠地知道管理机构的公钥，但只有管理机构自身知道相应的私钥。

这样任何通信双方都可以向该管理机构获得他想要得到的任何其他通信方的公钥，通过该管理机构的公钥便可以判断它所获得的其他通信方的公钥可信度。与单纯的公用目录相比，该方法的安全性更高。

（4）公钥证书。

上述通过公钥管理机构分配公钥也有缺点，由于每一用户要想和他人联系都需求助管理机构，所以管理机构有可能成为系统性能的瓶颈，而且由管理机构维护的公钥目录表也易被敌手篡改。解决公钥管理机构的瓶颈问题可以通过公钥证书实现。用户通过公钥证书互相交换自己的公钥，而无须与公钥管理机构联系，同时还能验证其他通信方的公钥的可信度。实际上这完全解决了公开发布机构公用目录的安全问题。

公钥证书即数字证书是由证书管理机构（certificate authority，CA）颁发的，其中的数据项有与该用户的私钥相匹配的公钥及用户的身份和时间戳等，所有的数据项经 CA 用自身的私钥签字后就形成证书，证书的格式遵循 X.509 标准，即

$$C_{\mathrm{A}} = E_{SK_{CA}}[T, ID_{\mathrm{A}}, PK_{\mathrm{A}}]$$

其中，ID_{A} 是用户 Alice 的身份，PK_{A} 是 Alice 的公钥，T 是当前时间戳，SK_{CA} 是 CA 的私钥，C_{A} 即为用户 Alice 产生的证书。时间戳保证了接收方收到证书的新鲜性，用于防止发送方或敌方重放一个旧证书。因此时间戳可被当作截止日期，证书若过旧则会被吊销。

PKI

公钥算法的应用需要解决公钥有效性的认证,以防止他人恶意替换或篡改。公钥基础设施(public key infrastructure,PKI)是一种以公钥算法为基础,统一解决密钥发布、管理和使用的系统。它不是一个单一的对象或软件,而是由许多互相联系的组件共同协作提供的服务,这些服务用户可以简单方便地使用公开密钥系统解决存在的安全问题。它将用户的信息与他的公钥绑定为一个整体,然后使用可信的第三方CA对其进行数字签名,使用者就是通过验证数字签名保证公钥的有效性。公钥证书使公钥密码真正进入人们的日常生活中,为相关领域的飞速发展(特别是电子商务的变革)提供了坚实的安全技术基础服务。

2) 用非对称密码技术分配对称密码技术的密钥

公钥分配完成后,用户就可用公钥加密体制进行保密通信。利用非对称密码技术进行保密通信可以很好地保证数据的安全性,然而由于加密的速度过慢,公钥一般不适用于"长信息"的加密,但用于分配单钥密码体制的密钥却非常合适。这种分配方式把非对称密码技术和对称密码技术的优点整合在一起,即用非对称密码技术保护对称密码密钥的传送,保证了对称密码密钥的安全性。此外,用对称密码技术进行保密通信也是可行的,由于密钥是安全的,因而通信的信息也是安全的,同时还利用了对称密码技术加密速度快的特点。因此这种方法有很强的适应性,在实际应用中已被广泛采用。

(1) 简单分配。

图 9-4 表示简单使用公钥加密算法建立会话密钥的过程,图中如果 Alice 希望与 Bob 通信,则可以通过以下几步建立会话密钥。

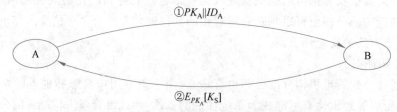

图 9-4   简单使用公钥加密算法建立会话密钥

① Alice 产生自己的一对密钥 $[PK_A, SK_A]$,并将 $[PK_A \parallel ID_A]$ 发送给 Bob,其中 ID_A 表示 Alice 的身份标识符。

② Bob 产生会话密钥 K_S,并用 Alice 的公钥 PK_A 对 K_S 加密后发往 Alice。

③ Alice 由 $D_{SK_A}[E_{PK_A}[K_S]]$ 恢复会话密钥,因为只有 Alice 能解读 K_S,所以仅 Alice 和 Bob 知道这一会话密钥。

Alice、Bob 现在可以用单钥加密算法以 K_S 作为会话密钥进行保密通信,通信完成后再都将 K_S 销毁。这种分配法虽然简单,但由于 Alice 和 Bob 双方在通信前和完成通信后都未存储密钥,因此,密钥泄露的危险性为最小,且可防止双方的通信被敌手监听。但是这一协议易受到主动攻击,如果敌手 Eve 已接入 Alice、Bob 双方的通信信道,就可通过以下不被察觉的方式截获双方的通信。

① 与上面的步骤①相同。

② Eve 截获了 Alice 的发送后，建立自己的一对密钥 $\{PK_E, SK_E\}$，并将 $PK_E \parallel ID_A$ 发送给 Bob。

③ Bob 产生会话密钥 K_S 后，将 $E_{PK_E}[K_S]$ 发送出去。

④ Eve 截获 Bob 发送的消息后，由 $D_{SK_E}[E_{PK_E}[K_S]]$ 解读 K_S。

⑤ Eve 再将 $E_{PK_A}[K_S]$ 发往 Alice。

现在 Alice 和 Bob 知道 K_S，但并未意识到 K_S 已被 Eve 截获。则 Alice 和 Bob 在用 K_S 通信时 Eve 就可以实施监听。

（2）具有保密性和认证性的密钥分配。

针对简单分配密钥的缺点，人们设计了图 9-5 所示的密钥分配过程，该过程具有保密性和认证性，因此既可防止被动攻击又可防止主动攻击。假定 Alice 和 Bob 双方已经完成公钥交换，并按以下步骤建立共享会话密钥。

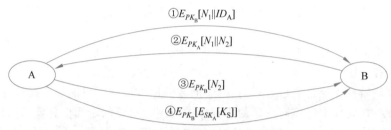

图 9-5　具有保密性和认证性的密钥分配

① 首先，Alice 用 Bob 的公钥加密 Alice 的身份 ID_A 和一个一次性随机数 N_1 后发往 Bob，其中 N_1 用于唯一地标识这次业务。

② Bob 用 Alice 的公钥 PK_A 加密 Alice 的一次性随机数 N_1 和 Bob 新产生的一次性随机数 N_2 后发往 Alice。因为只有 Bob 能解读①中的加密内容，所以 Bob 发来的消息中 N_1 的存在可使 Alice 相信对方的确是 Bob。

③ Alice 用 Bob 的公钥 PK_B 对 N_2 加密后返回给 Bob，以使 Bob 相信对方的确是 Alice。

④ Alice 选一个会话密钥 K_S，然后将 $M = E_{PK_B}[E_{SK_A}[K_S]]$ 发给 Bob，其中用 Bob 的公钥加密是为保证只有 Bob 能解读加密结果，用 Alice 的私钥加密是保证该加密结果只有 Alice 能发送。最后，Bob 以 $D_{PK_A}[D_{SK_B}[E_{PK_B}[E_{SK_A}[K_S]]]]$ 恢复会话密钥。

这样 Bob 即可获得与 Alice 共享使用对称密码技术的密钥，且可通过 K_S 安全地通信。上述密钥分配过程既具有保密性又具有认证性，因此既可以防止被动攻击，也可以防止主动攻击。

基于身份的密码系统 IBE

建立和维护基于目录的公钥认证设施（如 PKI）的系统复杂度高而且成本高昂。1984 年，阿迪·萨莫尔（Adi Shamir）提出了基于身份的密码系统 IBE（ID-based encryption）的思想，为解决身份与公钥的绑定问题开辟了新的空间。在身份密码系统中，用户的身份信息被直接作为公钥使用，而用户的私钥则由一个可靠的私钥生成机构（private key generator，PKG）根据用户的身份信息生成，然后通过可靠信道秘密传给用户。

9.3.2 密钥的使用与存储

使用密钥是指从存储介质获得密钥进行加密和解密的技术活动。在密钥的使用过程中需要防止密钥泄露，还要在密钥过期而信息保密期未过时更换新的密钥。在密钥的使用过程中，若密钥的使用期已到，或者确信或怀疑密钥已经被泄露出去或被非法更换等就应立即停止使用密钥，并从存储介质上删除密钥。

密钥的存储分为无介质、记录介质和物理介质等。

无介质就是不存储密钥，或靠记忆存储密钥。显然这种方法在一定意义上是最安全的，但是一旦密钥被遗忘就不再安全了。短时间通信使用的简单密钥可以采用这种方式。

记录介质是存储密钥的计算机磁盘，这要求存储密钥的计算机应只允许授权人使用，否则就是不安全的。若需要由非授权的人使用记录密钥的计算机，则可选择对密钥存储文件进行加密。

物理介质是存储密钥的其他特殊介质，如 IC 卡等，显然这种存储方式更具便携性和安全性。

所有密钥都应以加密的形式存放，而对密钥解密的口令应该由密码操作人员掌握。这样即使装有密钥的加密设备被破译者窃走也可以保证密钥系统的安全性。一个高级的加密设备应该做到无论是通过直观的、电子的或其他方法都不可能被非授权者读出信息。

加密设备在硬件上还应有一定的物理保护措施。重要的密钥信息要采用掉电保护措施，在紧急情况下应有清除密钥的设计，做到在任何情况下只要一经拆开，密钥就会自动消失。若采用软件加密也应有一定的软件保护措施，在可能的条件下，加密设备应有防范非法使用的设计，并把非法输入的口令、输入时间甚至输入者的特征等记录下来，以便日后追查。

9.3.3 密钥更新及生命周期

密钥是有寿命的，即便现代密码系统的安全性很高，一旦出现密钥泄露就会引发毁灭性的灾难，因此密钥更新对密码系统的安全而言是十分必要的。在密钥有效期将要结束时，若需要继续对内容进行保护，则需要产生一个新的密钥以替代原密钥，这个过程即为密钥更新。人们一般采用清除密钥原存储区或用随机产生的噪声重写。但是一般情况下会将密钥设计成新密钥生成后，旧密钥还可继续保持一段时间，防止在更换密钥期间出现不能解密的现象。

会话密钥更换得越频繁，系统的安全性就越高。因为当会话密钥更新足够频繁时，敌手即使获得一个会话密钥，也只能获得很少的密文。但另一方面，会话密钥更换得太频繁又将延迟用户之间的交换，同时还造成网络负担。所以在决定会话密钥的有效期时，应权衡矛盾的两方面。

针对面向连接的协议，在连接未建立前或断开时，会话密钥的有效期可以很长。而每次建立连接时，都应使用新的会话密钥。如果逻辑连接的时间很长，则应定期更换会话密钥。

无连接协议（如面向业务的协议）下往往无法明确地决定更换密钥的频率。为安全起见，用户每进行一次交换都应使用新的会话密钥。然而这种做法又使无连接协议失去了主要的优势(即对每个业务都有最少的费用和最短的延迟)。比较好的方案是在某一固定周期内或对一定数目的业务使用同一会话密钥。

9.3.4　密钥备份与恢复

密钥一旦丢失或被破坏,密钥系统的损失可能是十分巨大的,因此密钥备份技术同样重要。密钥备份是指在密钥使用期内存储一个受保护的副本,用于恢复遭到破坏的密钥。密钥的恢复则是在密钥由于某些原因被破坏或丢失且未被泄露时,从它的一个备份重新得到密钥的过程。密钥的备份和恢复保证了即使密钥丢失,由该密钥加密保护的信息也能够得以恢复。密钥的备份和恢复通常使用秘密共享技术和密钥托管技术[110]。

为了保证安全性,密钥的备份应该以两个或两个以上的分量形式存储,当需要恢复密钥时必须知道该密钥的所有分量。密钥的每个分量应交给不同的人保管,且保管者的身份应该被记录在安全日志上。密钥恢复时,所有该密钥分量的保管者都应该到场,并负责自己保管的那份密钥分量的输入工作。密钥的恢复工作同样也应该被记录在安全日志上。

9.4　密钥托管技术

9.4.1　简介

密钥托管技术提供了一种备份与恢复密钥的途径,也被称为托管加密[102,110]。该技术的目的是保证对个人没有绝对的隐私和绝对不可跟踪的匿名性,即在强加密中保障在突发事件条件下的解密能力。政府机关可以在需要时通过密钥托管提供(解密)一些特定信息,在用户密钥丢失或损坏的情况下通过密钥托管技术恢复密钥。该技术通常与已加密的数据和数据恢复密钥联系起来,数据恢复密钥由委托人(一般为政府机构、法院或有合同的私人组织)持有,可用于解出密钥。一个密钥也有可能被拆分为多个分量,分别由多个委托人持有。密钥托管技术提供了一个备用的解密途径。

9.4.2　EES 介绍

密钥托管技术的出现引发了很多争议,有人认为这项技术侵犯了个人隐私权。但因为这种密钥备份与恢复手段不仅对政府机关有用,对用户个人也有积极作用,所以许多国家制定了相关的法律法规。1993 年 4 月,美国政府为了满足其电信安全、公众安全和国家安全,提出了美国托管加密标准(escrowed encryption standard,EES)。该标准使用的托管加密技术不仅提供了强加密功能,同时也为政府机构提供了实施法律授权下的监听功能,体现了一种对密钥实行法定托管代理机制的新思想。

1. 核心内容

这一技术是通过一个防窜扰的托管加密芯片(被称为 Clipper 芯片)实现的,它有 Skipjack 算法和法律实施存取域(law enforcement access field,LEAF)两个核心内容[111]。

1) Skipjack 算法

Skipjack 算法是由 NSA 设计的,用于加解密用户间通信的消息。Skipjack 算法是一个对称密码分组加密算法,密钥长度为 80 比特,输入和输出分组长度均为 64 比特。该算法采用供 DES 使用的联邦信息处理标准中定义的 4 种实现方式,分别为电码本(ECB),密码分组链接(CBC),64 比特输出反馈(OFB)和 1、8、16、32 或 64 比特密码反馈(CFB)模式。

2) LEAF

LEAF 为法律实施提供"后门"的部分。通过这个域,法律实施部门可在法律授权下实现对用户通信的解密,其也可以被看作一个"陷门"。

2. 实施过程

EES 密钥托管技术的实施有 3 个主要环节,分别为生产托管 Clipper 芯片、用芯片加密通信和无密钥存取。

1) 生产托管 Clipper 芯片

Clipper 芯片主要包含 Skipjack 加密算法、80 比特的族密钥 K_F(family key,同一芯片的族密钥相同)、芯片单元标识符 UID(unique identifier)、80 比特的芯片单元密钥 K_U(unique key,由两个 80 比特的芯片单元密钥分量(K_{U1},K_{U2})异或而成)和控制软件。以上内容均被固化在 Clipper 芯片上。

2) 用芯片加密通信

通信双方为了通信都必须有一个装有 Clipper 芯片的安全防篡改设备,该设备主要被用于实现建立安全信道所需的协议,包括协商或分配用于加密通信的 80 比特秘密会话密钥 K_S。

3) 无密钥存取

在需要对加密的通信进行解密监控时(即在无密钥且合法的情况下),美国政府可通过一个安装好的同样的密码算法、族密钥 K_F 和密钥加密密钥 K 的解密设备来实现。由于被监控的通信双方使用相同的会话密钥,解密设备不需要将通信双方的 LEAF 及芯片的单元密钥都取出,而只需取出被监听一方的 LEAF 及芯片的单元密钥。

门限密钥托管思想

门限密钥托管的思想是一个结合(k,b)门限方案的密钥托管算法的领域。这个思想的出发点是:将一个用户的私钥分为 n 部分,在其中的任意 k 个托管代理参与下可以恢复用户的私钥,而任意数量少于 k 的托管代理都不能够恢复用户的私钥。如果 k=n,那么这种密钥托管就将退化为(n,n)密钥托管,即在所有的托管机构的参与下才能恢复用户私钥。

9.4.3 密钥托管密码体制的组成成分

EES 提出以后,密钥托管密码体制受到了普遍关注,目前业界已提出了各种类型的密钥托管密码体制,包括软件实现的、硬件实现的、有多个委托人的、防用户欺诈的、防委托人欺诈的等。密钥托管密码体制从逻辑上可分为 3 个主要部分:用户安全成分(user security component,USC)、密钥托管成分(key escrow component,KEC)和数据恢复成分(data recovery component,DRC)。三者的关系如图 9-6 所示,USC 用密钥 K 加密明文数据,并且在传送密文时,一起传送一个数据恢复域(data recovery field,DRF)。DRC使用包含在 DRF 中的信息及由 KEC 提供的信息恢复明文。

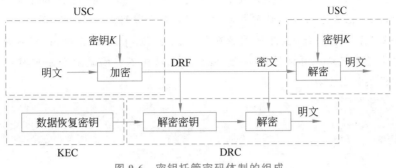

图 9-6　密钥托管密码体制的组成

USC 是提供数据加解密能力以及支持密钥托管功能的硬件设备或软件程序,其可用于通信和数据存储的密钥托管,通信情况包括电话通信、电子邮件及其他一些类型的通信,由法律实施部门在获得法院对通信的监听许可后执行解密。数据的存储包括简单的数据文件和一般的存储内容,突发解密由数据的所有者在密钥丢失或损坏时进行,或者由法律实施部门在获得法院许可证书后执行。USC 使用的加密算法可以是保密的、专用的,也可以是公钥算法。

KEC 用于存储所有的数据恢复密钥,其通过提供数据和服务以支持 DRC。KEC 可以作为密钥管理系统的一部分,而这个密钥管理系统可以是单一的密钥管理系统(如密钥分配中心)也可以是公钥基础设施。如果是公钥基础设施,托管代理机构可作为公钥证书机构。托管代理机构也被称为可信赖的第三方,负责操作 KEC,可能需要在密钥托管中心注册。密钥托管中心的作用是协调托管代理机构的操作或担当 USC 或 DRC 的联系点。

DRC 是由 KEC 提供的用于通过密文及 DRF 中的信息获得明文的算法、协议和仪器。它仅在执行指定的已授权的恢复数据时被使用。要想恢复数据,DRC 必须获得数据加密密钥,而要获得数据加密密钥则必须使用与接收发双方或其中一方相联系的数据恢复密钥。如果只能得到发送方托管机构所持有的密钥,那么 DRC 还必须获得向某一特定用户传送消息的每一方的被托管数据,此时其可能无法执行实时解密,尤其是在各方位于不同的国家并使用不同的托管代理机构时。如果 DRC 只能得到接收方托管机构所持有的密钥,则其对从某一特定用户发出的消息也可能无法实时解密。如果能够使用托管代理机构所持有的密钥恢复数据,那么 DRC 一旦获得某一特定 USC 所使用的密钥就可对这一 USC 发出的消息或发往这一 USC 的消息实时解密。针对两方同时通信(如电话通信)的情况,如果会话双方使用相同的数据加密密钥,那么系统就可实时地恢复加密数据。

但是,密钥托管也会出现一系列的问题,如用户撤销(如撤销不当,密钥系统可能会收到撤销用户和恶意用户的合谋攻击)。关于该问题,可参阅文献[111]和文献[112]。

Skipjack 算法的陷门

Skipjack 算法于 1998 年 3 月公布。据密码专家们推算,若搭建价值 100 万美元的专用计算机攻破 56 比特的密钥需要 3.5 小时,而攻破 80 比特的密钥则需要 2000 年;若搭建价值 10 亿美元的专用计算机攻破 56 比特的密钥需要 13 秒,而攻破 80 比特的密钥则需要 6.7 年。因此,虽然一些密码学家认为 Skipjack 存在陷门,但目前任何已知的攻击方法还不能给此算法造成风险,该算法可以在不影响政府合法监视的环境下为保密通信提供加密支持。

9.5 小结

本章先从生活中的"钥匙"引出了密钥管理,然后概述了密钥管理的内涵和意义。接着从密钥使用环境的安全需求出发,给出了密钥长度的要求。接着讲解了关于密钥生成的算法和密钥生成器的问题。之后着重介绍了密钥维护,包括了密钥分配、密钥的使用与存储、密钥更新及生命周期和密钥备份与恢复。重点讲解了密钥分配的基本方法,以及对称与非对称的两类密钥分配方案。最后,从美国托管加密标准和密钥托管密码体制的组成两方面简单介绍了密钥托管技术。

思 考 题

1. 密钥管理的意义是什么?

2. 密钥的种类有哪些?

3. 为什么要在密钥管理中引入层次式结构?

4. 请对图 9-2 所示的集中式密钥分配协议进行重放攻击。

5. 图 9-3 所示的分布式密钥分配协议是否安全,请分析原因。

6. 假设有一个黑客在时间点 T 成功发起了针对 KDC 的攻击并取得成功,也即所有的密钥都已泄露,并且现在此攻击已被察觉到。

(1) 为了防止之后的信息被黑客给窃取,应该采取什么措施?

(2) 改进之后的系统是否做到了完美向前安全性(PFS)?

7. 安全存储密钥的方法有哪些?

8. 密钥管理的整个生存周期包括哪些环节?

9. 为什么 EES 中使用的 Skipjack 加密算法存在陷门,却不影响使用的安全性?

第 10 章
几个重要的密码学话题

现代密码学不仅能够用来加解密，还能提供多种安全应用。本章将从实例出发，在秘密的共享、游戏博弈以及零知识证明三个不同方面给读者展示现代密码学的安全功能。

10.1 秘密共享

核威胁一直是世界人民面临的安全问题。由谁掌握核武器发射权是一个关键问题，而且发射权由单人控制是危险的。为此，人们可以将发射权拆分开，由五位高级别官员保存，只有当其中至少三位官员一同按下发射键时才能发射。在这个简单的场景描述中是否存在问题？这样的设置能否避免疯子毁灭世界？要如何设计一个安全的方案来保障核导弹的安全呢？本节就类似问题展开讨论。

10.1.1 秘密分割

既然核武器发射权由单人掌管成了非常危险的事情，那么很容易可以想到将发射权分配给多人掌控。先考虑最简单的一种情况，即秘密分割。将秘密分割成许多碎片，每个单独的碎片不会具有任何意义，只有当所有的碎片被合在一起的时候，它们才会显露价值，如图 10-1 中重组藏宝图碎片的例子便是如此。当消息是核武器发射密钥的时候，每个官员掌握的只是一个消息碎片，只有所有的碎片被结合后才会组成真正的发射密钥。

图 10-1 英国"任性"老人用藏宝图分割遗产

由最简单的两个人拆分秘密为例，假设秘密是 M，要将其拆分成两部分，分别给 Alice 和 Bob，下面是具体的操作步骤。

（1）首先随机生成一个与 M 相同长度的比特串 R。

(2) 使用 R 异或 M 得到 S。

$$R \oplus M = S$$

(3) 将 R 给 Alice，S 给 Bob。

(4) 如果想获得最终的秘密，Alice 需要和 Bob 合作，将 $R \oplus S$ 即可得到 M。

$$R \oplus S = M$$

同样可以将秘密分拆给多个人。为了在多个人中分享秘密消息，可将此消息与多个随机比特异或成混合物即可。例如，将信息划成四部分，具体过程如下。

(1) 使用前面的思想，随机生成三个比特串 R、S、T。

(2) 用这三个比特串和 M 异或得到 U。

$$R \oplus M \oplus S \oplus T = U$$

(3) 将 R 分给 Alice，S 分给 Bob，U 分给 David，T 分给 Carol。

(4) 只有他们四人通力合作才能获得最终的秘密 M，如下所示。

$$R \oplus U \oplus S \oplus T = M$$

如果保密适当，这会是绝对安全的，每一部分的信息都是没有价值的，只有所有的信息合在一块才能重现秘密。前述协议的实质是使用一次一密的方式加密消息，并将密文给一个人，密钥给另一个人。在一次一密的加密方式下，该协议具有完全的保密性。无论有多强的计算能力都不可能根据消息碎片之一就确定秘密消息。

到此为止，很多人可能都认为这种分割秘密的方式看起来是非常安全的，然而现实却可能存在很多意外。例如，战争期间，敌国特工知道了本国的核武器发射规则，他们精心策划了一起谋杀案，掌握核弹发射密钥碎片的官员"黑狐"被他们无情地杀害了。"黑狐"所掌握的密钥碎片随即丢失，如果密钥分拆者也不在，那么核弹发射密钥也会丢失，相信这会对战争的态势有极大的影响。此外，由于需要一个分拆者将秘密分拆给多人，秘密分拆者就会拥有绝对裁判的权利，他会拥有整个秘密，可能会做一些不好的事情。他可能会分配错误的、没有意义的碎片给其他参与者，这么可怕的事将导致发射任务对他个人的绝对依赖，这在战争期间可能会让国家付出极大的代价。当然还有其他的问题，例如，没有办法避免掌握核武器发射秘密的官员突然成了一位"和平主义者"(如小说《三体》中的程心)而给出错误的发射子密钥。

10.1.2　门限方案

上一节介绍了一种最简单的秘密共享方案，也说明了这种方法存在的一些漏洞。因此，接下来的内容将探索一种将秘密分给多人，但是可以由其中一部分人恢复秘密的方法。

1. 萨莫尔(Shamir)门限方案

被分给多人，但可以由其中一部分人恢复秘密的方法存在很多，广泛使用的就是门限方案，其中 (t, w) 门限方案是很多共享方案的关键构成模块。

定义：令 t, w 为正整数且 $t \leqslant w$，则 (t, w) 门限方案下，在 w 个参与者组成的集体中共享秘密 M，这样由任何 t 个参与者组成的子集都能够重构秘密 M，但少于 t 个的参与者组成的子集将不能重构秘密 M。

1979 年,萨莫尔发明了一种秘密共享方法,即萨莫尔门限方案(Shamir threshold scheme)或拉格朗日插值方法[114]。具体如下。

选定一个素数 p,它大于所有的可能的消息且大于参与者个数 w,所有的计算都是执行模 p 操作。消息 M 由一个模 p 数表示,想要在 w 个人中拆分秘密,按照这种方式重构消息就需要不少于 t 个参与者。现在需要随机选定 $t-1$ 个模 p 数,分别为 $S_1,S_2,\cdots,S_{t-1}$,这样得到多项式

$$S(x)\equiv M+S_1x+S_2x^2+\cdots+S_{t-1}x^{t-1}(\bmod\ p)$$

该多项式满足 $S(0)\equiv M(\bmod\ p)$。随机选取 w 个不同的值 $x_1,x_2,\cdots,x_w$,通过计算多项式可获得 w 对二元组

$$(x_1,S(x_1)),(x_2,S(x_2)),\cdots,(x_{t-1},S(x_w))$$

将这些二元组依次对应分发给 w 个参与者。由于多项式有 t 个未知系数

$$M,S_1,S_2,\cdots,S_{t-1}$$

所以任意 t 个参与者或者多于 t 个的参与者都能构建 t 个方程,也就能重构出秘密。

例如,创建一个(3,5)门限方案。有 5 个人保守秘密并且希望任意 3 个人都能够重构秘密,而少于 3 个人则无法确定消息。假设秘密 M 是 11,选择一个素数 p,如 $p=13$(仅需要选择一个模 p 稍大的数即可)。随机选择模 p 数 S_1,S_2,构造多项式

$$S(x)\equiv M+S_1x+S_2x^2(\bmod\ p)$$

可以取 $S_1=8,S_2=7$,现在计算

$$S(x)\equiv 11+8x+7x^2(\bmod\ 13)$$

给 5 个人 5 个二元组,可以随机选取 x 的值,为了方便计算,分别选取 $x=1,2,3,4,5$,子秘密可以通过计算多项式在几个不同点上的值得到,如下所示。

$$\begin{cases}S(1)\equiv M+S_1+S_2\equiv 11+8+7\equiv 0(\bmod\ 13)\\S(2)\equiv M+2S_1+4S_2\equiv 11+16+28\equiv 3(\bmod\ 13)\\S(3)\equiv M+3S_1+9S_2\equiv 11+24+63\equiv 7(\bmod\ 13)\\S(4)\equiv M+4S_1+16S_2\equiv 11+32+112\equiv 12(\bmod\ 13)\\S(5)\equiv M+5S_1+25S_2\equiv 11+40+175\equiv 5(\bmod\ 13)\end{cases}$$

最后获得二元组为(1,0),(2,3),(3,7),(4,12),(5,5)。假设第 2、3、5 这 3 个人想通过合作获得秘密,为了重构秘密,可建立方程组

$$\begin{cases}3\equiv M+2S_1+4S_2(\bmod\ 13)\\7\equiv M+3S_1+9S_2(\bmod\ 13)\\5\equiv M+5S_1+25S_2(\bmod\ 13)\end{cases}$$

解得 $M=11,S_1=8,S_2=7$,这样就恢复了 M。

如果只有两个人合作,那么他们会获得什么?假设第 4、5 个人合作,他们分别有二元组(4,12),(5,5),且 C 是任意可能的秘密,$C+S_1x+S_2x^2$ 是唯一通过(0,C),(4,12),(5,5)三点的多项式,因此任何秘密都有可能出现。

同样,他们也不可能猜到其他人所持有的部分,比如第 2 个人,任何一个点(2,S(2))产生一个唯一的秘密 C,而唯一的秘密生成一个唯一的多项式 $C+S_1x+S_2x^2$,对应的就

是 $S(2)=C+2S_1+4S_2$。因此 $S(2)$ 就可能是任何值,秘密 C 也将对应任何值。可以看出只有第 4、5 人的时候也是不会获得秘密的。

这个共享方案对于较大的数也很容易实现,如果想把消息分成 30 个等份,使其中任意 7 个人在一起能够重构消息,那么则需要为 30 个人每人分配一个六次多项式上的二元组,例如

$$S(x)\equiv(M+S_1x+S_2x^2+S_3x^3+S_4x^4+S_5x^5+S_6x^6)\pmod p$$

对于这些未知数,只有 7 个或者 7 个以上的人的通力合作才能获得秘密。

从上述内容中我们了解了门限方案的基本概念,并且学习认识了 Shamir 门限方案。该方案在某些应用场景下还需要进一步完善,感兴趣的读者可以参阅文献[115]。门限方案并不止一种,接下来讨论一种新的门限方案。

2. 矢量方案[116]

乔治•布莱基(George Blakey)同样于 1979 年提出了一个秘密共享方案[117]。布莱基方案与萨莫尔方案极其相似,它仍然是通过一定数量的成员合作才能获得秘密,不同的是新的方案是通过在 t 维空间使用 $t-1$ 维的超平面构建 (t,w) 门限方案,方案中消息被定义为 t 维空间中的一个点,任何参与者持有的都是包含这个点的 $(w-1)$ 维超平面方程,任意 t 个这样的超平面交点刚好确定这个点。

考虑构建一个 $(3,w)$ 的矢量方案,选择一个素数 p,令 x_0 为秘密,随机选择 $y_0(\bmod p)$,$z_0(\bmod p)$,因此在三维空间内可以确定一个点 $Q(x_0,y_0,z_0)$。现在给每个参与者一个通过 Q 点的平面方程,首先随机选定两个模 p 数 a,b,令

$$c\equiv z_0-ax_0-by_0\pmod p$$

则平面为

$$z=ax+by+c$$

3 个人推导秘密,共有 3 个等式,如下所示。

$$a_ix+b_iy-z=-c_i\pmod p,1\leqslant i\leqslant 3$$

这样产生一个矩阵

$$\begin{bmatrix} a_1 & b_1 & -1 \\ a_2 & b_2 & -1 \\ a_3 & b_3 & -1 \end{bmatrix}\begin{bmatrix} x_0 \\ y_0 \\ z_0 \end{bmatrix}\equiv\begin{bmatrix} -c_1 \\ -c_2 \\ -c_3 \end{bmatrix}\pmod p$$

只要矩阵的行列式模 p 非零,矩阵就是模 p 可逆的,而当矩阵是可逆的,就可以找到秘密 x_0。

例如,创建一个 $(3,5)$ 的矢量方案,选择 $p=73$,分别给 5 个参与者以下平面方程。

$$\begin{cases} A:z=4x+19y+68 \\ B:z=52x+27y+10 \\ C:z=36x+65y+18 \\ D:z=57x+12y+16 \\ E:z=34x+19y+49 \end{cases}$$

如果 A、B、C 这 3 个参与者想重构秘密,则可进行下面的操作。

$$\begin{bmatrix} 4 & 19 & -1 \\ 52 & 27 & -1 \\ 36 & 65 & -1 \end{bmatrix} \begin{bmatrix} x_0 \\ y_0 \\ z_0 \end{bmatrix} \equiv \begin{bmatrix} -68 \\ -10 \\ -18 \end{bmatrix} (\mathrm{mod}\ 73)$$

计算结果是 $(x_0, y_0, z_0) = (42, 29, 57)$，所以最后获得秘密是 $x_0 = 42$。同理，5 名参与者中的任意 3 个合作都可以获得最后的秘密。

3. 阿苏姆特-布鲁姆(Asumth-Bloom)门限方案

1980 年，阿苏姆特(Asumth)和布鲁姆(Bloom)提出了一个基于中国剩余定理的 (t, n) 门限秘密共享方案。在此仅介绍一个简化的 Asumth-Bloom 门限方案，该方案如下。

1) 初始化系统参数

假设 s 是秘密，选取 n 个整数 $m_1, m_2, \cdots, m_n$，使得

$$m_1 < m_2 < \cdots < m_n$$

对 $i \neq j$，$\gcd(m_i, m_j) = 1 (i, j = 1, 2, \cdots, n)$

$$m_1 m_2 \cdots m_n > s > m_{n-t+2} m_{n-t+3} \cdots m_n$$

2) 子秘密的产生与分发

计算 $s_i \equiv s (\mathrm{mod}\ m_i)(i = 1, \cdots, N)$，将 (m_i, s_i) 作为子秘密分配给参与者。

3) 秘密的恢复

当 k 个参与者提供了子秘密后，就可以建立方程组

$$\begin{cases} s \equiv s_{i1} (\mathrm{mod}\ m_1) \\ s = s_{i2} (\mathrm{mod}\ m_2) \\ \vdots \\ s \equiv s_{ik} (\mathrm{mod}\ m_k) \end{cases}$$

由中国剩余定理求得 $s \equiv s'(\mathrm{mod}\ N)$，$N$ 为 k 个 m_i 的乘积，显然，当 $s < N$ 时可以被唯一确定。

下面先通过一个例子具体介绍一下阿苏姆特-布鲁姆门限方案。

例 10-1　构建一个 $(2, 3)$ 阿苏姆特-布鲁姆门限方案，其中 $m_1 = 9, m_2 = 11, m_3 = 13$。因为 $9 \times 11 = 99 > s > 13$，所以在此范围选取 $s = 74$。

为 3 个参与者分发子秘密

$$\begin{cases} s \equiv 2(\mathrm{mod}\ 9) \\ s \equiv 8(\mathrm{mod}\ 11) \\ s \equiv 9(\mathrm{mod}\ 13) \end{cases}$$

分别为 $(9, 2)(11, 8)(13, 9)$。如果已知 $(9, 2)$ 和 $(11, 8)$，建立方程组

$$\begin{cases} s \equiv 2(\mathrm{mod}\ 9) \\ s \equiv 8(\mathrm{mod}\ 11) \end{cases}$$

可以求得 $s \equiv (11 \times 5 \times 2 + 9 \times 5 \times 8)(\mathrm{mod}\ 99) \equiv 74$。

4. 秘密共享的几个问题

上述的秘密共享方案是否存在漏洞？它们会出现在什么情况下？又该如何解决？

1)有骗子的秘密共享

秘密共享还可能存在一些问题。在早期的秘密共享方案中,所有参与者和秘密分发者都是假定诚实的,但在现实生活中这是难以实现的。这样的方案被应用到一些问题上可能会带来重大的损失。前面已经介绍了秘密分割中存在欺骗问题,下面介绍欺骗是怎么实现的。

假设一个场景,某国按照萨莫尔门限方案设计了一个核武器发射密钥保存的方法,密钥由五个人共同保存。现在其中的三位刚好同在一个掩体内,他们分别是 Alice、Bob、Carol。一天,他们接收到发射核武器的密令。按照设计,需要至少三位成员输入各自掌握的子密钥才能获得发射权。Alice 和 Bob 输入了自己的子密钥,而由于 Carol 是一个和平主义者,她故意输错了子密钥,因此他们获得的密钥是错误的,导弹最终也没有发射出去。没有人知道这是为什么,因为即使是 Alice 和 Bob 也不能证明 Carol 的密钥是错误的。这是一种很简单的欺骗行为,萨莫尔方案却对她无能为力。更有甚者,Carol 可能是间谍。Alice、Bob 和混入的间谍 Carol 都在地下掩体内,他们共同接收发射核武器的密令。同样,每个人都出示了自己的密钥。Carol 会很高兴,因为发射密令是她伪造的,并且她通过这个过程知晓了其余两人的发射密钥。现在核武器发射权似乎保不住了,为了防止世界被恐怖分子毁灭,应该怎么做?

麦克利斯(McEliece)和萨瓦特(Sarwate)在 1981 年最早研究了门限秘密共享方案的防欺骗问题,他们利用纠错码理论构造了一种门限秘密共享方案,使最多含有 e 个欺骗者的 $t+2e$ 个参与者能够正确地恢复秘密[118]。另外一个可以防止欺骗行为的协议基本思想是创建一系列的 k 个秘密使参与者中任何人都不知道哪一个是正确的秘密。除了真正的秘密外,每一个秘密都比前面一个秘密大,参与者组合他们各自的子秘密产生一个又一个的秘密,直到他们能够产生一个比前面的秘密小的秘密,这便是一个正确的秘密。该方法虽然可以阻止欺骗者获得秘密,但其也存在一些问题,这些都需要探讨。有兴趣的读者可以参考文献[119,120]来学习如何在门限方案中检测和防止骗子。

2)没有中间人的秘密共享

从前面的门限方案可以看出,这些门限方案要求存在一个中间人为所有的参与者分配秘密。这是个可能导致危险的行为,并且在很多时候并不会存在这样的人物分配秘密。是否可以有一个方法,在没有中间人的情况下就可以将秘密拆分给多人。英格玛森(Ingemarsson)和西莫斯(Simmos)于 1991 年提出了一个解决方案,感兴趣的读者可以查阅参考文献[121]。门限方案中的中间人,还可以将其理解为一个可信中心,没有中间人的秘密共享可以认为是没有可信中心的秘密共享。它们也得到了广泛的研究,可参阅文献[122,123]。

3)可验证的秘密共享

前面介绍了有骗子的秘密共享问题,但不止如此,可验证的秘密共享也与此紧密相关,一个可验证的秘密共享也可以有效地防止欺骗问题。如果秘密分发者或者参与者中有不诚实的就可能会导致两方面问题:一方面,秘密分发者分发子秘密的时候可能故意给参与者错误的子秘密,而由于参与者不能验证子秘密的真实性,所以他们不能恢复秘密;另一方面,一些恶意的参与者或者外部攻击者会给出假的子秘密,在秘密重构阶段骗取别的参与者的子秘密,这同样是由于事先不能验证参与者子秘密的真实性导致的。

1985 年,乔尔(Chor)、戈德瓦瑟(Goldwasser)以及米卡利(Micali)提出了可验证秘密共享概念[124]。这种秘密共享方案具有两个特征:一是参与者能够有效地检验分发者是否有欺骗行为,二是在恢复秘密的过程中参与者可以相互检验对方是否提供了正确的子秘密。1987 年,费尔德曼(Feldman)提出了一个基于拉格朗日多项式的非交互式的可验证秘密共享方案[125],该方案利用一个公开的验证信息识别欺骗者。当然对可验证秘密共享方案的研究并不止于此,可参阅文献[119,120,125,126]。接下来简单介绍 Feldman 的秘密共享方案,方案描述如下。

(1) 设 D 为秘密分发者,$\boldsymbol{P}=\{p_1,p_2,\cdots,p_n\}$ 为 n 个参与者,t 为门限值,$\boldsymbol{M}$ 为秘密。分发者选取一个大素数 p,q 为 $p-1$ 的大素数因子,g 是有限域 $\boldsymbol{Z}_P$ 上的 q 阶生成元。

(2) 秘密分发者 D 在有限域 $\boldsymbol{Z}_P$ 上随机选取 $t-1$ 个数 $a_1,a_2,\cdots,a_{t-1}$,构造一个 $t-1$ 次多项式,

$$f(x)\equiv\boldsymbol{M}+a_1x+a_2x^2+\cdots+a_{t-1}x^{t-1}(\bmod\ p)$$

秘密分发者计算

$$S(i)\equiv f(x_i)\ (\bmod\ q),i=1,2,\cdots,n$$

将 $S(i)$ 作为参与者 P_i 的秘密份额。

(3) 秘密分发者将 S_i 发送给相应的参与者,并广播验证信息。

$$V_i\equiv g^{a_i}(\bmod\ p),i=1,2,\cdots,t-1$$

(4) 参与者可以互相验证秘密份额,如果下面的公式成立,那么秘密份额就是真实的。

$$g^{S_i}\equiv\prod_{j=0}^{t-1}(V_j)^{i^j}(\bmod\ p)$$

(5) t 或者 t 个以上的参与者根据拉格朗日插值算法可以恢复秘密 $\boldsymbol{M}$。

Feldman 方案的安全性是基于离散对数的难解问题,能够抵御 $(n-1)/2$ 个攻击者的攻击。

关于秘密共享的问题还有很多,如带预防的秘密共享、多秘密共享等,而且门限方案也存在很多的变化,限于篇幅本书不做详细介绍。下面通过几个门限方案的应用进一步介绍秘密共享。

5. 应用

除了在核武器发射上的应用,一个经过精心设计的门限方案在很多方面都有应用。

秘密共享最初用于密钥管理,即将一个主密钥共享于多个参与者之间,使参与者之间对主密钥的恢复形成某种制约,以解决主密钥的遗失和信息泄露的问题。如今,秘密共享技术日臻完善,人们发现了它在密码学上的更多应用,故它被广泛使用在数字签名、电子选举、电子拍卖以及承诺方案中。下面以电子选举为例简单说明其应用。

一般的选举是由候选人、选民、唱票人组成,每个选民递交一张选票,唱票人在收到所有的选票之后进行统计,按照相关规定决定当选人。所谓电子选举就是现实生活中选举的电子化,选民可以通过互联网等进行投票。电子选举必须满足一些基本要求,如选举匿名、唱票过程以及选举公正性可以被选民监督,每个选民的投票都是合法的等。秘密共享在电子选举中已有应用。

这里简化一个选举问题,设有 N 个候选人 $\{1,2,\cdots,N\}$,为了简单起见,考虑为候选

人依次投票。就是选民每次只投一个候选人,以 0 表示不同意,1 表示同意。下面介绍基于萨莫尔门限共享方案的电子选举协议,主要步骤如下。

(1) 选定系统参数。设有一个候选人,m 个选民 $(V_1, V_2, \cdots, V_m)$,n 个唱票人 $(T_1, T_2, \cdots, T_n)$,选定一个素数 $p > n+m$,所有运算均是在 $\mathbf{Z}_p$ 中进行的,在 $\mathbf{Z}_p^*$ 中选取互不相同的数 $x_1, x_2, \cdots, x_n$,其中 x_i 是唱票人 T_i 的身份,$1 \leqslant i \leqslant n$;

(2) 投票。第一步,每个选民 V_i 针对候选人确定自己的选票 $V_i = 1$ 或 0,构造 $\mathbf{Z}_p$ 上的随机多项式

$$f_i(x) = V_i + a_1 x + \cdots + a_{i-1} x^{i-1}$$

并将 $V_{ij} = f_i(x_j)$ 秘密发送给唱票人 T_j,$1 \leqslant j \leqslant n$,$1 \leqslant i \leqslant m$;第二步,每个选民 V_i 向所有的唱票人证明他发送的 $V_{i1}, V_{i2}, \cdots, V_{in}$ 是合法的。详细的证明过程不在此叙述。

(3) 唱票。收集到选票信息后,每个唱票人 T_j 将得到消息相加,即计算

$$\mathbf{Z}_j = \sum_{i=1}^{m} V_{ij}$$

然后 t 个唱票人,根据拉格朗日插值法计算

$$s = \sum_{i=1}^{n} \mathbf{Z}_i \prod_{j=1, j \neq i}^{i} \frac{-x_j}{x_i - x_j}$$

s 即为候选人的最终的选票。

10.2 博弈

掷硬币或者扑克游戏都可以归结为博弈。关于博弈的细节,有兴趣的读者可以查阅相关书籍。下面通过掷硬币与扑克游戏介绍密码学中博弈的重要性。

10.2.1 掷硬币博弈

一些密码协议要求通信双方在没有第三方的情况下产生一个随机序列。因为协议中的两方可能互相不信任,所以随机序列不可能由一方产生并通过电话或者网络等渠道告诉另一方。但这个问题可以通过掷硬币协议解决,而这与通常人们所熟知的掷硬币(图 10-2)的区别就是协议的双方是物理隔离的。

假设一个场景,Bob 打电话想约 Alice 一块去旅游,Alice 想去墨尔本,但 Bob 却想去东京,经过一番讨论后,他们还是不能决定去什么地方,于是他们决定通过掷硬币游戏解决纠纷。游戏规则很简单,任何猜出硬币朝上面的人将获得决定权。现在 Bob 在电话的一边 Alice 的情况下投出了一枚硬币,Alice 猜测是正面,但 Bob 却说是反面,Bob 赢了。在 Alice 看不到投币现场的情况下,怎么才能确定 Bob 没有欺骗 Alice 呢? 掷硬币协议有很多种,这里展示两种

图 10-2　掷硬币

常见的掷硬币协议。

1. 采用单向函数的掷硬币协议

前面介绍过什么是单向函数,现在假设 Alice 和 Bob 对使用一个单向函数达成了一致的意见,那么协议将非常简单。

（1）Alice 选取一个随机数 x,计算 $y=f(x)$,其中 $f(x)$ 是单向函数。最后 Alice 将 y 发送给 Bob。

（2）Bob 猜测 x 是偶数还是奇数,并将结果发送给 Alice。

（3）Alice 告知 Bob 他的猜测是否正确,并将 x 发送给 Bob。

由于 Bob 不知道 $f(x)$ 的逆函数,因此他无法通过 Alice 发送过来的 y 得出 x,只能猜测,如果 Alice 在 Bob 猜测后改变 x,Bob 可以通过 $y=f(x)$ 检测出 Alice 的欺骗行为。

在学习密码学之前,很多人可能会认为这样就已经天衣无缝了,其实不然。这个简单的协议的安全性取决于选择的单向函数,假设 Alice 找到 x_1 和 x_2,满足 x_1 为偶数,x_2 为奇数,且 $y=f(x_1)=f(x_2)$,那么她每次都能获得胜利。或者还有其他可能,例如,会不会存在一个出现奇数的概率比偶数的概率更大的单向函数？这样就会带来不公平。

2. 采用平方根的掷硬币协议

掷硬币游戏并不会在此结束,Alice 说"我们还有很多玩法",于是采用新方法掷硬币的游戏又开始了,游戏过程如下。

（1）Alice 选择两个大素数 p,q,她将 $n=pq$ 发送给 Bob。

（2）Bob 在 1 和 $n/2$ 之间,随机选择一个整数 u,计算 $z \equiv u^2 \pmod{n}$,并将 z 发送给 Alice。

（3）Alice 计算模 n 下 z 的 4 个平方根 $\pm x$ 和 $\pm y$,设 x' 是 $x \pmod{n}$ 和 $-x \pmod{n}$ 中的较小者,同样 y' 是 $y \pmod{n}$ 和 $-y \pmod{n}$ 中的较小者,由于 $1 < u < n/2$,所以 u 为 x' 和 y' 之一。

（4）Alice 猜测 $u=x'$ 或者 $u=y'$,之后 Alice 将猜测结果发送给 Bob。

（5）Bob 告诉 Alice 猜测是否正确,并将 u 值发送给 Alice。

（6）Alice 公开 n 的因子。

若读者仍感到迷惑,那么接下来的例子将有助于理解。

例 10-2

（1）Alice 取 $p=3$,$q=7$,之后将 $n=21$ 发送给 Bob。

（2）Bob 在 1 和 21/2 之间随机选择一个整数 $u=2$,计算 $z \equiv 2^2 \pmod{21}=4$,之后将 $z=4$ 发送给 Alice。

（3）Alice 计算模 21 下 $z=4$ 的 4 个平方根 $x=2$,$-x=19$,$y=5$,$-y=16$,取 $x'=2$,$y'=5$。

（4）Alice 猜测 $u=5$ 并将猜测发送给 Bob。

（5）Bob 告诉 Alice 猜测错误,并将 $u=2$ 发送给 Alice,Alice 检测 $u=2$ 在 1 和 21/2 之间且满足 $4 \equiv 2^2 \pmod{21}$,Alice 就确定自己输了。

(6) Alice 公开 $n=21$ 的因子 $p=3,q=7$,Bob 通过检验 $n=pq$,就知道自己赢了。

掷硬币的游戏到此结束了,但是人们探索其中秘密的好奇心却愈发强烈,你很想知道其中是否有什么奥秘可以让你在这种游戏中获得主动权,抑或你想知道有什么方法可以让你获得游戏的胜利,这些归根结底还是要探究协议具有欺骗的可能性。我们已经说明了采用单向函数的掷硬币的协议可能存在的问题,那么接下来探讨采用平方根的掷硬币的协议中存在的问题。因为 u 是 Bob 随机选取的,Alice 是不知道的,所以要猜测 u 只能是计算模 n 下的 z 的 4 个平方根,猜中的概率是 1/2。Bob 是否可以欺骗 Alice? 如果 Bob 在 Alice 猜测后改变 u 的值,由于 Alice 可以通过 $z\equiv u^2\pmod n$ 检测 Bob 是否改变了 u 的值,这样 Alice 就可以知道 Bob 是否有欺骗行为。实际中,因为 Bob 无法高效分解大合数 n,从而无法找到 z 的另一个合法平方根。

10.2.2 扑克博弈

Alice 和 Bob 还是对上述的掷硬币有所怀疑,他们决定换个新的游戏玩法,那就是传统的扑克牌游戏。Bob 拿出了一副特殊处理过的扑克牌。游戏规则是这样的。

(1) Bob 拿出了 52 个完全相同的盒子,并且每个盒子中都有一张扑克牌,现在他将每个盒子都锁上。这些盒子将邮寄给 Alice。

(2) Alice 在收到盒子后,从中随机选取 5 个盒子,用自己的锁将盒子锁上。现在盒子拥有了两层保险锁了。Alice 之后把选取的 5 个盒子寄给 Bob。

(3) Bob 收到盒子后,将自己的锁打开,并将盒子再次寄给 Alice。

(4) Alice 收到盒子后,也将自己的锁打开。现在 Alice 能够获得盒子中的 5 张扑克牌了。

(5) Alice 从剩余的 47 个盒子中再次随机地选取 5 个盒子,并将盒子寄给 Bob。

(6) Bob 收到这批盒子后,使用自己的钥匙将盒子解锁,他现在也可以获得 5 张扑克牌。

(7) 最后 Bob 和 Alice 出示自己的牌即可获得游戏结果了。

现在假设 Bob 赢了游戏,Alice 请求换几张牌,Bob 欣然同意了。Alice 想换 3 张牌,她把 3 张牌放入一个使用过的空盒子,用自己的锁锁上,之后将它寄给 Bob。Alice 在剩余的 42 个盒子中选取 3 个盒子并锁上,寄给 Bob。Bob 打开他的锁并将盒子寄给 Alice,Alice 打开自己的锁就可以重新获得 3 张牌了。同样 Bob 也可以换牌。

有人可能会怀疑游戏的公平、公正性,因为上面介绍的扑克牌游戏是在没有第三方的情况下进行的,游戏中存在两个参与方 Alice 和 Bob。为了确保游戏公正地实施,游戏过程应满足以下要求。

(1) 发到参赛人员手中的牌的可能性是相等的。

(2) 发给 Alice 与 Bob 的牌是没有重复的。

(3) 每个参与方可以知道自己的牌,但不知道对方的牌。

(4) 比赛结束后,每一方都可以发现对方的欺骗行为。

为满足这些要求,参与方之间必须以加密的形式交换一些信息。这也是与上述情况相吻合的,Alice 和 Bob 分别对盒子上锁可以被看作是对信息的加密操作。设 E_A 和 E_B、D_A 和 D_B 分别表示 Alice 和 Bob 的加密变换和解密变换,游戏结束之前这些都是保密

的,比赛结束后将予以公布用以证明游戏的公正性。其中,加密变换应满足交换律,对任意信息 M 都有:

$$E_A(E_B(M)) = E_B(E_A(M))$$

现在将上述的扑克游戏进行形式化表达,游戏规则如下。

(1) Alice 与 Bob 协商之后确定以 $w_1, w_2, \cdots, w_{52}$ 表示 52 张牌,并设定由 Alice 为每个人发 5 张牌。而且 Alice 和 Bob 都产生各自的密钥。

(2) Bob 先洗牌,他通过自己的密钥使用加密操作 E_B 对 52 个信息分别加密,之后将结果 $E_B(w_i)$ 发送给 Alice。

(3) Alice 从收到的 52 个加密信息中随机选择 5 个 $E_B(w_i)$,并使用加密操作 E_A 对信息加密,生成 $E_A(E_B(w_i))$,之后回送给 Bob。

(4) Bob 不能阅读回送给他的信息,他会使用自己的密钥对它们解密

$$D_B(E_A(E_B(w_i))) = E_A(w_i)$$

然后再发送给 Alice。

(5) Alice 使用解密操作获得她的 5 张牌。

$$D_A(E_A(w_i)) = w_i$$

(6) Alice 从剩余的 47 张牌中再次随机选取 5 张牌 $E_B(w_i)$,并将它们发送给 Bob。

(7) Bob 利用他的解密操作 D_B 解密信息获得他的 5 张牌。

$$D_B(E_B(w_i)) = w_i$$

(8) 博弈结束后,Alice 和 Bob 出示他们的牌和他们的密钥,以使每人都确信没有人作弊。

如果 Bob 赢了,那么他出示自己的牌和密钥,Alice 能够用 Bob 的密钥确认 Bob 合法地进行了第(2)步。Alice 还可以通过用 Bob 的密钥加密 Bob 的牌并验证与她在第(6)步中发送给 Bob 的牌是相同的,从而确认 Bob 没有欺骗自己。

Carol 听说 Alice 和 Bob 在玩这么有趣的游戏也想加入其中。于是他们开始了新一轮的游戏,其实这很简单。三个人参与的博弈与之前类似,如下:

Alice 在第(7)步后将剩余的 42 张牌送给 Carol,由于 Carol 不能读取任何信息,所以她也随机选取 5 个消息,使用加密算法 E_C 加密信息,生成 $E_C(E_B(w_i))$ 送给 Bob。Bob 也不能读取信息,他使用解密算法对它们解密 $D_B(E_C(E_B(w_i))) = E_C(w_i)$,之后发送给 Carol。Carol 使用个人的解密算法解密信息 $D_C(E_C(w_i)) = w_i$,这样就获得了她的牌。

那么有三个人参与的游戏是否会导致游戏的公平、公正性发生变化呢?是的,当多于两个人参加时,如果有恶意的牌手相互串通,那么这个游戏就不公正了。Bob 和别的牌手可以有效地联合对付第三方,可以在不引起怀疑的情况下骗取其所有的东西。克雷波(Crepeau)曾于 1986 年提出了一个可以消除信息泄露问题的 n 方扑克协议,有兴趣的读者可以自行查阅文献[127]。

扑克

扑克(poker)有两种意思:一是指扑克牌,也称纸牌(playing cards),另一个是指以用纸牌来玩的游戏,称为扑克游戏。有常见的 54 张纸牌和 60 张的"二维扑克"两类。关于扑克的起源有多种说法,法国、比利时、意大利还有埃及、印度、朝鲜等国的部分学者认为发明地应归属己国,但终因无确凿的史料可究,至今尚无定论,莫衷一是。现在较被中外学者普遍接受的观点就是现代扑克起源于我国唐代一种称为"叶子戏"的游戏纸牌。相传早在秦末楚汉争斗时期,大将军韩信为了缓解士兵的思乡之愁,发明了一种纸牌游戏,因为牌面只有树叶大小,所以被称为"叶子戏"。"叶子牌"有两个手指大小。长 8cm、高 25cm 的"叶子牌",用丝绸及纸裱成,图案是用木刻版印成的。据说这就是扑克牌的雏形。

10.2.3 匿名密钥分配

我们已经认识了密码学中关于博弈的问题,虽然说掷硬币和扑克游戏也可以算作密码学的应用,但是博弈在其他方面的应用同样值得关注。

密钥分配是一个在密码学中常见的问题,它在通信、交通等领域都有广泛的应用。考虑密钥分配问题,假设人们不能生成他们自己的密钥,而是采用传统的密钥分配中心(KDC)生成和分配密钥,那么就需要找出一些密钥分配方法以使每个人分配到的密钥是保密的。

下面的协议解决了这个问题。

(1) Alice 生成一个公钥/私钥密钥对,这对密钥是保密的。

(2) KDC 产生连续的密钥流,使用它自己的公钥一个一个地将这些密钥加密。之后,KDC 将这些加密后的密钥传送到网上。

(3) Alice 从这些密钥中随机选择一个密钥,并用她的公钥加密所选的密钥。在一段足够长的时间后,将这个双重加密的密钥发送给 KDC。

(4) KDC 用私钥解密双重加密的密钥,得到一个用 Alice 的公钥加密的密钥。最后将此加密密钥发送给 Alice。

(5) Alice 使用她的私钥解密这个密钥。

Eve 在这个协议过程中也不知道 Alice 选择了什么密钥,她看到了连续的密钥流通过。Alice 在第(3)步将密钥送回 KDC 时是用她的保密的公钥加密的,Eve 没法将它与密钥流关联起来。但服务器在第(4)步将秘密送回给 Alice 时,也是用 Alice 的公钥加密的。仅当 Alice 在第(5)步解密密钥时才知道密钥。

密钥分配中心(KDC)

KDC 在密钥分配过程中充当了可信任的第三方。KDC 保存有每个用户和 KDC 之间共享的唯一的密钥以便进行分配。在密钥分配过程中,KDC 按照需要生成各端用户之间的会话密钥,并由用户和 KDC 共享的密钥进行加密,通过安全协议将会话密钥安全地传送给需要进行通信的双方。

10.3　零知识

引言小故事:

Alice:我知道肯德基的炸鸡配方。

Bob:不,你不知道。

Alice:我知道。

Bob:那请你证实这一点!

Alice:好吧,我告诉你!(她悄悄地告诉了 Bob 肯德基的炸鸡配方。)

Bob:太有趣了! 现在我也知道这个配方了。

Alice:糟糕! 说漏嘴了。

不幸的是,Alice 要向 Bob 证明自己知道一些秘密的方法是将秘密告诉 Bob,但这样一来 Bob 也知道了这些秘密。现在 Bob 就可以告诉其他人,而 Alice 对此毫无办法。Alice 怎样才能在不泄露她秘密的情况下又让 Bob 相信她确实拥有这一秘密呢?

Alice 可以和 Bob 进行零知识证明(zero knowledge proof)。零知识证明是一种协议,协议的一方被称为证明者,通常用 Peggy 表示;另一方被称为验证者,通常用 Victor 表示。

零知识证明概念

零知识证明这一概念是由戈德·瓦瑟(图 10-3)等于20 世纪 80 年代初提出,它起源于最小泄露证明。在交互证明的系统中,设 Peggy 知道某一秘密,并向 Victor 证明自己掌握这一秘密,但又不向 Victor 泄露这一秘密,这就是最小泄露证明。进一步地,如果 Victor 除了知道 Peggy 能证明某一事实外不能得到其他任何信息,则可称 Peggy 实现了零知识证明。

图 10-3　戈德·瓦瑟

10.3.1　零知识证明模型和实例

1. 零知识证明模型

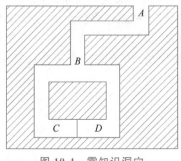

图 10-4　零知识洞穴

关于零知识证明最经典的模型是让·雅克·奎斯夸特(Jean-Jacques Quisquater)和路易斯·吉卢(Louis Guillou)提出的一个洞穴模型,如图 10-4 所示。洞穴里有一个秘门,知道咒语的人能打开 C 和 D 之间的秘门。而对于其他不知道咒语的人来说,两条通道都是死胡同。

Peggy 知道这个洞穴的咒语。她想向 Victor 证明这一点,但她不想泄露咒语给 Victor。于是 Peggy 和 Victor 进行如下协议。

(1) Victor 站在 A 点;Peggy 站在 B 点。

(2) Peggy 一直走进洞穴,到达 C 点或 D 点。

(3) 当 Peggy 进洞之后,Victor 走到 B 点。

(4) Victor 向 Peggy 喊叫:让 Peggy 从左边(A)出来,或者从右边(B)出来。

(5) Peggy 按照要求实现(如果有必要她就用咒语打开密门)。

(6) Peggy 和 Victor 重复执行(1)~(5)步 n 次。

协议中,Peggy 如果不知道密门的咒语就只能从来路返回 B,而不能走另外一条路。此外,Peggy 每次猜对 Victor 要求走哪条路的概率是 1/2,因此每一轮中 Peggy 能够欺骗 Victor 的概率是 1/2。如果协议进行 n 轮,则 Peggy 能够欺骗 Victor 的概率是 $1/2^n$。当 n 很大时,Peggy 冒充知道咒语成功的概率就会很小。例如,假定 $n=16$,Peggy 能够欺骗 Victor 的概率为 1/65 536。在某种意义上,Victor 大概就可以相信 Peggy 知道通过密门的咒语。

假设 Victor 有一个摄像机能记录下他所看到的一切,他记录下 Peggy 消失在洞中的情景,记录下他喊叫 Peggy 从他选择的地方出来的时间,记录下 Peggy 走出来。他记录下所有 n 次实验。如果他把这些记录给 Eve 看,Eve 会相信 Victor 知道打开密门的咒语吗?肯定不会。因为 Peggy 可能和 Victor 事先商量好出来的左右顺序,这样即使 Peggy 不知道咒语他也能按照 Victor 要他出来的通道出来。这说明了 Victor 不可能使第三方相信这个证明的有效性。

此外,在协议执行的过程中,Victor 始终站在洞穴的 B 点以外,他只能根据一系列的挑战和响应得到 Peggy 是否知道通过密门的咒语这一结论,除此之外他没有获得任何知识,因此协议必定是零知识的。

2. 零知识证明小例子——红绿色盲和红绿球的零知识证明

假如某人(A)是红绿色盲,面前有两个球:一个是红色的,一个是绿色的,除此之外这两个球完全相同,但对此人而言它们似乎完全相同,在不告诉此人哪一个是红色哪一个是绿色的情况下,如何向他证明这两个球是不同颜色的?

可以这样证明:使此人每个手中各拿一个球,与另一个人(B)面对面站着。B 自然可以看到这两个球的颜色,但 B 不告诉 A 哪个手里是红色的,哪个手里是绿色的。然后 B 让 A 将两只手放在他的背后。下一步,A 要么交换手里的球要么不交换,交换与不交换的概率各占 1/2。最后,A 把手从背后拿出来,让 B"猜"A 是否交换了。从 A 手中球的颜色,B 一眼就可以看出来 A 是否交换了;如果这两个球颜色是相同的,那么 B 只有一半的机会"猜"对 A 是否交换了手中的球。现在 A 和 B 将此过程反复进行 n 次,那么 B n 次都"猜"对 A 有没有交换的概率是 $1/2^n$。假如 $n=16$,B"猜"对的概率将会小到 1/65 536,这样小概率的事件是几乎不可能发生的。而这 n 次都被 B"猜"出来了,A 则不得不相信这两个球确实是不同颜色的。此外,这个证明必定是零知识的,因为在整个证明过程中,A 根本不知道哪个球是红色的,哪个球是绿色的。

10.3.2 零知识证明协议

1. 基本的零知识证明协议

在介绍基本的零知识证明协议前先介绍一下分割选择技术,它类似如下将任何东西等分的经典协议。

（1）Peggy 将东西切成两半。

（2）Victor 选择某一半。

（3）Peggy 拿走剩下的一半。

Peggy 最关心的是第（1）步中的等分，因为 Victor 可以在第（2）步选择他想要的那一半。

前文中洞穴的比喻并不完美，如果 Peggy 知道咒语，他可以简单地从一边走进去，并从另一边出来。这里并不需要分割选择技术，但是数学上的零知识证明需要使用分割选择技术，假设证明者 Peggy 知道一部分信息而且这部分信息是一个难题的解法（例如图的哈密尔顿回路），基本的零知识协议由下面几轮组成。

（1）Peggy 用所知道的信息和一个随机数将这个难题转变成另一难题，新的难题和原来的难题同构。然后用自己的信息和这个随机数解这个新的难题。

（2）Peggy 利用比特承诺的方案提交这个新的难题的解法。

（3）Peggy 向 Victor 透露这个新的难题，Victor 不能用这个新难题得到关于原难题或其解法的任何信息。

（4）Victor 要求 Peggy。

① 向他证明新、旧难题是同构的。

② 或者公开证明者在第（2）步中提交的解法并证明是新难题的解法。

（5）Peggy 同意。

（6）Peggy 和 Victor 重复第（1）～（5）步 n 次。

这类证明的数学问题很复杂，难题和随机变换一定要仔细挑选，使甚至在难题的多次迭代之后验证者仍不能得到关于原难题解法的任何信息。

2. 并行零知识证明协议

基本的零知识证明协议包括 Peggy 和 Vector 之间的 n 次交换，可以把它们全部并行完成。

（1）Peggy 用所知道的信息和 n 个随机数将这个难题转变成 n 个不同的同构难题，然后用自己的信息和随机数解决这 n 个新难题。

（2）Peggy 提交这 n 个新难题的解法。

（3）Peggy 向 Victor 透露这 n 个新难题，Victor 不能用这些新难题得到关于原难题或其解法的任何信息。

（4）对这 n 个新难题的每一个难题，Victor 要求 Peggy 如下。

① 向他证明新、旧难题是同构的。

② 或者公开证明者在第（2）步中提交的解法并证明它是这个新难题的解法。

（5）Peggy 对这 n 个新难题中的每一个难题都表示同意。

在实际应用中，这个协议似乎是安全的，但是没有人知道怎么证明它。人们已经知道的是：在某些环境下，针对某些问题的某些协议可以并行运行，并同时保留它们的零知识性质。

3. 非交互式零知识证明协议

前面讨论的零知识证明协议都是交互式的,协议运行的过程是 Peggy 和 Victor 进行交互的过程。其实早在 1988 年人们就已经完成了非交互式零知识的证明。这些协议不需要任何的交互,证明者 Peggy 可以公布协议,从而向任何花时间对此进行验证的人证明协议是有效的。

这个基本协议类似并行零知识证明,只是它利用单向函数代替了 Victor。

(1) Peggy 用所知道的信息和 n 个随机数将这个难题转变成 n 个不同的同构难题,然后用自己的信息和随机数解决这 n 个新难题。

(2) Peggy 提交这 n 个新难题的解法。

(3) Peggy 把所有这些提交的解法作为一个单向散列函数的输入(这些行为其实是一系列比特串),然后保存这个单向散列函数输出的头 n 比特。

(4) Peggy 取出在第(3)步中产生的 n 比特,针对第 i 个新难题依次取出这 n 比特中的第 i 比特,并且做到如下。

① 如果它是 0,则可以证明新、旧难题是同构的。

② 或者如果它是 1,则公布在第(2)步中提交的解法并证明它是这个新难题的解法。

(5) Peggy 将第(2)步中的所有约定以及第(4)步中的解法都公之于众。

(6) Victor 或者其他感兴趣的人可以验证第(1)步至第(5)步是否能被正确执行。

从这个非交互式协议可以看出,在第(4)步 Peggy 用随机数自己挑选难题,从而代替了前面交互式协议中依靠 Victor 选择难题。

这个协议起作用的原因在于单向散列函数扮演了一个无偏随机数生成器的角色。如果 Peggy 要进行欺骗,他必须能预测这个单向散列函数的输出。但是他没有办法强迫这个单向函数产生哪些比特或猜它将产生哪些比特。这个单向散列函数在协议中实际上是 Victor 的代替物——在第(4)步中随机选择两个证明中的一个。

10.3.3 基于零知识的身份认证协议

基于零知识的身份认证的基本思想是:证明者可以在无须泄露自己身份的情况下向验证者证明自己的身份。使用零知识证明做身份认证最先是由马列尔 • 费格(Uriel Feige)、阿莫斯 • 菲亚特(Amos Fiat)和阿迪 • 萨莫尔提出的。某人的私钥将成为他身份的函数,通过使用零知识证明,他能够证明他知道自己的私钥,并由此证明自己的身份。目前已有的基于零知识的身份认证协议有菲亚特-萨莫尔(Fiat-Shamir)协议、费格-菲亚特-萨莫尔(Feige-Fiat-Shamir)协议、吉卢 • 奎斯夸特(Guillou-Quisquater)协议、施诺尔(Schnorr)协议等。

下面以菲亚特-萨莫尔(Fiat-Shamir)协议和费格-菲亚特-萨莫尔(Feige-Fiat-Shamir)协议为代表进行介绍,其他的协议读者可查阅相关资料。

1. 菲亚特-萨莫尔协议

在菲亚特-萨莫尔协议中,可信的第三方选择两个大的素数 p 和 q 计算 $n = p * q$ 的值。n 的值是公开的;p、q 的值则要保密。证明者 Peggy 选择 $1 \sim n-1$ 的一个秘

密数 s。她计算出 $v \equiv s^2 (\bmod\ n)$，保存 s 作为其私钥，并把 v 注册为她与第三方之间的公钥。Victor 对 Peggy 的验证会在 6 步中完成，如图 10-5 所示。

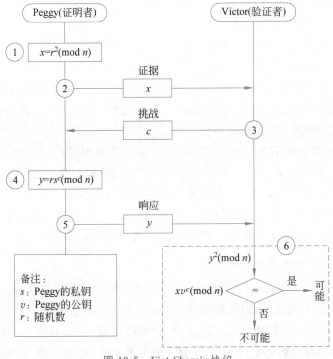

图 10-5　Fiat-Shamir 协议

（1）证明者 Peggy 选择一个 $0 \sim n-1$ 的随机数 r，然后计算出 $x \equiv r^2 (\bmod\ n)$，x 被称为证据。

（2）Peggy 把 x 作为证据发送给 Victor。

（3）验证者 Victor 把挑战 c 发送给 Peggy，c 的值是 0 或 1。

（4）Peggy 计算 $y \equiv r s^c (\bmod\ n)$。注意，$r$ 是 Peggy 在第一步中选出的随机数，s 是她的私钥，且 c 是挑战（0 或 1）。

（5）Peggy 把响应发送给 Victor，表明她知道其私钥 s 的值，她表示自己是 Peggy。

（6）Victor 算出 y^2 和 xv^c。如果这两个值同余，那么 Peggy 或者可以计算出 s 的值（她是诚实的），或者可以通过某种方法计算出 y 的值（不诚实的），因为人们可以很容易地证明在模 n 算法中 y^2 和 xv^c 是相同的（证明过程为：$y^2 \equiv (rs^c)^2 (\bmod\ n) \equiv r^2 s^{2c} (\bmod\ n) \equiv r^2 (s^2)^c (\bmod\ n) \equiv xv^c (\bmod\ n)$）。

上述 6 步构成一轮，由于 c 的值等于 0 或 1（随机选择），验证要重复几次。证明者在每一轮验证中必须通过测试。只要她在某一轮中失败了，整个过程就会终止。

协议中，Peggy 可以是诚实的（她知道 s 的值）也可以是不诚实的（她不知道 s 的值）。如果她是诚实的，显然她可以通过每一轮测试；如果她是不诚实的，通过猜测 c 的值，她仍然有机会通过一轮测试。下面具体分析第二种情形。

（1）Peggy 猜测 c 的值为 1。她算出 $x \equiv r^2 / v (\bmod\ n)$ 并将 x 作为证据发送给 Victor。

① 如果她的猜测是正确的(在第(3)步 Peggy 收到 c 的值是 1),在第(5)步她就将 $y=r$ 作为响应发送给 Victor。不出所料第(6)步 $y^2 \equiv xv^c \pmod{n}$,Peggy 通过了测试。

② 如果她的猜测是错误的(在第(3)步 Peggy 收到 c 的值是 0),她就不能求出可以通过测试的 y 的值。她也就无法通过测试。

(2) Peggy 猜测 c 的值为 0。她算出 $x \equiv r^2 \pmod{n}$ 并将 x 作为证据发送给 Victor。

① 如果她的猜测是正确的(在第(3)步 Peggy 收到 c 的值是 0),在第(5)步她就将 $y=r$ 作为响应发送给 Victor。不出所料第(6)步 $y^2 \equiv xv^c \pmod{n}$,Peggy 通过了测试。

② 如果她的猜测是错误的(在第(3)步 Peggy 收到 c 的值是 1),她就不能求出可以通过测试的 y 的值,她也就无法通过测试。

可以看出,如果证明者是不诚实的,那么在一轮测试中她仍有 50% 的机会欺骗验证者并通过测试。如果测试进行 n 轮,则证明者欺骗验证者的概率是 $1/2^n$。当 n 很大时,证明者欺骗成功的概率将会很小,从而证明者的身份得到验证。

目前,有很多文献对 Fiat-Shamir 协议设计方案,可以分为有终止的 Fiat-Shamir 方案和无终止的 Fiat-Shamir 方案[128],感兴趣的读者可以自行了解。

2. 费格-菲亚特-萨莫尔协议

费格-菲亚特-萨莫尔协议与前面的菲亚特-萨莫尔协议很相似,不同之处在于前者采用了并行认证的方式,使用私钥向量 $[s_1, s_2, \cdots, s_k]$、公钥向量 $[v_1, v_2, \cdots, v_k]$ 和挑战向量 $[c_1, c_2, \cdots, c_k]$ 提高了验证效率。其中,私钥是随机选择的,但是必须是与 n 相关的素数。Peggy 声称她有私钥 $s_1, s_2, \cdots, s_k$,但不公开她的私钥,她计算 $v_i \equiv s_i^2 \pmod{n}$ 并把 v_i 作为公钥公开。Feige-Fiat-Shamir 协议执行过程如图 10-6 所示。

Feige-Fiat-Shamir 协议的第 6 步是验证 $y^2 v_1^{c_1} v_2^{c_2} v_k^{c_k}$ 和 x 是模 n 同余的。若 Peggy 确实知道私钥向量(她是诚实的),$y^2 v_1^{c_1} v_2^{c_2} v_k^{c_k}$ 和 x 显然是模 n 同余的。

下面详细分析一下这个协议。

假设 $k=1$,那么 Peggy 被要求给出 r 或 rs_1。该协议就变成了菲亚特-萨莫尔协议。

假设 k 取较大值,例如,假设 Victor 传给 Peggy $c_1=1, c_2=1, c_4=1$,而其他所有 $c_i=0$。那么 Peggy 必须计算出 $y=rs_1 s_2 s_4$,即 $xv_1 v_2 v_4$ 的平方根。实际上在每一个回合中,Victor 要求的是形如 $xv_{i1} v_{i2} \cdots v_{ij}$ 的数字的平方根。如果 Peggy 知道 $r, s_{i1}, s_{i2}, \cdots, s_{ij}$(她是诚实的),她就可以给出相应的平方根。反之,如果她不知道(她是不诚实的),那么她将很难计算出平方根。

如果 Peggy 不知道 $[s_1, s_2, \cdots, s_k]$ 中的任何一个(或者有人伪装成 Peggy 也会出现这种情况),她只能猜测 Victor 可能发出的挑战。假设 Peggy 在发送 x 之前猜对了,那么她就可以选随机数 y,令 $x \equiv y^2 v_1^{c_1} v_2^{c_2} v_k^{c_k} \pmod{n}$,将 x 作为证据发送。收到挑战后将所选的随机数 y 作为响应发送。验证结果必然是不出所料的。如果她猜错了,她就不能求出可以通过测试的 y 的值,因此她也不能通过 Victor 的验证。

Victor 发出的挑战有 k 位,传送的可能数字串有 2^k 个,而其中只有一个允许 Peggy 欺骗 Victor(即当 Victor 发来的挑战值为全 0 时,Peggy 只需要提供 x 的平方根 r,r 值本来就是 Peggy 随机选择的,所以她必然能通过测试)。在这个协议的一个回合中,Victor

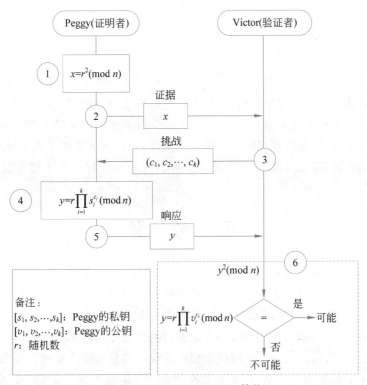

图 10-6　**Feige-Fiat-Shamir 协议**

被骗的可能仅仅为 $1/2^k$。如果这个过程重复 t 次,那么 Victor 被骗的概率则为 $1/2^{kt}$。假设 $k=5,t=4$。即费格-菲亚特-萨莫尔协议重复 4 次,而这与菲亚特-萨莫尔协议重复 20 次的概率是相同的,因此相比于菲亚特-萨莫尔协议,费格-菲亚特-萨莫尔协议验证的效率大大提高了。

姚氏百万富翁问题与安全多方计算

考虑这样一个问题:两个百万富翁 Alice 和 Bob 想知道他们两个谁更富有,但他们都不想让对方知道关于自己财富的任何信息。这个问题来源于姚期智教授(图 10-7)1982 年在计算机基础科学年会(FOCS)上的文章《安全通信协议》(*Protocols for secure computations*)。推广到更一般的情况:如何在保护各方数据隐私的前提下进行合作计算。这就是安全多方计算(Secure Multi-party Computation,SMC)。安全多方计算是电子选举、门限签名以及电子拍卖等诸多应用得以实施的密码学基础。姚教授的文章开创了安全多方计算的先河。

图 10-7　姚期智教授

10.4　小结

本章集中讨论了密码学中的几个问题,其中包括秘密共享、博弈与零知识。

门限方案是秘密共享的核心内容,其实质是将秘密分割给多人,只有当超过一定数量的秘密拥有者一起解密时才能获得秘密。接着介绍了密码学中典型的掷硬币和扑克游戏,它们归根结底就是在某种规则下的博弈。为此,一攻一防就成了其主要内容。密码学的学习中,不能被固定思维禁锢,也不能人云亦云。一个良好的敢于思考、敢于挑战的心才是最重要的。

思　考　题

1. 假设某人(A)有一个值为 5 的秘密。A 想创建一个方案,将秘密拆分给 B、C、D、B、F 这 5 人,从而使他们中的任何 3 个人都能够确定秘密,但是又使任何一个人单独无法确定。那么 A 应怎么去做?请设计一个方案实现秘密的分享。

2. 假设存在一个(3,5)-门限方案,方案采用的模数 p 为 19,已分发 5 个值给 5 个参与者,现已知(2,5)、(3,4)、(5,6),请计算相应的拉格朗日插值多项式并得出秘密。

3. 某个军事机构由 1 个将军、2 个上校和 5 个办事员组成。他们共同享有导弹的控制权。但是只有将军想发射或者 5 个办事员决定发射,或者是 2 个上校决定发射,或者是 1 个上校和 3 个办事员决定发射时才可以发射导弹。请构思一个可以使用在这个场合的秘密共享方案。

4. 在 Blakley(3,w)方案中,假设分别给 A、B 两人两个平面 $z=2x+3y+13$、$z=5x+3y+1$。证明他们可以在没有第三个平面的情况下重构秘密。

5. 考虑如下情况:A 政府、B 政府、C 政府是互相敌对的,但是又同样受到来自南极洲迫近的危险。他们都派出了由 10 名成员组成的代表团参加国际高级会议,以磋商南极洲企鹅造成的世界性安全威胁问题。他们决定对自己的对手采取一种观察的态度。但是,他们又决定如果这些鸟实在是太吵的话就对南极洲采取行动。请使用秘密共享技术,描述一下他们怎么分配运行秘密,使 A 代表团的 3 个人、B 代表团的 4 个人以及 C 代表团的 2 个人合作就可以重建运行秘密。

6. 在阿苏姆特-布鲁姆门限方案中,设 $k=2$,$n=3$,$m_1=7$,$m_2=9$,$m_3=11$,3 个子秘密分别是 6、3、4,求秘密数据 s。

7. 现在 Steve 想加入 8.2.2 节扑克协议的游戏,那么有什么办法可以让他公平、公正地加入游戏中。请给出在 Steve 存在情况下的游戏方案。

(1) 设 p 是一个奇素数,证明:如果 $x\equiv-x(\mathrm{mod}\ p)$,那么 $x\equiv0(\mathrm{mod}\ p)$。

(2) 设 p 是一个奇素数,假设 $x,y\equiv0(\mathrm{mod}\ p)$,且 $x^2\equiv y^2(\mathrm{mod}\ p^2)$。证明 $x\equiv\pm y(\mathrm{mod}\ p^2)$。

(3) 假设抛硬币的时候 Alice 通过选择 $p=q$ 来作弊,试证明 Bob 经常输是因为

Alice 经常返回 $\pm x$，所以在游戏结束时，对 Bob 来说，询问两个素数是很明智的。

8. 上文已介绍了关于掷硬币或者扑克的奥秘，现在请思考它们还能够应用在什么场合。

9. 假设有同一品牌两种规格的酒，但人们都普遍认为这只是厂家将相同的酒用两种不同的包装方式销售而已。现在厂家代表想通过对这两种酒的测试结果向人们证明这两种酒确实是不同规格的，但厂家代表又不愿将测试的详细数据公布，厂家代表应该怎么办？

第 11 章　密码学新技术

人类从开始记载其历史时就在使用密码。

随着社会信息化的迅猛发展，人们越来越认识到密码在保障信息安全中发挥着不可替代的作用，世界各国均非常重视和支持密码学研究，并得到了社会力量的积极响应，这些因素推动着密码学产业的迅速发展。目前，密码和密码产品已经被越来越多的人认识，并得到了越来越广泛的应用。

然而，处于发展鼎盛时期的现代密码学却受到即将出现的量子计算机的严重挑战。量子计算机能够实现传统数字计算机做不到的并行算法，利用这种算法可以轻易地破解 RSA 和 ECC 等密码，进而让基于这些密码安全体系的互联网、各种电子商务系统等即刻崩溃。如果现在不做好准备，到那时候人类社会将会出现难以想象的混乱局面。

为了应对量子计算机的挑战，密码学家们正在抓紧研究各种抗量子计算的密码。目前来看，基于量子力学原理的量子密码、基于分子生物技术的 DNA 密码、基于数学困难问题（量子计算机尚无好的解决方法）的密码以及混沌密码等技术很有可能成为未来的主流，它们的发展和应用以及相互之间的结合、取长补短将会成为未来密码学的主题。

11.1　椭圆曲线

受 RSA 方法的启发，一系列更加高深的数论和代数理论开始被用于密码学领域。1985 年，美国数学家尼尔·I.科布利茨（Neal I. Koblitz）和维克多·索尔·米勒（Victor Saul Miller）各自独立提出了一个利用有限域上椭圆曲线解的 Abel 群结构性质的公钥密码系统，这就是"椭圆曲线加密"（elliptic curve cryptography，ECC）算法。

ECC 的主要优势是可以在某些情况下比其他方法使用更小的密钥——例如，RSA——提供相当的或更高等级的安全。ECC 的另一个优势是可以定义群之间的双线性映射，双线性映射已经在密码学中得以大量应用，例如，基于身份的加密。不过其一个缺点是加密和解密操作的实现比其他机制花费的时间长。

在数学上，椭圆曲线为代数曲线，被式子 $y^2 = x^3 + ax + b$ 所定义，并要求判别式 $\Delta = 4a^3 + 27b^2 \neq 0$，即无奇点的；换句话说，其图形没有尖点或自相交，椭圆曲线的形状并不是椭圆，只是因为它能够被"椭圆函数"参数化；"椭圆函数"则来源于求椭圆的周长，它是三角函数的推广，如图 11-1 所示。

1. 循环群

在密码学这门学科中，人们对于有限的结构通常非常关注，下面将介绍一种结构：有

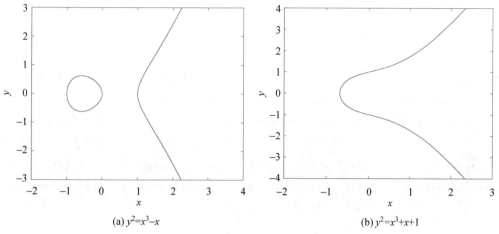

(a) $y^2=x^3-x$　　　　　　　　　　(b) $y^2=x^3+x+1$

图 11-1　椭圆曲线的两个例子

限群。

定义 11-1　一个群 $(G,*)$ 是有限的,仅当它拥有有限个元素。群 G 的基或阶可以表示为 $|G|$。(群的阶表示群中元素的个数)。

介绍完了有限群,下面要介绍的一种群是循环群,它是基于离散对数密码体制的基础。

定义 11-2　群 $(G,*)$ 内某个元素 a 的阶 $\mathrm{ord}(a)$ 指的是满足以下条件的最小正整数 k。

$$a_k=a_0 a_0 \cdots a_0=1 \quad (k \text{ 个 } a_0 \text{ 相乘})$$

其中,1 是 G 的单位元。

下面看一个例子。

有一个群 $\mathbf{Z}_{11}^*$,现在要确定 $x=3$ 的阶。计算如下。

$$x^1=3$$
$$x^2=x^1*x=9$$
$$x^3=x^2*x=27 \equiv 5(\bmod\ 11)$$
$$x^4=x^3*x=15 \equiv 4(\bmod\ 11)$$
$$x^5=x^4*x=12 \equiv 1(\bmod\ 11)$$

以上可得:$\mathrm{ord}(3)=5$。

将上面的式子继续进行下去,可以发现:$x^6=3,x^7=9,x^8=5,x^9=4,x^{10}=1,x^{11}=3$,找到规律 x 的幂值在序列 $\{3,9,5,4,1\}$ 中无限循环,从而引出循环群的概念。

定义 11-3　如果群 G 中包含一个拥有最大阶 $\mathrm{ord}(a)=|G|$ 的元素 x,则可称这个群是循环群。拥有最大阶的元素被称为生成元或本原根(原根)。

2. 实数域上的椭圆曲线

对于固定的 a 和 b 的值,满足形如方程

$$y^2=x^3+ax+b$$

的所有点 (x,y) 的集合,外加一个无穷远点 O,其中 a、b 是实数,x 和 y 在实数域上取值。

3. 有限域上 GF(p)的椭圆曲线

对于固定的 a 和 b 的值,满足形如方程

$$y^2 = x^3 + ax + b \pmod p$$

的所有点 (x,y) 的集合,外加一个零点或无穷远点 O,其中 a、b、x 和 y 均在有限域 GF(p)上取值,即在 $\{0,1,2,\cdots,p-1\}$ 上取值。p 是素数。

例 11-1 设定义在 GF(23)上的椭圆曲线为 $y^2 \equiv x^3 + x + 4 \pmod{23}$,此时 $a=1$,$b=4$,则 $\Delta = 4a^3 + 27b^2 = 436 \equiv 22 \pmod{23} \neq 0$,则该椭圆曲线由无穷远点和以下点构成:$(0,2)$,$(0,21)$,$(1,11)$,$(1,12)$,$(4,7)$,$(4,16)$,$(7,3)$,$(7,20)$,$(8,8)$,$(8,15)$,$(9,11)$,$(9,12)$,$(10,5)$,$(10,18)$,$(11,9)$,$(11,14)$,$(13,11)$,$(13,12)$,$(14,5)$,$(14,18)$,$(15,6)$,$(15,17)$,$(17,9)$,$(17,14)$,$(18,9)$,$(18,14)$,$(22,5)$,$(22,19)$。

4. 有限域 GF(2^m)上的椭圆曲线

有限域 GF(2^m)上的椭圆曲线是对于固定的 a 和 b 的值,满足如下方程:

$$y^2 \equiv x^3 + ax + b \pmod p$$

的所有点 (x,y) 的集合,外加一个零点或无穷远点 O。其中 $a,b,x,y \in$ GF(2^m),GF(2^m)上的点是 m 位的比特串。

例 11-2 域 GF(2^4)上的椭圆曲线,考虑由多项式 $f(x) = x^4 + x + 1$ 定义的域 GF(2^4)。基元为 $g = (0010)$,g 的幂分别是 $g^0 = (0001)$,$g^1 = (0010)$,$g^2 = (0100)$,$g^3 = (1000)$,$g^4 = (0011)$,$g^5 = (0110)$,$g^6 = (1100)$,$g^7 = (1011)$,$g^8 = (0101)$,$g^9 = (1010)$,$g^{10} = (0111)$,$g^{11} = (1110)$,$g^{12} = (1111)$,$g^{13} = (1101)$,$g^{14} = (1001)$,$g^{15} = (0001)$。

考虑椭圆曲线 $y^2 + xy = x^3 + g^4 x^2 + 1$,即 $a = g^4$,$b = g^0$,点 (g^5, g^3) 在曲线上,因为满足方程

$$(g^3)^2 + g^5 g^3 = (g^5)^3 + g^4(g^5)^2 + 1 = g^6 + g^8 = g^{15} + g^{14} + 1$$
$$= (1100) + (0101) = (0001) + (1001) + (0001)$$
$$= (1001) = (1001)$$

11.1.1 加法定律

上节已介绍了椭圆曲线的图形表达,但是点与点之间好像没有什么联系。那么能不能建立一个类似在实数轴上加法的运算法则呢?天才的数学家找到了这一运算法则。

自从近世代数学中被引入了群、环、域等概念,代数运算达到了高度地统一。例如,数学家总结了普通加法的主要特征,提出了加法群(也称交换群或阿贝尔群),两个加法群的计算(即实数的加法和椭圆曲线上的加法)可以被看成是没有什么区别的。关于群以及加法群的具体概念请参考近世代数方面的资料。

1. 加法定义

任意取椭圆上两点 P、Q(若 P、Q 两点重合,则作 P 点的切线)作直线 l 交于椭圆曲线上另一点 R',过 R' 作 y 轴的平行线交于 R,规定 $P + Q = R$,如图 11-2 所示。

如果 P、Q 对称(或重合于 x 轴),此时 $Q = -P$,PQ 连线 l 于 y 轴平行,显然 l 与曲

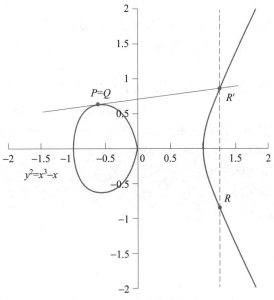

图 11-2　椭圆曲线的加法

线没有第三个交点,规定 $P+(-P)=O$ 为它们的和,可称之为零点,表示此时连线 l 在无穷远处与曲线相交,也可称之为无穷远点。

为了便于理解零点(或无穷远点)的含义,可以在射影平面坐标系中对椭圆曲线 $y^2=x^3+ax+b$ 进行变换 $x=X/Z$,$y=Y/Z$,得 $Y^2Z=X^3+aXZ^2+bZ^3$,此时,$Z\neq0$,点 (x,y) 与 (X,Y,Z) 相对应,对于任意常数 $\lambda\neq0$,(X,Y,Z) 与 $(\lambda X,\lambda Y,\lambda Z)$ 表示同一个点。但是,当 $Z=0$ 时,以点 $(0,1,0)$ 为例,该点等效于 $(0,1,\varepsilon)$ 当 $\varepsilon\to0$ 时的极限,此时 $y=\lim\dfrac{1}{\varepsilon}=\infty$,故可认为 y 坐标趋于无穷大,此时,定义无穷远点为零点。

> **射影平面坐标系**
> 　　射影平面坐标系是对普通平面直角坐标系的扩展。众所周知,普通平面直角坐标系没有为无穷远点设计坐标,不能表示无穷远点。为了表示无穷远点,人们引入了射影平面坐标的概念,当然射影平面坐标系同样能很好地表示普通平面坐标系中的平常点。

2. 加法法则

在椭圆曲线上定义的加法实际上是点的一种运算,椭圆曲线上的点再加上零点构成了一个加法群。关于运算"+"有如下加法法则。

(1) 与零点相加:对任意 $P\in E$,有 $P+O=O+P=P$。

(2) 逆元:对任意 $P\in E$,存在 E 上一点,记为 $-P$,使 $P+(-P)=O$。称 $-P$ 为 P 的逆元,它是椭圆曲线上点 P 关于 x 轴的对称点。

(3) 加法交换律:对任意 $P,Q\in E$,有 $P+Q=Q+P$。

(4) 加法结合律：设 $P,Q,R\in E$，则 $(P+Q)+R=P+(Q+R)$。

(5) 两相异点相加：对任意 $P,Q\in E$，且 $P\neq\pm Q$，令 $P=(x_1,y_1)$，$Q=(x_2,y_2)$，此时 $x_1\neq x_2$，$S=(x_3,y_3)$，$S=P+Q$，则有 $x_3=\lambda^2-x_1-x_2$，$y_3=\lambda(x_1-x_3)-y_1$，其中 $\lambda=(y_2-y_1)/(x_2-x_1)$。

(6) 两相同点相加(倍乘运算)：对任意 $P\in E$，且 $P\neq-P$，令 $P+P=2P=(x_3,y_3)$，此时，$x_3=\lambda^2-2x_1$，$y_3=\lambda(x_1-x_3)-y_1$，其中 $\lambda=(3x_1^2+a)/2y_1$。

例 11-3 在有理数域上的椭圆曲线 E：$y^2=x^3-36x$，令 E 上的两个点分别为 $P_1=(-3,-9)$，$P_2=(12,36)$，求 P_1+P_2 和 $2P_1$。

解：此时 $a=-36,b=0$。

(1) $\lambda=(y_2-y_1)/(x_2-x_1)$
$=(36+9)/(12+3)$
$=3$
$x_3=\lambda^2-x_1-x_2$
$=0$
$y_3=\lambda(x_1-x_3)-y_1$
$=0$

所以 $P_1+P_2=(0,0)$，显然该点在椭圆曲线上。

(2) $\lambda=(3x_1^2+a)/2y_1$
$=1/2$
$x_3=\lambda^2-2x_1$
$=25/4$
$y_3=\lambda(x_1-x_3)-y_1$
$=35/8$

所以 $2P_1=(25/4,35/8)$，经验证该点在椭圆曲线上。

例 11-4 考虑域 GF(23) 上的椭圆曲线：$y^2\equiv x^3+x+4(\bmod 23)$，令 $P_1=(0,2)$，$P_2=(4,7)$，求 P_1+P_2 和 $2P_1$。

解：易知该椭圆曲线上的点集为 $\{(0,2),(0,21),(1,11),(1,12),(4,7),(4,16),(7,3),(7,20),(8,8),(8,15),(9,11),(9,12),(10,5),(10,18),(11,9),(11,14),(13,11),(13,12),(14,5),(14,18),(15,6),(15,17),(17,9),(17,14),(18,9),(18,14),(22,5),(22,18),O\}$。

在本例中，$a=1,b=4$。

(1) $\lambda=(y_2-y_1)/(x_2-x_1)$
$=(7-2)/(4-0)$
$\equiv 5\times 4^{-1}(\bmod 23)$
$\equiv 5\times 6(\bmod 23)$
$=7$
$x_3=\lambda^2-x_1-x_2$
$=45$

$$\equiv 22 (\mathrm{mod}\ 23)$$
$$y_3 = \lambda(x_1 - x_3) - y_1$$
$$\equiv -156 (\mathrm{mod}\ 23)$$
$$= 5$$

所以 $P_1 + P_2 = (22, 5)$，经验证该点在椭圆曲线的点集中。

(2) $\lambda = (3x_1^2 + a)/2y_1$
$$= 1/4$$
$$\equiv 6 (\mathrm{mod}\ 23)$$
$$x_3 = \lambda^2 - 2x_1$$
$$= 36$$
$$\equiv 13 (\mathrm{mod}\ 23)$$
$$y_3 = \lambda(x_1 - x_3) - y_1$$
$$= -80$$
$$\equiv 12 (\mathrm{mod}\ 23)$$

所以 $2P_1 = (13, 12)$，经验证该点在椭圆曲线的点集中。

11.1.2 椭圆曲线的应用

自公钥密码体制被发现以来，任何一个公钥密码体制都是以某一含有"陷门"的数学难题作为安全基础的。就椭圆曲线公钥密码体制而言，各种椭圆曲线公钥密码体制的安全性都与相应的椭圆曲线离散对数问题的求解困难性等价，并将椭圆曲线公钥密码体制的安全性归结为对单纯的椭圆曲线离散对数问题（elliptic curve discrete logarithm problem，ECDLP）的求解。

1. 椭圆曲线上的离散对数问题

例 11-5　GF(23)上的曲线 $E: y^2 \equiv x^3 + 9x + 17 (\mathrm{mod}\ p)$；$E$ 上两点 $P = (16, 5)$，$Q = (4, 5)$。求 k 使得 $kP = Q$。

解：因为 $P = (16, 5)$ 得 $2P = (20, 20)$，$3P = (14, 14)$，$4P = (19, 20)$，$5P = (13, 10)$，$6P = (7, 3)$，$\cdots$，$9P = (4, 5) = Q$，所以 $k = 9$。

在实际的密码系统中的 GF(p)，模数 p 非常大，可以达到 160 比特，要计算 k 是非常困难的。椭圆曲线的离散对数问题比大整数因子分解问题和一般有限域上的离散对数问题更难理解，其根本原因是离散对数（DLP）的代数对象由两个基本的运算构成：域元素的加法和乘法。而椭圆曲线上的离散对数（ECDLP）的代数对象仅由一个基本运算构成：椭圆曲线上点的加法。

下面给出基于有限域 GF(p)上的椭圆曲线的离散对数问题的严格定义。

定义 11-4　用 $E(\mathrm{GF}(p))$ 表示定义在有限域 GF(p)上椭圆曲线 E 的有理子群，设任意两点 $P, Q \in E(\mathrm{GF}(p))$。若已知某整数 k 使 $kP = Q$ 成立，则称 k 为点 Q 的椭圆曲线离散对数，简记为 ECDL(elliptic curve discrete logarithm)；而如何由 P、Q 求出 k 的问题则被称为 E 上的椭圆曲线离散对数问题（ECDLP）；相对于点 Q，点 P 被称为基点（base

$point$)。

下面是针对椭圆曲线离散对数问题困难性的定义。

定义 11-5 对定义在有限域 GF(p)上的椭圆曲线 E,设 A 是求解 G 上任何一个 ECDLP 问题的一种算法。当算法 A 的时间复杂度为 $O(\ln|E|)$ 时,称算法 A 是求解 E 上 ECDLP 问题的一个多项式算法,并称 E 上的 ECDLP 问题是可解的。相应地,若对于 E 上 ECDLP,当不存在求解它们的多项式算法时,则称求解 E 上 ECDLP 是困难的,在计算上是不可解的。

目前针对 ECDLP 的求解算法主要有以下三类。

(1) 针对一般 DLP 问题的小步大步法和 Pollard-p 等算法。

(2) 针对超奇异型(super singular)椭圆曲线的 MOV 类演化算法。

(3) 针对异常椭圆曲线的 SSAS 多项式时间算法。

椭圆曲线密码体制的安全性是由 ECDLP 问题求解的困难性决定的,因而通过分析现有的各种 ECDLP 求解算法准确把握 ECDLP 问题求解进展情况,对于设计、评价快速安全的椭圆曲线密码体制具有非常重要的意义。

2. 椭圆曲线密码体质

前面讨论了基于域上的椭圆曲线的离散对数问题,利用定义在椭圆曲线点群上的离散对数问题的困难性可以构造椭圆曲线密码体制(ECC),由于 ECC 本身的优点,其备受密码学家的关注并取得了许多研究成果。

在椭圆曲线上构造密码系统首先需要将明文通过编码嵌入 E 上的点,然后在 E 上进行加密或签名,从明文到椭圆曲线 E 上的点的编码结果不是密码。

1) 明文表示

把待加密或签名的明文信息嵌入椭圆曲线 E 上的点涉及多种数据类型的转换,方法很多,比较完整的介绍可参阅文献[129]的有关部分。下面介绍科布利茨(N. I. Koblitz)提出的方法。

设椭圆曲线 E:$y^2 \equiv x^3 + ax + b \pmod p$,明文消息为 m(假设其已被转换为一个数字),将 m 嵌入 E 中的一个点 x 坐标。然而,m 正好使得 $m^3 + am + b$ 为模 p 平方数的概率仅为 $1/2$,因此,可通过调整 m 末位数字直到找到一个数字 x 使得 $x^3 + ax + b$ 模 p 平方数,具体方法如下。

令 K 为一个大整数,满足 $(m+1)K < p$,消息 m 用 x 表示,$x = mK + j$,其中 $0 \le j \le K$。对 $j = 0, 1, 2, \cdots, K-1$,计算 $x^3 + ax + b$,并计算 $x^3 + ax + b \pmod p$ 的平方根。如果有一个平方根 y,则坐标点为 $P_m = (x, y)$;否则,把 j 加 1,用新的 x 再行试算,重复上面的步骤直至找到一个平方根或 $j = K$。反过来,也可以从 $P_m = (x, y)$ 中恢复消息 m。显然 $m = [x/K]$,$[x/K]$ 表示小于或等于 x/K 的最大整数。

如果要试算 k 次,那么失败的概率为 $1/2^k$,成功的概率为 $(1 - 1/2^k)$,因此,当试算次数 k 较大时,成功的概率非常大。

例 11-6 设 E:$y^2 \equiv x^3 + 2x + 7 \pmod{179}$,不妨令 $K = 10$,因为 $(m+1)K < 179$,所以 $0 \le m \le 16$。$m = 5$,考虑 $x = mK + j$,$0 \le j < 10$。x 可能的取值为 $50, 51, \cdots, 59$。对于

$51,x^3+2x+7\equiv121(\bmod 179),121$ 是 11 的平方数。因此,用$(51,11)$表示消息 $m=5$,消息能从 $m=[51/10]=5$ 来恢复。

2）椭圆曲线加密算法

ECC 加密方法的可行性是基于有限域上椭圆曲线解群加法运算这样的性质。

设 $P\in E$ 是一个(足够大)子群的生成元,则对于正整数 $n>1$,加法 nP 的运算速度可以很快,属于多项式算法(运算速度是 n 的多项式函数);而已知 nP,反求 n 的运算则很困难,属于 NP 算法(即当 n 很大时,通常无法用计算机实现计算)。

椭圆曲线的这种性质其实是著名的有限域上"离散对数问题"的一个特例。而"离散对数问题"与 RSA 方法中的"大整数分解问题"有着对应关系:它们或者都有解,或者都无解。

（1）系统初始化过程。

选取一个基域 $GF(p)$ 和定义在该域上的椭圆曲线 $E(a,b)$,基点 $G=(x_G,y_G)$ 的阶为素数 n。其中,$GF(p)$,参数 a、b,基点 G 和 n 都是公开的。

用户 A 在 $[1,n-1]$ 上随机选取一个整数 k_A,作为私钥;计算 $P_A=k_A G$,以 P_A 作为用户的公钥。

（2）加密过程。

设 B 发送的消息为 M,B 执行如下操作。

① 查找 A 的公钥。

② 将消息 M 表示成一个域元素 $m\in GF(p)$。

③ 在 $[1,n-1]$ 上任意选取一个随机整数 k,计算 $R=kG=(x_1,y_1)$。

④ 计算 $kP_A=(x_2,y_2)$,如果 $x_2=0$,则返回③。

⑤ 计算 $s\equiv mx_2(\bmod n)$;密文为 (R,s)。

（3）解密过程。

当 A 收到密文 (R,s) 后,执行以下操作。

① 计算 $U=k_A R=(x_2,y_2)$。

② 计算 $m\equiv x_2^{-1}s(\bmod n)$,恢复出消息 m。

实际上,$k_A R=k_A(kG)=k(k_A R)=kP_A=(x_2,y_2)$,所以有 $m\equiv x_2^{-1}s(\bmod n)$。

注:本节把基于离散对数的加密算法平移到基于椭圆曲线的密码体制,主要的处理方法是:数乘对应点加,幂对应倍乘。因此,上述加密过程还可以采用另一种描述方式如下。

① B 将明文 m 嵌入椭圆曲线上得到点 P_m。

② B 任意选取整数 k,计算 $R=kG$。

③ 计算 $S=P_m+kP_A$。

因此,以 (R,S) 作为密文。

解密过程如下。

A 收到密文 (R,S) 后,计算 $S-k_A R=P_m$,从而恢复明文 m。

实际上,$S-k_A R=P_m+kP_A-k_A(kG)=P_m+k(k_A G)-k(k_A G)=P_m$。

例 11-7　设椭圆曲线为 $E:y^2=x^3-x+188(\bmod 751)$,基点 $G=(0,376)$,A 的公

钥为 $P_A=(201,5)$;B 选取随机整数 $k=386$,计算 $kG=386(0,376)=(676,558)$;$P_m+kP_A=(562,201)+386(201,5)$,得 $P_m+kP_A=(385,328)$。故密文为{(676,558),(385,328)}。

下面介绍 RSA 加密算法的 ECC 版本:

设基于有限域 GF(p)的椭圆曲线为 E,阶为 N,明文 m 嵌入椭圆内曲线上的点 P_m;用户 A 的私钥为 d_A,公钥 e_A,满足 $e_Ad_A\equiv1(\bmod\ N)$,$1<e_A,d_A<N$;用户 B 使用 A 的公钥加密为:$C=e_AP_m$。用户 A 收到密文 C 后,解密为 $d_AC=d_Ae_AP_m=P_m$。

例 11-8 设椭圆曲线为 $E:y^2\equiv x^3+13x+22(\bmod\ 23)$,消息 m 编码后的点 $P_m=(11,1)$,E 的阶 $N=22$。用户 A 选取私钥 $d_A=17$,公钥 $e_A=13$,满足 $17\times13\equiv1(\bmod\ 23)$。

用户 B 加密:$C=13P_m=13(11,1)=(14,21)$。

用户 A 解密:$P_m=17C=17(14,21)=(11,1)$。

3)椭圆曲线密钥协商方案

密钥协商方案(key agreement scheme)就是通过一种能够让通信的双方或多个参与者在一个公开的、不安全的信道上通过协商建立会话密钥的密码协议。在一个密钥协商方案中,若双方能够正确地执行完协议,则最后协商出的会话密钥是由参与各方提供的输入共同作用得到的结构。

设通信双方分别为 A、B,基于离散对数的密钥协商方案如下。

① A 任意选取一个随机数 k_A,计算 $y_A\equiv g^{k_A}(\bmod\ p)$,将 y_A 发送给 B。

② B 和 A 一样选取一个随机数 k_B,计算 $y_B\equiv g^{k_B}(\bmod\ p)$,并将 y_B 发送给 A。

③ A 收到 y_B 后,计算 $y_{AB}\equiv y_A^{k_A}(\bmod\ p)$,同样 B 收到 y_A 后,计算 $y_{AB}\equiv g^{k_B}\bmod\ p$。$k_{AB}$ 就是双方协商的密钥。显然 $y_{AB}\equiv g^{k_Ak_B}(\bmod\ p)$,因此协商的密钥是一致的。

在椭圆曲线密码体制中,选取一个基域 GF(p)和定义在该域上的椭圆曲线 E,基点 $G=(x_G,y_G)$ 的阶数为素数 n。密钥协商方案如下。

① A 任意选取一个小于 n 的整数 k_A,计算 $P_A=k_AG$,并发送给 B。

② B 任意选取一个小于 n 的整数 k_B,计算 $P_B=k_BG$,并发送给 A。

③ A 收到 P_B 后,计算 $k_{AB}=k_AP_B$;同样 B 收到 P_A 后,计算 $k_{AB}=k_BP_A$。k_{AB} 就是双方协商的会话密钥。事实上 $k_{AB}=k_Ak_BG$。

攻击者虽然可以获得基点 G 和 P_A 或 P_B,但无法得到 k_B 或 k_A,因此这将面临求解椭圆曲线离散对数难题,所以不可能获取密钥 k_{AB}。

例 11-9 设椭圆曲线 $E:y^2\equiv x^3-4(\bmod\ 211)$,基点 $G=(2,2)$ 是阶为 241 的生成元,即 $241G=O$。A、B 分别选取随机整数 $k_A=121$,$k_B=203$,计算 $P_A=121G=(115,48)$,$P_B=203G=(130,203)$。则会话密钥为 $121(130,203)=203(115,48)=(161,169)$。

4)椭圆曲线密码算法的优点

椭圆曲线公钥系统是代替 RSA 的算法中强有力的竞争者之一。椭圆曲线加密方法与 RSA 方法相比有以下的优点。

(1)安全性能更高,如 160 比特 ECC 与 1024 比特 RSA、DSA 有相同的安全强度。

(2)计算量小,处理速度快。在私钥的处理速度上(解密和签名),ECC 远比 RSA、

DSA 快得多。

（3）存储空间占用小。ECC 的密钥尺寸和系统参数与 RSA、DSA 相比要小得多，所以占用的存储空间小得多。

（4）带宽要求低，这使得 ECC 具有广泛的应用前景。

ECC 的这些特点使它必将取代 RSA 成为通用的公钥加密算法。例如，SET 协议的制定者已把它作为下一代 SET 协议中默认的公钥密码算法。

5）椭圆曲线集成加密方案（ECIES）

这里为了进一步提高椭圆曲线密码体制的安全性，可以将椭圆曲线与第 7 章介绍的 ElGamal 加密方法相结合，形成椭圆曲线上的 ElGamal 密码体制。

一个较为有效的 ElGamal 型密码体制被用在椭圆曲线集成加密方案（ECIES）中。这里使用一个简化版的椭圆曲线，其主要目的是实现基于 ElGamal 公钥加密的 ECIES。在这个方案中，密文是任意的域中元素（不能为 0）而非必须为椭圆曲线上的点 x 的坐标。这个椭圆曲线将起到一个迷惑攻击者的效果。

这里还需要使用点压缩的技巧，这可以减少椭圆曲线上的点所占的空间。点压缩大概的原理是：在椭圆曲线中，给定一个 x 对应两个可能的 y 值（除去 $y=0$ 的这种特殊情况）。由椭圆曲线的定义可知，这两个可能的 y 值模上 p 之后是互为相反数的。由于 p 是一个素数，则 p 一定是一个奇数，两个可能的 y 值一个是奇数，一个是偶数（知道一个 y，计算另一个，一定需要这个 y 取相反数再模 p，得到的 y 与原来的 y 奇偶性一定不同）。那么，可以用一个比特存储 $y \pmod 2$，以确定椭圆曲线上的唯一一点 $P=(x,y)$。结果是节省约一半的存储空间，但是这里需要额外的计算以确定 y。下面给出点压缩的定义式。

Point-Compress$(P)=(x,y(\bmod 2))$，其中 $P=(x,y)\in E$

有了点压缩就会有点的解压缩 Point-Decompress。若现在的目的是从 $(x,y \ (\bmod 2))$ 中得到点 $P=(x,y)$，则过程如下。

现在要解压点 (x,a)。

① 将 x 的值代入椭圆曲线 $z\equiv x^3+ax+b(\bmod p)$ 得到 z。

② 判断 z 是否为模 p 的非二次剩余类。如果是，则继续；否则，解压失败。

③ 求出 $y\equiv\sqrt{z}\bmod p$ 的值。

④ 如果满足 $y\equiv a(\bmod 2)$，则返回点 (x,y)；否则，返回 $(x,p-y)$。

通过对点的解压缩就可以确定 y 的值。

简化的 ECIES 加解密过程如下。

（1）初始化过程。

假设 Alice 与 Bob 要进行通信，椭圆曲线是定义在 $\mathbf{Z}_p$ 上的。选定椭圆曲线上的一点 $P=(x_1,y_1)$，Bob 的私钥为 k，并计算其公钥 $Q=kP=(x_2,y_2)$，Alice 要加密的信息为 m。

（2）加密过程如下。

Alice 执行以下操作。

① Alice 选择随机数 a，并计算 $aP=(x_3,y_3)$ 和 $aQ=(x_4,y_4)$。

② 计算 $C = \text{Point-Compress}(x_3, y_3)$。

③ 计算 $y \equiv m \times x_4 \pmod{p}$。

④ 密文为 (C, y)。

（3）解密过程如下。

Bob 收到密文 (C, y) 后，执行以下操作。

① 计算 $\text{Point-Decompress}(C)$ 得到 aP。

② 计算 $k \times a \times P = (x_5, y_5)$。

③ 计算 $y \times x_5^{-1} \pmod{p}$ 得到 Alice 要加密的信息 m。

例 11-10 现在有一个定义在 Z_{11} 上的椭圆曲线 $y^2 = x^3 + x + 6$，假设 $P = (2, 7)$，Bob 的私钥为 7，Alice 选择的随机数 a 为 6，则 Alice 要加密的信息 $\boldsymbol{m} = 9$ 的密文是？

计算出 $Q = 7 \times P = (7, 2)$，$aP = 6(2, 7) = (7, 9)$，$aQ = 6(7, 2) = (8, 3)$。

计算 $C = \text{Point-Compress}(aP) = (7, 1)$ 和 $y \equiv 8 \times 9 \pmod{11} = 6$。

则消息 m 的密文是 $(C, y) = ((7, 1), 6)$。

11.1.3 国产 SM2 算法

上一节对椭圆曲线的离散对数问题和椭圆曲线的加密、解密算法做了介绍，那么在我国有没有基于这种椭圆曲线所设计的算法呢？这就是本节要介绍的算法：国产 SM2 算法。

1. SM2 算法描述

SM2 算法是国家密码管理局于 2010 年 12 月 17 日发布的国产商用密码算法，密钥长度为 256 比特，在算法的大致分类中属于公钥密码算法（非对称密码算法），是基于椭圆曲线的密码算法。2012 年，SM2 被采纳为 GM/T 0003 系列标准，2016 年被转换为 GB/T 32918 系列标准，无论是作为行业标准还是作为国家标准，SM2 算法标准都被分为了 5 部分，即总则、数字签名算法、密钥交换协议、公钥加密算法和参数定义[130]。

SM2 算法具有以下 4 种功能：生成密钥、加密/解密、生成/验证签名、密钥协商。一个算法的实现需要数学方法的支撑，SM2 算法用到的数学方法包括但不限于 ECC 椭圆曲线上的模运算、乘法运算等。同时，SM2 算法的实现用到了一些其他技术作为支撑，如随机数生成器、密钥派生函数 KDF、用来生成散列值的散列函数等。

SM2 算法由于安全性更高，开销更小而被用来替代 RSA 算法。国家密码管理局为 SM2 算法选用的椭圆曲线有两种类型，一种是基于素数域的，另一种是基于二元扩散的，在本节中主要针对基于素数域的椭圆曲线的 SM2 算法进行讲解。

1）参数选取

与 11.1 节介绍的类似，选用 $y^2 \equiv x^3 + ax + b \pmod{p}$ 作为加密的椭圆曲线，该椭圆曲线上所有点的集合为 $E(\text{GF}(p)) = \{(x, y) \mid y^2 \equiv x^3 + ax + b \pmod{p}\} \cup O$，这里 O 是一个无穷远点。$\text{GF}(p)$ 是一个素数域，p 是一个大素数。

在域 $\text{GF}(p)$ 上须按如下顺序确定椭圆曲线系统参数：

① 域 $\text{GF}(p)$ 的规模 $p > 3$；

② GF(p)中的两个元素 a 和 b,从而实例出椭圆曲线 $y^2 \equiv x^3 + ax + b \pmod p$;

③ 基点 $G = (x_G, y_G) \in E(\mathrm{GF}(p)), G \neq O$;

④ 基点 G 的阶 $n(n > 2^{191}$ 且 $n > 4\lfloor\sqrt{p}\rfloor)$;

⑤ $h = |E(\mathrm{GF}(p))|/n$。

其中,h 称为余因子,例如 $h = 1, 2, 3, 4$。$|E(\mathrm{GF}(p))|$ 表示 $E(\mathrm{GF}(p))$ 上所有元素的数量,称为椭圆曲线的阶。实际上,对于有限域上随机生成的椭圆曲线,椭圆曲线的阶 $|E(\mathrm{GF}(p))|$ 计算起来是十分困难的。目前有效的计算阶的方法有 SEA 算法和 Satoh 算法,算法的具体内容这里不再讨论。

2) 椭圆曲线生成

SM2 算法与普通的椭圆曲线算法的不同点在于 SM2 使用的椭圆曲线是伪随机生成的而不是固定的椭圆曲线,因此具备更强的安全性。这里介绍椭圆曲线的一种随机生成方法。

输入:素数 p。

输出:比特串 SEED 及 GF(p)中的元素 a, b。

① 任意选择长度至少为 196 的比特串 SEED;

② 计算 $H = H_{256}(\mathrm{SEED})$,并记 $H = (h_{255}, h_{254}, \cdots, h_0)$;

③ 令 $R = \sum_{i=0}^{255} h_i 2^i$;

④ 令 $r \equiv R \pmod p$;

⑤ 任选 GF(p)中的元素 a, b,使其满足 $r * b^2 \equiv a^3 \pmod p$;

⑥ 若 $(4a^3 + 27b^2) \equiv 0 \pmod p$,则转步骤①;

⑦ 得到的 GF(p)上的椭圆曲线为 $y^2 \equiv x^3 + ax + b \pmod p$;

⑧ 输出(SEED, a, b)。

在选取椭圆曲线时通常要注意,基点的阶不同于椭圆曲线的阶。

3) 基点的阶

在椭圆曲线上有一点 G(G 为基点),存在最小的正整数 n 使得数乘 $nG = O$,则称 n 为基点 G 的阶。

例 11-11 设椭圆曲线 E:$y^2 \equiv x^3 + x + 1 \pmod{23}$,基点为 $G = (3, 10)$,求 G 的阶 n。

解:$1G = (3, 10)$

$\lambda = (3x^2 + 1)/2y = (3 \times 3 \times 3 + 1)/2 \times 10 \pmod{23} = (7/5)\pmod{23} = 6$

$x_1 = \lambda^2 - 2x = 6 \times 6 - 2 \times 3 \equiv 30 \pmod{23} = 7$

$y_1 = \lambda(x - x_1) - y = 6(3 - 7) - 10 \equiv -34 \pmod{23} = 12$

$2G = (7, 12)$

继续求 $3G, 4G, 5G$ 直到 $27G = -G = (3, 13)$ 可以得到 $28G = O$,可知 $n = 28$。

4) 密钥派生函数

密钥派生函数 KDF 的作用是从一个初始的秘密比特串中派生出一个或者多个安全强度很高的密钥。

2. SM2 密钥的生成

1)生成密钥的目的

由于 SM2 算法是非对称加密,故需要为每一个用户配备公钥和私钥以用于数据的加密。使用公钥加密的数据需要使用相对应的私钥解密,而反过来使用私钥加密也只能使用相对应的公钥解密。

2)密钥的生成过程

假设有两个用户 A 和 B,A 要将消息 M 发送给 B 且消息 M 的长度为 len。

用随机数生成器生成随机数 d_B,其中 $d_B \in [1, n-1]$,这里 n 是椭圆曲线基点 G 的阶,选取 d_B 为用户的私钥,$P_B = d_B G$ 为用户的公钥。

3. SM2 的加密解密过程

1)加解密的目的

加解密过程实际上有三个目的:

① 保密性:防止用户的数据被窃取或者泄露。

② 完整性:防止用户的数据被篡改。

③ 双方信息的确认:确定发送、接收信息双方的身份,确保这个信息的来源是合法的。

2)SM2 加密算法

假设要发送一个消息,将它标记为 M,这个消息的长度标记为 len。现在要对消息 M 进行加密操作,作为加密者的 A 要进行的操作如下。

① 使用随机数生成器生成随机数 k,其中 $k \in [1, n-1]$,这里的 n 是椭圆曲线基点 G 的阶。

② 计算椭圆曲线上的点 $C_1 = kG = (x_1, y_1)$。

③ 计算椭圆曲线上的点 $S = hP_B$,这里的 S 不能选用无穷点 O。余因子 $h = |E(\mathrm{GF}(p))|/n$。

④ 计算椭圆曲线上的点 $kP_B = (x_2, y_2)$。

⑤ 计算 $t = \mathrm{KDF}(x_2 \parallel y_2 \parallel \mathrm{len})$,KDF 是密钥派生函数,其结果是一个长度为 len 的比特串,如果 $t = 0$ 则重新选取随机数 k。

⑥ 计算 $C_2 = \boldsymbol{M} \oplus t$。

⑦ 计算 $C_3 = \mathrm{Hash}(x_2 \parallel m \parallel y_2)$。

⑧ 得到密文 $C = C_1 \parallel C_2 \parallel C_3$。

3)SM2 解密算法

由加密过程可以发现,消息 M 的长度为 len,那么 M 与 t 的异或运算得到的密文中的 C_2 的长度也为 len。要想对密文 $C = C_1 \parallel C_2 \parallel C_3$ 进行解密需要进行以下步骤。

① 取 C 中的比特串 C_1,验证是否满足椭圆曲线的方程,如不满足则无法解密。

② 计算 $S = hC_1$,若 S 为无穷远点则解密错误。

③ 计算 $d_B C_1 = (x_2, y_2)$。

④ 计算 $t = \mathrm{KDF}(x_2 \parallel y_2, \mathrm{len})$,如果 $t = 0$,则无法解密。

⑤ 使用密文中的比特串 C_2 与 t 进行异或运算得 $M' = C_2 \oplus t$；计算 $u = \text{Hash}(x_2 \parallel M' \parallel y_2)$，如果 $u \neq C_3$，则解密失败。

⑥ 输出明文 M'。

4）安全性分析

从椭圆曲线本身来说，在椭圆曲线上面定义了一种多倍点运算，这种运算是单向的（即取椭圆上的任意点 G，计算 nG 是简单的，但是反过来知道 nG 反推 n 却是十分困难的），这就是前面章节讲到的椭圆曲线的离散对数问题。

为了抵抗攻击，有以下几类方法：

① OAEP 方法。攻击者攻击加密算法的常用手段是：篡改密文从而以一种可靠的方式修改明文。但是 OAEP 方法可以有效地防止攻击者得逞，因为使用 OAEP 方法的算法即使攻击者以自适应方式修改了使用该算法加密的密文，对于消息完整性的检验也会以极大的概率失败，得到一条没有任何意义的明文。由于 OAEP 实际上是 Padding 规则的加强版，比一般 RSA 算法的 Padding 规则更安全，所以通常情况下用于加强 RSA 算法的安全性。

② 签名加密方法。对密文本身进行签名，一旦解密预言机收到了非法的密文就拒绝产生对应的明文。使得攻击者访问解密预言机得到明文的方法失效，从而抵御 CCA2 攻击。

③ 混合加密方法。将对称加密和非对称加密结合起来使用。使用对称密钥加密明文，使用公钥加密对称密钥，以共同生成密文的认证信息，解密预言机通过验证此认证信息来判断是否输出明文，从而抵御 CCA2 攻击。

④ 使用散列函数。利用散列函数的特性：不可逆（分为两方面：一方面根据转换后的结果无法得到转换前的值，另一方面，即使两个输入通过散列转换得到的结果相同，也不能确定这两个输入就一定相同）。使用散列函数会产生 MAC，使用解密预言机时会对公钥密码算法加密的密文的 MAC 进行验证来判断是否输出明文，从而抵御 CCA2 攻击。

SM2 公钥加密算法使用第 4 类方法来提高安全性。在上文中的 SM2 加密算法中使用散列函数计算出的 $C_3 = \text{Hash}(x_2 \parallel m \parallel y_2)$ 就是消息认证码 MAC，它作为密文 C_1，C_2，C_3 的一部分。$C_3 = \text{Hash}(x_2 \parallel m \parallel y_2)$ 中的 x_2 和 y_2 是根据一次性的秘密随机数据进行密钥协商生成的，这就使得攻击类型为 CCA2 的攻击者只能通过访问加密预言机来获得可以被认证的 C_3（MAC 值）而不能自己伪造出 C_3。这就使得 SM2 公钥加密算法能够很好地抵御 CCA2 攻击。

> **自适应选择密文攻击（CCA2）**
>
> 回忆到第 1 章中选择密文攻击者对于解密预言机的询问次数没有限制，但是攻击者不能直接将想破解的密文输入解密预言机得到明文。自适应选择密文攻击与一般的选择密文攻击最大的区别是前者在接收到挑战密文后还能询问解密预言机。

4. SM2 签名算法[131]

1）SM2 生成签名算法

假设用户 A 现在要发送消息 M，要对消息 M 进行签名，那么此时需要计算出消息 M

的签名(r,s),下面是 A 生成签名(r,s)的过程。

① 置$\overline{M}=Z_A\|M$,这里的Z_A是用户 A 的可辨识标识、部分椭圆曲线系统参数和用户 A 的公钥的散列值。这里相当于将Z_A这个比特串与消息 M 的比特串拼接在一起达到对消息 M 进行伪装的效果。

② 计算$e=H_v(\overline{M})$,并将 e 的数据类型转换成整型。

③ 使用随机数生成器生成一个随机数$k\in[1,n-1]$。

④ 计算出一个基点 G 的 k 倍点$(x_1,y_1)=kG$,由椭圆曲线的性质可知这个点一定在椭圆曲线上。

⑤ 计算$r\equiv x_1+e(\bmod\ n)$,判断$r=0$或$r+k=n$,如果满足则返回③中再次生成新随机数。

⑥ 计算$s\equiv(1+d_A)^{-1}\cdot(k-rd_A)(\bmod\ n)$,判断$s=0$,如果满足就要返回③中再次生成新随机数。

⑦ 将得到的(r,s)数据类型转换成字符串,最后就得到了消息 **M** 的签名(r,s)。

2)SM2 签名验证算法

验证者 B 接收到用户 A 发送的消息 M' 和签名(r',s')时需要对签名的真伪进行验证。下面是 B 验证签名(r',s')的过程。

① 在开始之前,B 要先验证 r' 和 s' 的值是否属于集合$[1,n-1]$中,若不在这个范围内则验证失败。

② 置$\overline{M}'=Z_A\|M'$,这里的Z_A是用户 A 的可辨识标识、部分椭圆曲线系统参数和用户 A 的公钥的散列值。效果与生成签名中的①相同。

③ 计算$e'=H_v(\overline{M}')$,这里须要将 e' 的类型转换成整型。

④ 将接收到的签名(r',s')转换成整型,计算$t\equiv r'+s'(\bmod\ n)$,判断$t=0$,如果满足则验证失败。

⑤ 计算椭圆上的点$(x_1',y_1')=s'G+tP_A$。这里,P_A是用户 A 的公钥,$P_A=d_AG$。其中$d_A\in[1,n-1]$。

⑥ 将 x_1' 按照行业标准转换成整型,计算$R\equiv e'+x_1'(\bmod\ n)$,验证 $R=r'$ 是否成立,若成立则验证成功;否则,验证失败。

注意:上面所使用的 n 是椭圆曲线基点 G 的阶。

5. SM2 算法密钥协商方案

1)密钥协商的目的

在发送方和接收方进行通讯时,即使有一个恶意的窃听者在窃听他们之间的通信内容,他们两者也能协商出一个只有他们知道的密钥。

2)密钥协商的过程[102]

密钥协商分为两个阶段:准备阶段和密钥协商阶段。而在密钥协商阶段又可以细分为生成交换数据阶段,生成协商密钥阶段,协商密钥确认阶段。

准备阶段:通信双方确认密钥长度,计算出共享密钥。

交换数据阶段:判断通信双方计算出的点是否在椭圆曲线上。

生成协商密钥阶段：通过 KDF 运算得到双方的协商密钥。

协商密钥确认阶段：将通信双方生成的协商密钥互相交换来判断是否满足要求，从而确认双方的协商密钥是否有效。

由于参与 KDF 运算的输入数据均相等，那么得到的协商密钥也应当相等，这是密钥协商的基础。

设通信双方分别为 A、B，其中 A 为发起者，B 为接收者。

准备工作如下。

A 和 B 共同协商密钥的长度为 klen 比特。为了得到共享密钥，A 和 B 双方进行如下运算：

记 $w=\lceil(\lceil\log_2(n)\rceil/2)\rceil-1$，其中 n 为基点 G 的阶，d_A、$P_A=d_AG$ 分别为用户 A 的私钥和公钥，d_B、$P_B=d_BG$ 分别为用户 B 的私钥和公钥。

密钥协商方案如下。

① A 使用随机数生成器产生一个随机数 $r_A\in[1,n-1]$。

计算 $R_A=r_AG=(x_1,y_1)$。

将 R_A 发送给 B。

② B 使用随机数生成器产生一个随机数 $r_B\in[1,n-1]$。

计算 $R_B=r_BG=(x_2,y_2)$。

从 R_B 中取出域中元素 x_2，转换为整数后计算 $\bar{x}_2=2^w+(x_2\&(2^w-1))$。（& 表示逻辑与运算）。

计算 $t_B\equiv d_B+\bar{x}_2r_B(\bmod\ n)$。

判断 A 产生的 R_A 是否在椭圆曲线上，若不在则协商失败。若在，则从 R_A 中取出域中元素 x_1，转换为整数后计算 $\bar{x}_1=2^w+(x_1\&(2^w-1))$。

根据 SM2 参数选取步骤得到余因子 h，计算椭圆曲线点 $V=ht_B(P_A+\bar{x}_1R_A)=(x_V,y_V)$。判断 V 是否是无穷远点，若是，则协商失败。若不是，将 x_V,y_V 的数据类型转换成比特串。

计算 $K_B=\text{KDF}(y_V\parallel x_V\parallel Z_A\parallel Z_B,\text{klen})$。

将 R_A 和 R_B 的坐标转换成比特串，计算

$$S_B=\text{Hash}(0x02\parallel y_V\parallel\text{Hash}(y_V\parallel Z_A\parallel Z_B\parallel x_1\parallel y_1\parallel x_2\parallel y_2))$$

将 R_B 和 S_B 发送给 A。

③ A 从 R_A 中取出域中元素 x_1，计算 $\bar{x}_1=2^w+(x_1\&(2^w-1))$，$t_A\equiv d_A+\bar{x}_1r_A(\bmod\ n)$。

判断 B 产生的 R_B 是否在椭圆曲线上，若不在则协商失败。若在，则从 R_B 中取出域中元素 x_2，计算 $\bar{x}_2=2^w+(x_2\&(2^w-1))$。

计算椭圆曲线点 $U=ht_A(P_B+\lceil\bar{x}_2\rceil R_B)=(x_U,y_U)$，判断 U 是否是无穷远点，若是，则协商失败。若不是，将 x_U,y_U 的数据类型转换成比特串。

计算 $K_A=\text{KDF}(y_U\parallel x_U\parallel Z_A\parallel Z_B,\text{klen})$。

将 R_A 和 R_B 的坐标转换成比特串，计算出

$S_1=\text{Hash}(0x02\parallel y_U\parallel\text{Hash}(y_U\parallel Z_A\parallel Z_B\parallel x_1\parallel y_1\parallel x_2\parallel y_2))$，判断 S_1 是否等于

S_B，若不相等，则协商失败。

计算 $S_A = Hash(0x03 \parallel y_U \parallel Hash(y_U \parallel Z_A \parallel Z_B \parallel x_1 \parallel y_1 \parallel x_2 \parallel y_2))$。

将 S_A 发给 B。

④ B 计算出 $S_2 = Hash(0x03 \parallel y_V \parallel Hash(y_V \parallel Z_A \parallel Z_B \parallel x_1 \parallel y_1 \parallel x_2 \parallel y_2))$，判断 S_2 是否等于 S_A，若不相等，则协商失败。

协商成功，A 和 B 协商获得的密钥为 $K_A = K_B$。

11.2 双线性对

茹·安托尼(Joux Antoine)首先利用椭圆曲线中的 Weil 配对构造了一个一轮三方密钥交换协议[132]，丹·博内和马特·富兰克林(Matt Franklin)用 Weil 配对构造了一个基于身份的加密体制[133]。从此以 Weil 配对技术为基础的各种密码学算法层出不穷，成为近年来的一个研究热点。

11.2.1 双线性映射

在数学中，一个双线性映射是由两个矢量空间上的元素生成第三个矢量空间上一个元素的函数，并且该函数对每个参数而言都是线性的。

定义 11-6 设 G_1 是由 P 生成的循环加法群，其阶数为素数 q，G_2 是一个阶为 q 的循环乘法群。双线性映射是指具有下列性质的映射 $e: G_1 \times G_1 \rightarrow G_2$。

(1) 双线性。对所有的 $P, Q \in G_1$ 和 $a, b \in Z_q^*$，有

$$e(aP, bQ) = e(abP, Q) = e(P, abQ) = e(P, Q)^{ab}$$

(2) 非退化。存在一个 $P \in G_1$，满足 $e(P, P) \neq 1$。

(3) 可计算。对 $P, Q \in G_1$，存在一个有效的算法计算 $e(P, Q)$。

注：双线性映射可以从超奇异椭圆曲线中的 Weil 和 Tate 配对中得到。

多线性映射的探索

Diffie Hellman 密钥交换实现了无须交互就可以在公开信道上共享密钥，但仅限于两方。如何将这一机制扩展至三方乃至多方，直到 2000 年该问题才取得阶段性突破，密码学家安托尼·尤克斯(Antoine Joux)利用双线性对，设计了第一个非交互的三方密钥交换协议。2003 年，密码学家丹·博内(Dan Boneh)和艾丽斯·西尔弗伯格(Alice Silverberg)提出多线性映射

图 11-3 胡予濮教授与他的博士生贾惠文

这一概念，并指出多线性映射不但可以解决多方秘密交换这一公开问题，而且还可以用于构造其他更高级的密码应用方案。2013 年的欧密会上，时为加州大学洛杉矶分校

的博士生桑贾姆·加格(Sanjam Garg),以及 IBM 研究员克雷格·金特里(Craig Gentry)和沙伊·哈勒维(Shai Halevi)在理想格上实现了第一个多线性映射方案(GGH 映射,取名于三位作者姓氏)。在 2016 年欧密会上,胡予濮教授与他的博士生贾惠文(如图 11-3 所示)攻破了 GGH 密码方案,对 GGH 映射本身以及基于 GGH 映射的各类高级密码应用进行了颠覆性的否定。因此,如何实现多线性映射来进行四方以上参与者的密钥交换仍是一个研究难题。

11.2.2　双线性对在密码学中的应用

在数字化的信息社会里,数字签名代替了传统的手写签名和印鉴,是手写签名的电子模拟。在使用数字签名的过程中,人们仍然会遇到需要将签名权委托给其他人的情况。例如,某公司的经理由于业务需要到外地出差,在他出差期间很可能有人给他发来电子邮件,其中有些邮件需要及时回复。然而,他出差的地方很偏僻,没有覆盖互联网,因此,该经理不得不委托他的秘书代表他处理这些电子邮件,包括在这些电子邮件的回信上代表他生成数字签名。

如何以安全、可行、有效的方法实现数字签名权利的委托,是需要人们认真研究和解决的重要问题。

1996 年,曼波正弘(Mambo)、臼田圭佑(Usuda)和冈本英二(Okamoto)首先提出代理签名的概念[134]。所谓代理签名,是指在一个代理签名方案中,代理签名人代表原始签名人生成的有效的签名。他们的主要贡献在于为密码学和数字签名的研究和应用开辟了一个新的领域。

1982 年,大卫·乔姆(David Chaum)首次提出了盲签名的概念[135]。所谓盲签名可以理解为是先将要隐蔽的文件放进信封里,当文件在一个信封中时,任何人都不能读它。对文件签名就是通过在信封中放一张复写纸,当签名者在信封上签名时,他的签名便会透过复写纸签到文件上。盲签名是一种特殊的数字签名,它与通常的数字签名的不同之处在于,签名者并不知道他所要签发文件的具体内容。正是因为这一点,盲签名这种技术可广泛应用于许多领域,如电子投票系统和电子现金系统等。

下面介绍双线性对在代理签名方案和代理盲签名方案中的应用。

1. 基于双线性对的代理签名方案

在基于双线性对的代理签名方案中,用户的私钥是自己选定而不是系统颁发的,因此不同于基于身份的签名方案。

(1) 系统参数的建立。

① 生成两个阶为素数 q 的群 G_1,G_2,e 是一个双线性映射,任意选取一个生成元 $P\in G_1$。

② 系统随机选取 $s\in \mathbf{Z}_q^*$ 作为系统的私钥,并计算出 $P_{pub}=sP$,作为系统的公钥。

③ 选取散列函数 $h:\{0,1\}^n\rightarrow G_1$,该散列函数把用户的身份 ID 映射到 G_1 中的一个元素。另外一个散列函数为 $h_1:\{0,1\}^n\rightarrow \mathbf{Z}_q$,该散列函数决定明文空间是$\{0,1\}^n$。

公开的系统参数为$\{G_1,G_2,e,n,q,P',P_{\text{pub}},h,h_1\}$。

（2）用户公私钥对的生成。

设用户 A 任意选取一个随机数 $s_A\in\mathbf{Z}_q^*$，计算 $P_A=s_AP$ 作为自己的公钥，那么 A 的公私钥对就是(s_A,P_A)；同理，用户 B 的公私钥对为(s_B,P_B)。

（3）委托过程。

① 设原始签名者 A 写给 B 的代理签名授权委托书为 m_w，计算 $V=s_Ah(m_w)$，将(V,m_w)发送给 B；

② B 接收到(V,m_w)，验证 $e(V,P)=e(h(m_w),P_A)$是否成立。若不成立，则拒绝接受 A 的委托；否则，接受委托，并计算代理签名私钥 $V_w=V+s_Bh(m_w)$。

（4）代理签名的生成。

B 利用代理签名私钥 V_m 可以选用任何一种类型的签名，较简单的签名方法如下。

设 B 任意选取 $k\in\mathbf{Z}_q^*$，计算 $\widetilde{U}=kP,\widetilde{V}=k^{-1}(h_1(m)P+V_w)$，则代理签名为$(\widetilde{U},\widetilde{V},m_w,P_A,P_B)$。

（5）代理签名的验证。

接收者或验证者检查等式 $e(\widetilde{U},\widetilde{V})=e(P,P)^{h_1(m)}e(h(m_w),P_A+P_B)$是否成立。

事实上，

$$
\begin{aligned}
e(\widetilde{U},\widetilde{V})&=e(kP,k^{-1}(h_1(m)P+V_w))\\
&=e(P,h_1(m)P+V_w)\\
&=e(P,P)^{h_1(m)}e(V_w,P)
\end{aligned}
$$

$$
\begin{aligned}
e(V_w,P)&=e(V+s_Bh(m_w),P)\\
&=e(s_Ah(m_w)+s_Bh(m_w),P)\\
&=e(h(m_w),(s_A,s_B)P)\\
&=e(h(m_w),P_A+P_B)
\end{aligned}
$$

所以等式 $e(\widetilde{U},\widetilde{V})=e(P,P)^{h_1(m)}e(V_w,P)=e(P,P)^{h_1(m)}e(h(m_w),P_A+P_B)$。

故该方案是正确的。

2. 基于双线性对的代理盲签名方案

设 G_1 是一个 GDH(Gap Diffie-Hellman)群①，其阶数为素数 q，双线性映射 $e:G_1\times G_1\rightarrow G_2$，其中，$G_2$ 是阶为 q 的循环乘法群。

（1）系统参数的建立。

任意选取一个 G_1 生成元 P，两个散列函数 $h:\{0,1\}^*\rightarrow\mathbf{Z}_q$ 和 $h_1:\{0,1\}^*\rightarrow G_1$ 用于公开加密，公开的系统参数为$\{G_1,G_2,e,q,h,h_1\}$。

（2）用户公私钥对的生成。

原始签名者 A 任意选取一个随机数 $k_A\in\mathbf{Z}_q^*$，作为私钥，计算 $P_A=k_AP$ 作为公钥；

---

① 给定(P,aP,bP)和未知的 $a,b\in\mathbf{Z}_q$，计算 $abP\in G$ 的问题被称为 CDH(计算 Diffie-Hellman)问题。给定(P,aP,bP,cP)和未知的 $a,b,c\in\mathbf{Z}_q$，判断 $ab=c$ 的问题被称为 DDH(判断 Diffie-Hellman)问题。如果群上 DDH 问题存在多项式时间判断算法，但无 CDH 的多项式时间解法，则称该群为 GDH 群。

代理签名者 B 任意选取随机数 $k_B \in \mathbf{Z}_q^*$，作为私钥，计算 $P_B = k_B P$ 作为公钥；用户 A、B 的公钥在系统内公开。

（3）委托过程。

① 设原始签名者 A 写给 B 的代理签名授权委托书为 m_w，包括授权范围、期限和委托人 ID 等信息。

② A 计算 $\tilde{\sigma} = k_A h_1(m_w)$，将 $(m_w, \tilde{\sigma})$ 发送给 B。

③ B 接收到 $(m_w, \tilde{\sigma})$，验证 $e(\tilde{\sigma}, P) = e(h_1(m_w), P_A)$ 是否成立。若不成立则拒绝接受 A 的委托；否则，接受委托，并计算代理签名私钥 $\sigma = \tilde{\sigma} + k_B h_1(m_w)$。

（4）签名过程。

① B 随机选取 $r \in \mathbf{Z}_q^*$，计算 $U' = r h_1(m_w)$，将 (U', w) 传送给信息拥有者 C。

② 用户随机地选取两个数 $\alpha, \beta \in \mathbf{Z}_q^*$ 作为盲化因子，计算 $U = \alpha U' + \alpha\beta h_1(m_w)$，$\tilde{m} = \alpha^{-1} h(m \| U) + \beta$，将 $\tilde{m}$ 发送给 B。

③ B 计算 $V' = (r + \tilde{m})\sigma$，将 V 传回给 C。

④ 计算 $V = \alpha V'$，C 输出 $\{m, U, V\}$。

则消息 m 的代理盲签名为 (U, V, m_w)。

（5）验证过程。

验证者接受签名当且仅当下式成立。
$$e(V, P) = e(U + h(m \| U)h_1(m_w), P_A + P_B)$$
因为
$$e(V, P) = e(\alpha V', P)$$
$$= e(\alpha(r + \tilde{m})\sigma, P)$$
$$= e(\sigma, P)^{\alpha(r+\tilde{m})}$$
$$e(\sigma, P) = e(h_1(m_w), P_A + P_B)$$
所以
$$e(V, P) = e(h_1(m_w), P_A + P_B)^{\alpha(r+\tilde{m})}$$
$$= e(\alpha(r + \tilde{m})h_1(m_w), P_A + P_B)$$
$$= e((\alpha r h_1(m_w) + h(m \| U) + \alpha\beta)h_1(m_w), P_A + P_B)$$
$$= e(\alpha r h_1(m_w) + \alpha\beta h_1(m_w) + h(m \| U)h_1(m_w), P_A + P_B)$$
$$= e(\alpha U' + \alpha\beta h_1(m_w) + h(m \| U)h_1(m_w), P_A + P_B)$$
$$= e(U + h(m \| U)h_1(m_w), P_A + P_B)$$
故该方案是正确的。

11.3　群签名方案

1991 年，大卫·乔姆（Chaum）和尤格特内·范·海斯特（Eugtne van Heyst）首次提出群签名（group signature）的概念。在群签名中，群成员可以以匿名的方式代表整个群体进行签名，验证时能够验证签名者为群成员所签，而不能确定具体的成员信息，这个性质可被称为群签名的匿名性。与其他数字签名一样,群签名是可以被公开验证的,而且可以只用单个群公钥验证。其次,群签名的匿名性是相对的,在出现争议时,可以由群管理员打开签名揭示签名人身份,使签名人不得不承认其签名,这种性质可被称为群签名的可追踪性。群签名的匿名性可为合法成员提供匿名保护,其追踪性又使群管理员可以追踪到成员的越权甚至违法行为。一般来说,群签名方案由群、群成员、群管理员(group administrator,GA)和签名接收者(或验证者)组成。

定义 11-7   如果一个数字签名方案由以下过程组成,则可称这个签名方案为群签名方案。

(1) 初始化过程(创建过程)。选取系统参数,包括产生群公钥和群私钥的算法。

(2) 成员加入过程。用户加入群中成为正式成员、制定用户与群管理员之间的交互式协议,执行该协议,产生群成员的私钥和成员证书,并使群管理员掌握群成员的秘密的成员管理密钥。

(3) 签名过程。输入待签名的消息和成员私钥,产生群签名的签名算法。

(4) 验证过程。验证群签名是否有效的验证算法。

(5) 打开过程。输入群签名和群私钥,产生识别签名者身份的打开算法。

流程如图 11-4 所示。

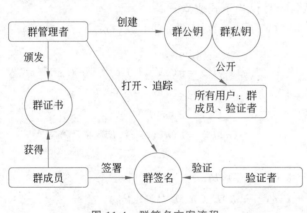

图 11-4   群签名方案流程

群签名方案的安全性要求如下。

(1) 匿名性。给定一个群签名后,对除了唯一的群管理员之外的任何人来说,确定签名人的身份在计算上都是不可行的。

(2) 不可伪造性。只有群成员才能产生有效的群签名,其他任何人都不可能伪造有效的群签名。

(3) 可跟踪性。群管理员在必要时可以打开群签名以确定签名人的身份,而且群成员不能阻止一个合法群签名被打开。

(4) 抗合谋攻击。即使群成员串通在一起也不能产生一个合法的不能被跟踪的群签名。

(5) 不关联性。在不打开群签名的情况下,确定两个不同的群签名是否为同一个群成员所签在计算上是困难的。

一个群签名的计算效率依赖于群公钥的大小、签名的长度、签名算法效率、签名验证算法效率、初始化过程、成员加入过程和打开过程的效率。

下面具体介绍基于离散对数的群签名方案、基于双线性对的群签名方案和环签名方案。

11.3.1 基于离散对数的群签名方案

1996 年，S. Kim、S. Park 和 D. Won[136]利用离散对数、RSA 算法、散列函数提出一种群签名方案（K-P-W 方案）。此方案利用离散对数的困难性把各个参数巧妙地结合起来，单从验证等式上看，用广义伪造攻击方法很难攻击它。但是此方案有一个缺点，即不易抵抗合谋攻击——几个成员可以构造出新的不被跟踪的成员证书。W. B. Lee 和 C. C. Chang[137]利用可恢复的 Nyberg-Rueppel 数字签名方案发行成员证书，提出一个有效的群签名方案（L-C 方案）。随后，Y. M. Tseng 和 J. K. Jan[138]指出 L-C 方案具有关联性并给出了一种改进方案以解决关联性问题。不幸的是，Tseng-Jan 的改进方案仍然存在关联性，后来第二次给出了一种改进的方案解决这个问题。然而，张建红指出 Tseng-Jan 的第二次改进方案虽然避免了关联性问题，但是出现了一个致命问题：广义伪造性，即任何人可以对任意消息进行签名[139]。

1. K-P-W 可变群签名方案

（1）初始化过程。

系统参数：选取 $n = pq = (2kp' + 1)(2kq' + 1)$，其中 p, q, k, p', q' 为相异的大素数，g 的阶为 k, e 和 d 为整数，且 $ed \equiv 1 (\bmod \varphi(n))$，其中 $\varphi(n) = (p-1)(q-1)$，$\gcd(\varphi(n), e) = 1, h$ 为安全的散列函数，ID_G 为管理员 GA 的身份信息。

群公钥：$(n, e, g, k, h, \mathrm{ID}_G)$。

群私钥：(d, p', q')。

（2）成员加入过程。

设 ID_A 为成员 A 的身份信息，A 随机地选取 $k_A \in (0, k)$，计算 $y_A \equiv g^{k_A} (\bmod n)$，$y_A$ 将作为 A 的公钥，将 (ID_A, y_A) 发送给 GA。GA 计算 $x_A \equiv (\mathrm{ID}_G y_A)^{-d} (\bmod n)$，并将 x_A 秘密地传送给 A，则 A 的私有密钥为 (k_A, x_A)，同时，GA 保存 $(\mathrm{ID}_A, x_A, y_A)$。

（3）签名过程。

对于消息 m，A 随机地选取整数 $(k_1, k_2) \in [0, k)$，计算 $V \equiv g^{k_1} k_2^e (\bmod n)$，$r = h(V, m)$，

$$s_1 \equiv k_1 + k_A r (\bmod k)$$

$$s_2 \equiv k_2 x_A^r (\bmod n)$$

则群签名为 (r, s_1, s_2)。

（4）验证过程。

接收者收到信息和签名后，计算 $\tilde{V} \equiv (\mathrm{ID}_G)^r g^{s_1} s_2^e (\bmod n)$，检查 $e = h(\tilde{V}, m)$ 是否成立。若成立，则签名正确；否则，拒绝接受签名。

（5）打开过程。

GA 保存全体成员的信息 $(\mathrm{ID}_j, x_j, y_j)$，其中 $j = \{A, B, \cdots\}$，$y_j \equiv g^{k_j} (\bmod n)$。依次

进行验证,对某一组数据而言,先计算 $\tilde{k}_2 \equiv s_2 x_j^{-r}(\bmod\ n)$,$V \equiv (\mathrm{ID}_G)^r g^{s1} s_2^e(\bmod\ n)$,检查 $g^{s1} \equiv V \tilde{k}_2^{-e} y_j^r(\bmod\ n)$ 是否成立,若不成立,换另一对进行试算,若成立,则 ID_j 就是签名人。

1) 方案的正确性分析

在验证过程中,

$$\tilde{V} \equiv (\mathrm{ID}_G)^r g^{s1} s_2^e(\bmod\ n)$$
$$\equiv (\mathrm{ID}_G)^r g^{k_1 + k^A r} (k_2 x_A^r)^e(\bmod\ n)$$
$$\equiv (\mathrm{ID}_G)^r y_A^r x_A^{er} g^{k_1} k_2^e(\bmod\ n)$$
$$\equiv g^{k_1} k_2^e(\bmod\ n)$$
$$\equiv V$$

在打开过程中,

$$\tilde{k}_2 \equiv s_2 x_j^{-r}(\bmod\ n)$$
$$g^{s1} \equiv g^{k_1} y_j^r(\bmod\ n)$$
$$V \tilde{k}_2^{-e} y_j^r(\bmod\ n) \equiv g^{k_1} k_2^e (s_2 x_j^{-r})^{-e} y_j^r(\bmod\ n)$$
$$\equiv g^{k_1} k_2^e (k_2)^{-e} y_j^r(\bmod\ n)$$
$$\equiv g^{k_1} y_j^r(\bmod\ n)$$

所以,等式 $g^{s1} \equiv V \tilde{k}_2^{-e} y_j^r(\bmod\ n)$ 成立。故该方案是正确的。

2) 方案的安全性分析

(1) 在群中成员诚实的假设下,虽然可以识别签名者,但当成员伪造或合谋伪造时,他们仍能生成有效的签名,因此该方案不符合不可伪造性和抗合谋攻击性。

(2) GA 可以将群成员的有效群签名转化为群中其他成员的有效群签名,因此,该方案不符合不可伪造性。

(3) GA 在签名过程中可以冒充群成员 A 伪造任意消息的有效群签名。

(4) GA 可以在打开过程中伪造签名,故他人无法验证群成员 A 进行了群签名,该方案不满足完全的可追踪性。

2. L-C 群签名方案

1) 初始化过程

设 p 是一个大素数,$q \mid p-1$,q 也是一个大素数因子,g 是 $\mathrm{GF}(p)$ 中阶为 q 的生成元。GA 随机选择 $x_T \in [1, q-1]$,计算 $y_T \equiv g^{x_T}(\bmod\ p)$,GA 的私钥为 x_T,公钥为 y_T。h 为公开的无碰撞的散列函数。

2) 成员加入过程

第一步,群中每个成员 U_i 随机选取 $x_i \in [1, q-1]$,$i = 1, 2, \cdots, t$,并计算 $y_i \equiv g^{x_i}(\bmod\ p)$,$U_i$ 的密钥为 (x_i, y_i),并把 (ID_i, y_i) 发送给 GA。第二步,对于 U_i,GA 随机选取 $k_i \in [1, q-1]$,且 $\gcd(k_i, q) = 1$,计算 $H_i \equiv y_i^{k_i}(\bmod\ p)$,$r_i \equiv g^{-k_i} H_i(\bmod\ p)$,$s_i \equiv k_i - r_i x_T(\bmod\ q)$。GA 秘密地将 (r_i, s_i) 发送到成员 U_i。U_i 收到后,验证方程 $g^{s_i} y_T^{r_i} r_i \equiv (g^{s_i} y_T^{r_i})^{x_i}(\bmod\ p)$ 是否成立。如果成立,(r_i, s_i) 是 GA 对成员身份的有效签名。对群中每一个成员 U_i,GA 存储 $(\mathrm{ID}_i, y_i, r_i, s_i, \alpha_i)$,其中 $\alpha_i \equiv g^{s_i} y_T^{r_i}(\bmod\ p) \equiv g^{k_i}(\bmod\ p)$。

3）签名过程

对于消息 m，U_i 随机选取 $k \in [1, q-1]$，计算 $r \equiv \alpha_i^k \pmod{p}$，$s \equiv k^{-1}(h(\boldsymbol{m}) - x_i r)$ $\pmod{q}$，则 $(h(\boldsymbol{m}), r, s, (r_i, s_i))$ 就是群签名。

4）验证过程

签名验收者收到签名 $(h(m), r, s, (r_i, s_i))$ 后，先计算 $\alpha_i \equiv g^{s_i} y_T^{r_i} \pmod{p}$。验证等式 $\alpha_i^{h(m)} \equiv r^s H_i^r \pmod{p}$ 是否成立。如果成立，则签名有效；反之，签名无效。

5）打开过程

GA 处保存有全体成员的信息 $(\mathrm{ID}_i, y_i, r_i, s_i, \alpha_i)$。对于签名 $(h(\boldsymbol{m}), r, s, (r_i, s_i))$，其可利用成员的公钥 y_i 逐一试算，若 $\alpha_i^{h(m)} \equiv r^s H_i^r \pmod{p}$ 成立，则签名人就是 ID_i。

（1）方案的正确性分析。

在验证过程中，等式 $\alpha_i \equiv g^{s_i} y_T^{r_i} \pmod{p}$，因为

$$\alpha_i^{h(\boldsymbol{m})} \equiv \alpha_i^{ks + x_i r} \equiv r^s (g^{s_i} y_T^{r_i})^{x_i r} \pmod{p}$$
$$H_i = y_i^{k_i} = g^{k_i x_i} = (g^{s_i + r_i x_T})^{x_i} \equiv (g^{s_i} y_T^{r_i})^{x_i} \pmod{p}$$

则

$$\alpha_i^{h(\boldsymbol{m})} \equiv r^s H_i^r \pmod{p}$$

在打开过程中，因为 $H_i \equiv y_i^{k_i} \pmod{p}$，则 $\alpha_i^{h(m)} \equiv r^s H_i^r = r^s (y_i^{k_i})^r \equiv r^s (y^{s_i + r_i x_T})^r$ $\pmod{p}$。故该方案是正确的。

（2）方案的安全性分析。

该方案存在伪造攻击，攻击者可以对任何信息产生有效的签名。

定理 11-1　在 L-C 群签名方案中，对任意消息 m，攻击者随机选择 $u, v, a, b \in [1, q-1]$，使得 $\gcd(v, q) = 1$，$\gcd(h(\boldsymbol{m}) - r, q) = 1$，其中，$r \equiv g^u y_T^u \pmod{p}$，令

$$r_i \equiv g^a y_T^b \pmod{p}$$
$$s \equiv v^{-1}(h(m) r_i - r r_i + b r) \pmod{q}$$
$$s_i \equiv (h(m) - r)^{-1}(us + ar) \pmod{q}$$

则 $(h(m), r, s, (r_i, s_i))$ 是消息 m 的有效签名。

证明：由 $s \equiv v^{-1}(h(m) r_i - r r_i + b r) \pmod{q}$ 得 $h(m) r_i \equiv (sv + r r_i + b r) \pmod{q}$，又因为

$$s_i \equiv (h(m) - r)^{-1}(us + ar) \pmod{q}$$

得

$$h(m) s_i \equiv (us + r s_i + ar) \pmod{q}$$

进一步得

$$y_T^{h(m) r_i} \equiv y_T^{sv} y_T^{r r_i} y_T^{br} \pmod{p}$$
$$g^{h(m) s_i} \equiv g^{su} g^{r s_i} g^{ar} \pmod{p}$$

两式相乘得

$$(y_T^{r_i} g^{s_i})^{h(\boldsymbol{m})} \equiv (y_T^v g^u)^s (y_T^{r_i} g^{s_i})^r (y_T^b g^a)^r \pmod{p}$$

令 $\alpha_i \equiv y_T^{r_i} g^{s_i} \pmod{p}$，由 $r \equiv y_T^v g^u \pmod{p}$，$r_i \equiv y_T^b g^a \pmod{p}$，得 $H_i \equiv \alpha_i r_i \pmod{p}$，因此

$$\alpha_i^{h(m)} \equiv r^s H_i^r (\mod p)$$

故伪造的签名$(h(m),r,s,(r_i,s_i))$是消息 m 的有效群签名。

存在伪造攻击的原因是方程 $r_i \equiv g^{-k_i} H_i (\mod p)$ 具有类似于同态的特性,如果将其用下面的方程来代替就可以避免上述攻击。

$$r_i \equiv g^{-k_i} + H_i (\mod p), r_i \equiv (g + g^{k_i})^{-1} H_i (\mod p)$$

3. T-J 群签名方案

1)初始化过程

设 p 是一个大素数,$q \mid p-1$,q 也是一个大素数因子,g 是 GF(p) 中阶为 q 的生成元。GA 随机选择 $x_T \in [1, q-1]$,计算 $y_T \equiv g^{x_T} (\mod p)$,GA 的私钥为 x_T,公钥为 y_T。群中每个成员 U_i 随机选取 $x_i \in [1, q-1]$,$i=1,2,\cdots,t$,并计算 $y_i \equiv g^{x_i} (\mod p)$,$U_i$ 的密钥为 (x_i, y_i)。h 为公开的无碰撞的散列函数。

2)成员加入过程

第一步,群成员 U_i 把 (ID_i, y_i) 发送给 GA,请求获得成员签名的资格证书。第二步,GA 对成员 U_i 的公钥 y_i 签名,GA 随机选取 $k_i \in [1, q-1]$,且 $\gcd(k_i, q)=1$,计算 $r_i \equiv g^{-k_i} y_i^{k_i} (\mod p)$,$s_i \equiv k_i - r_i x_T (\mod q)$。GA 秘密地将 (r_i, s_i) 发送给成员 U_i,并同时存储 (ID_i, y_i, r_i, s_i)。U_i 收到后,验证方程 $g^{s_i} y_T^{r_i} r_i \equiv (g^{s_i} y_T^{r_i})^{x_i} (\mod p)$ 是否成立。如果成立,(r_i, s_i) 是 GA 对成员身份的有效签名。也是成员获得群签名的资格证书。对群中每一个成员 U_i,GA 存储 (ID_i, y_i, r_i, s_i)。

3)签名过程

对于消息 m,U_i 随机选取 $a,b,t \in [1, q-1]$,计算

$$A \equiv r_i^a (\mod p)$$
$$B \equiv s_i - b (\mod q)$$
$$C \equiv r_i a (\mod q)$$
$$D \equiv g^a (\mod p)$$
$$E \equiv g^{ab} (\mod p)$$
$$\alpha_i \equiv D^B y_T^C E (\mod p)$$
$$R \equiv \alpha_i^t (\mod p)$$
$$S \equiv t^{-1}(h(m) - R x_i) (\mod q)$$

其中,h 是散列函数,则 $(R,S,h(m),A,B,C,D,E)$ 就是群签名。

4)验证过程

签名验收者收到签名 $(R,S,h(m),A,B,C,D,E)$ 后,验证等式 $\alpha_i^{h(m)} \equiv R^S H_i^R (\mod p)$ 是否成立,其中 $H_i \equiv \alpha_i A (\mod p)$。如果成立,则签名有效,反之,签名无效。

5)打开过程

在 GA 处,保存有全体成员的信息 (ID_i, y_i, r_i, s_i)。对于签名 $(R,S,h(m),A,B,C,D,E)$,利用 GA 对某成员的签名 (r_i,s_i) 逐一进行试算,若 $D^B y_T^C E \equiv D^{s_i + r_i x_T} (\mod p)$ 成立,则签名人就是 ID_i。

方案的正确性分析

验证过程中，等式 $\alpha_i^{h(m)} \equiv R^S H_i^R \pmod{p}$ 中，因为

$$R^S H_i^R \pmod{p} \equiv \alpha_i^{tS}(\alpha_i r_i^a)^R \pmod{p}$$

$$\equiv \alpha_i^{h(m)-Rx_i}(\alpha_i r_i^a)^R \pmod{p}$$

要验证等式成立，只需证明 $\alpha_i^{R-Rx_i} r_i^{aR} \equiv 1 \pmod{p}$。

事实上，$\alpha_i \equiv D^B y_T^C E \pmod{p} \equiv g^{aB+Cx_T+ab} \pmod{p}$，$r_i \equiv g^{-k_i} y_i^{k_i} \pmod{p} \equiv g^{k_i x_i - k_i} \pmod{p}$，则有

$$\alpha_i^{R-Rx_i} r_i^{aR} = g^{(R-Rx_i)(aB+Cx_T+ab)} g^{aR(x_i-1)(B+b+r_i x_T)} \equiv 1 \pmod{p}$$

打开过程中，等式 $D^B y_T^C E \equiv D^{s_i+r_i x_T} \pmod{p}$ 中，$D^{s_i+r_i x_T} = D^{B+b+r_i x_T} = D^B g^{Cx_T} g^{ab} \equiv D^B y_T^C E \pmod{p}$，故该方案是正确的。

4. T-J 改进方案 I

T-J 方案存在很多安全缺陷，在许多相关文献中都有阐述，接下来介绍 T-J 给出的改进方案。

1) 初始化过程

设 p 是一个大素数，$q \mid p-1$，q 也是一个大素数因子，g 是 GF(p) 中阶为 q 的生成元。GA 随机选择 $x_T \in [1, q-1]$，计算 $y_T \equiv g^{x_T} \pmod{p}$，GA 的私钥为 x_T，公钥为 y_T。群中每个成员 U_i 随机选取 $x_i \in [1, q-1]$，$i = 1, 2, \cdots, t$，并计算 $y_i \equiv g^{x_i} \pmod{p}$，$U_i$ 的密钥为 (x_i, y_i)。h 为公开的、无碰撞的散列函数。

2) 成员加入过程

第一步，群成员 U_i 把 (ID_i, y_i) 发送给 GA，请求获得成员签名的资格证书。第二步，GA 对成员 U_i 的公钥 y_i 签名，GA 随机选取 $k_i \in [1, q-1]$，且 $\gcd(k_i, q) = 1$，计算 $r_i \equiv g^{-k_i} y_i^{k_i} \pmod{p}$，$s_i \equiv k_i - r_i x_T \pmod{q}$。GA 秘密地将 (r_i, s_i) 发送给成员 U_i，并同时存储 $(\text{ID}_i, r_i, s_i, k_i)$。$U_i$ 收到后，验证方程 $g^{s_i} y_T^{r_i} r_i \equiv (g^{s_i} y_T^{r_i})^{x_i} \pmod{p}$ 是否成立。如果成立，(r_i, s_i) 是 GA 对成员身份的有效签名，也是成员获得群签名的资格证书。对群中每一个成员 U_i，GA 存储 $(\text{ID}_i, r_i, s_i, k_i)$。

3) 签名过程

对于消息 m，U_i 随机选取 $a, b, d, t \in [1, q-1]$，计算

$$A \equiv r_i^a \pmod{p}$$

$$B \equiv s_i a - b h(A, C, D, E) \pmod{q}$$

$$C \equiv (r_i a - d) \pmod{q}$$

$$D \equiv g^b \pmod{p}$$

$$E \equiv y_T^d \pmod{p}$$

$$\alpha_i \equiv g^B y_T^C D^{h(A,B,C,D)} E \pmod{p}$$

$$R \equiv \alpha_i^t \pmod{p}$$

$$S \equiv t^{-1}(h(m, R) - Rx_i) \pmod{q}$$

其中，h 是散列函数，则 (R, S, A, B, C, D, E) 就是群签名。

4)验证过程

签名验收者收到签名(R,S,A,B,C,D,E)后,验证等式$\alpha_i^{h(m,R)}\equiv R^S F^R\pmod{p}$是否成立,其中,$\alpha_i\equiv g^B y_T^C D^{h(A,B,C,D)}E\pmod{p}$,$F\equiv\alpha_i A\pmod{p}$。如果成立,则签名有效;反之,签名无效。

5)打开过程

GA 处保存有全体成员的信息$(\mathrm{ID}_i,r_i,s_i,k_i)$,若存在某一组值满足

$$g^B y_T^C D^{h(A,C,D,E)}\equiv(E^{x_T^{-1}}g^C)^{k_j r_j^{-1}}\pmod{p}$$

则可识别签名人就是ID_j。

T-J 改进方案 I 虽然在安全性方面有所改进,但其仍然存在可伪造性。感兴趣的读者可以进一步思考讨论。

5. T-J 改进方案 II

T-J 改进方案 II 是王晓明和符方伟基于 T-J 方案提出的,相对改进方案 I,改进方案 II 的初始化过程和成员加入过程都是一样的,只是改动了签名过程、验证过程以及打开过程。接下来详细介绍。

1)初始化过程

同改进方案 I。

2)成员加入过程

同改进方案 I。

3)签名过程

对于消息m,成员U_i随机选取$a,b,d,t\in[1,q-1]$,计算

$$A\equiv y_i^b\pmod{p}$$
$$B\equiv s_i a-bh(A,C,D,E,F)+bh(E,D,F)\pmod{q}$$
$$C\equiv(r_i a-d)\pmod{q}$$
$$D\equiv g^b\pmod{p}$$
$$E\equiv r_i^a(1+g^{-s_i a}y_T^{-r_i a})^{x_i}\pmod{p}$$
$$F\equiv y_T^d\pmod{p}$$
$$\alpha_i\equiv(D^{h(E,D,F)}+g^B y_T^C FD^{h(A,C,D,E,F)})\pmod{p}$$
$$R\equiv\alpha_i^t\pmod{p}$$
$$S\equiv t^{-1}(h(m,R)-Rx_i)\pmod{q}$$

其中,h 是散列函数,则(R,S,A,B,C,D,E,F)就是群签名。

4)验证过程

签名验收者收到签名(R,S,A,B,C,D,E,F)后,验证等式$\alpha_i^{h(m,R)}\equiv R^S\delta_i^R\pmod{p}$是否成立,其中,$\alpha_i\equiv(D^{h(E,D,F)}+g^B y_T^C FD^{h(A,C,D,E,F)})\pmod{p}$,$\delta_i\equiv A^{h(E,D,F)}(\alpha_i D^{-h(E,D,F)}-1)E\pmod{p}$。如果成立,则签名有效;反之,签名无效。

5)打开过程

GA 处保存有全体成员的信息$(\mathrm{ID}_i,r_i,s_i,k_i)$,先预计算$v_i\equiv s_i^{-1}k_i\pmod{q}$,$\omega_i\equiv g^{v_i}\pmod{p}$,并将$(\omega_i,v_i)$和$(\mathrm{ID}_i,r_i,s_i,k_i)$一起保存。如果需要打开某一个群签名,GA

可以查询已存的成员信息并判断哪个成员的(ω_i,v_i)满足等式

$$g^B y_T^C FD^{h(A,C,D,E,F)} \equiv \omega_i^B D^{v_i h(A,C,D,E,F)-v_i h(E,D,F)+h(E,D,F)}(\bmod\ p)$$

则 GA 可识别签名人就是 ID_i。

T-J 改进方案 Ⅱ 在形式上更复杂,但该方案仍然存在伪造。感兴趣的读者可以进一步思考讨论。

11.3.2　基于双线性对的群签名方案

群签名概念自提出以来,产生了许多不同的分支并取得了丰硕的成果。2002 年,F.赫斯(Hess)利用双线性对构建了一个群签名,群签名的研究进入了一个比较活跃的时期。在 2002 年之前,群签名的构造主要是基于离散对数问题;2002 年之后则主要是以双线性对作为主要工具来构造。在有些情况下,门限签名体制需要动态的门限,例如,当对一个比较重要的文件签名时,需要较多的签名人,而对于不那么重要的文件则只需要相对比较少的人签名就可以了。

马春波等[141]以双线性映射为工具,通过引入矢量空间秘密共享技术和阈下通道技术提出了一种群签名方案,该方案可以允许加入或删除成员,签名的公钥长度是独立的,打开过程通过阈下通道实现。

1. 向量空间秘密共享

秘密共享是实现信息安全和数据保密的重要手段,是电子拍卖得以实现的必不可少的技术之一。秘密共享对信息的保护不是建立在计算假设上,即便是具有无限计算能力的对手,在理论上也不可能得到系统要保护的秘密。

秘密共享方案是一种将秘密 k 分成 n 个子秘密并交给 n 个人分别保管的体制。它可使在授权子集内的成员通过协作而重构秘密,且任何非授权子集内的成员均不可能得到关于 k 的任何信息。

设 $P=\{p_1,p_2,\cdots,p_n\}$ 是 n 个参与者的集合,S 是 U 的子集的集合,如果 S 中的子集是能够计算出秘密 k 的参与者的子集,则 S 被称为访问结构,S 中的子集被称为授权子集。

向量空间构造是一种针对访问结构构造某些理想方案的方法。设 $P=\{p_1,p_2,\cdots,p_n\}$ 是 n 个参与者的集合,S 是访问结构,$D\notin P$ 是可信赖的中心机构。$K=\mathrm{GF}(q)$,q 是大素数,K^r 表示 K 上所有 r 元组构成的矢量空间。访问结构 S 是一个矢量空间访问结构,如果存在函数 $\varphi: P\cup\{D\}\rightarrow K^r$ 满足

$$\varphi(D)=(1,0,\cdots,0)\in\ <\varphi(p_i)=(a_{1,i},a_{2,i},\cdots,a_{n,i}): p_i\in A>\Leftrightarrow A\in S$$

换句话说,矢量 $\varphi(D)$ 能表示集合 $\{\varphi(p_i): p_i\in A\}$ 中的向量的线性组合当且仅当 A 是一个授权子集。

如果 S 是这样一个矢量空间访问结构,当对所有 $p\in P$ 有 $s_p\in K$(s_p 表示参与者 P 可能接收到的所有可能子秘密的集合) 时,则能够建立一个理想的秘密共享方案。给定秘密 $k\in K$,分发者随机选择 $v_2,v_3,\cdots,v_r\in K$,令 $V=(v_1,v_2,\cdots,v_r)$,其中 $v_1=k$,显然有$(V,\varphi(D))=k$,则分配给第 i 个参与者的子秘密 $\omega_i=(V,\varphi(p_i))$,即 $\omega_i=\sum_j v_j a_{ji}$。

函数 φ 是公开的。授权子集中的参与者利用他们所拥有的子秘密的线性组合计算出秘密 k。实际上，假设 $A=\{p_1,p_2,\cdots,p_n\}$ 是一个授权子集，则有 $\varphi(D)=\sum_{i=1}^{b}c_i\varphi(p_i)$，这里 $c_i\in K$，A 中的参与者能够计算秘密 $k=\sum_{i=1}^{b}c_i\omega_i$。这样构造的方案称为矢量空间秘密共享方案。

2. 方案描述

群签名的参与者有分发者 D、n 个签名者 $P=\{p_1,p_2,\cdots,p_n\}$，合成者 DC、接收者 R 和仲裁者 T。分发者的作用是生成密钥并且帮助签名者生成群签名；签名者用他的私钥生成对消息 m 的签名，在签名的生成过程中，还要用到分发者发送给他的数值；合成者的功能是利用签名者提供的个体签名生成群签名；接收者的功能是对签名进行验证，但是即便是能生成有效的验证签名，他也不能区分签名的生成群体，也就是合成者是生成的哪个群体的签名；仲裁者有能力区分哪个群体和哪些签名者生成的群签名，故可作为有争议发生时的仲裁。

设有访问结构 $\Omega=\{A_1,A_2,\cdots,A_\lambda\}$，其中 $A_j\in\Omega$ 是授权子集，$1\le j\le\lambda$。

1) 初始化

设消息 m 是将要被签名的消息，G_1 是阶为 q 的 GDH 群，这里 q 是一个大素数，P 为 G_1 的生成元。双线性映射 e 可表示为 $e:G_1\times G_1\to G_2$。假设有单向函数 $H_0:\{0,1\}^*\to G_1$，分发者在初始化阶段需要完成以下步骤：

(1) 随机选择 $s\in Z_q$ 作为在它与仲裁者 P 之间共享的密钥，并公布 sP 的值作为他的公钥。

(2) D 随机选择秘密 $k\in K$ 和 $x\in Z_q$，并随机选择 $v_2,v_3,\cdots,v_b\in K$，令 $V=(v_1,v_2,\cdots,v_b)$，其中 $v_1=k$。

(3) 由以上对矢量空间秘密共享方案的描述，可知：$A_j=\{p_1,p_2,\cdots,p_b\}$ 是一个授权子集，则秘密 $k=\sum_{i=1}^{b}c_i\omega_i$，这里 $c_i\in K$ 可被任何参与者计算。对 D 来说，k 和向量 V 都应当保密。D 公布 kP 的值，并将子秘密 ω_i 通过安全信道来分配到相应的参与者 p_i 手中。

2) 个体签名的生成

每个参与者 $p_i\in A_j$，首先随机选择 $b_i\in Z_q^*$，并公布 $y_i=b_iP$ 的值，通过安全信道向发布者 D 提交自己的身份信息 ID_i。D 随机选择 a_i，并公布 $r_i=a_iP$ 的值，然后计算

$$U_i=s(b_iP+r_i)+sxH(\mathrm{ID}_i)$$

其中，$H(\mathrm{ID}_i)\in G_1$ 是与 ID_i 有关的信息。D 将 r_i 和 U_i 通过安全信道发送给 p_i，并公布 $h_i=xH(\mathrm{ID}_i)$。

p_i 做如下计算

$$d_i=(\omega_i+b_i)H_0(m)$$
$$T_i=d_i+U_i$$

则由 p_i 生成的个体签名就是 $(U_i,d_i,r_i,h_i,y_i,T_i,m)$，并将此签名发送给 DC，同时公布 ω_iP 的值。

3）个体签名的验证

DC 可以通过如下等式来验证个体签名$(U_i, d_i, r_i, h_i, y_i, T_i, m)$的有效性及正确性。如果等式

$$e(T_i, P) = e(H(m), \omega_i P) e(y_i + r_i + h_i, Sp) e(H_0(m), y_i)$$

成立，则签名是有效且正确的，因为

$$e(T_i, P) = e(d_i + U_i, P)$$
$$= e(\omega_i H_0(m) + sb_i P + sr_i + sh_i + b_i H_0(m), P)$$
$$= e(H_0(m), \omega_i P) e(y_i + r_i + h_i, sP) e(H_0(m), b_i P)$$

4）群体签名的产生

当所有参与者 $p_i \in \mathbf{A}_j$ 提交的签名通过验证后，由 DC 计算

$$Y = \sum_{i=1}^{b} b_i P$$

$$R = \sum_{i=1}^{b} a_i P$$

$$g = \sum_{i=1}^{b} c_i b_i P$$

$$h = x \sum_{i=1}^{b} H(\mathrm{ID}b_i)$$

$$U = \sum_{i=1}^{b} U_i = s \sum_{i=1}^{b} (y_i + s_i) + s \sum_{i=1}^{b} h_i$$

$$d = \sum_{i=1}^{b} d_i c_i = \sum_{i=1}^{b} (c_i \omega_i + c_i b_i) H(\boldsymbol{m})$$

$$T = d + U$$

由授权子集 $\mathbf{A}_j$ 生成的群签名$((U_1, \cdots, U_b), (y_1, \cdots, y_b)(r_1, \cdots, r_b), d, Y, R, g, h, T, m)$是 $\boldsymbol{\Omega}$ 的签名，而不能判断是 $\boldsymbol{\Omega}$ 中哪个授权子集产生的。

5）群签名的验证

接收者 R 对群签名进行验证

$$e(T, P) = e(H(m), kP + g) e(Y + R + h, sP)$$

如果等式成立，则群签名有效且是正确的。这是因为

$$e(T, P) = e(d + U, P)$$

$$= e\left(\sum_{i=1}^{b} c_i (\omega_i + b_i) H(m) + s \sum_{i=1}^{b} (y_i + r_i) + s \sum_{i=1}^{b} h_i, P\right)$$

$$= e\left(\sum_{i=1}^{b} c_i (\omega_i + b_i) H(m), P\right) e(Y + R + h, sP)$$

$$= e\left((k + \sum_{i=1}^{b} c_i b_i) H(m), P\right) e(Y + R + h, sP)$$

$$= e(H(m), kP + g) e(Y + R + h, sP)$$

授权子集 $\mathbf{A}_j \in \boldsymbol{\Omega}$ 都可以产生有效的群签名，但是接收者只能检查群签名的有效性，

而不能判断签名来自哪一个授权子集。

6) 身份鉴别

在发生争议时,仲裁者 T 可以通过拥有的密钥 s 及秘密值 x "打开"签名进行身份鉴别,从而判断群签名来自于哪一个授权子集。对于每一个 U_i,T 的身份鉴别过程如下。

$$H(\mathrm{ID}_i) = (U_i - s(y_i + r_i))(sx)^{-1}$$

在身份鉴别中,可以使用阈下通道技术。

在本方案中,消息接收者只能对签名进行鉴别,而 T 因为拥有密钥 s 及秘密值 x,可以从阈下通道中得到附加的信息 $H(\mathrm{ID}_i)$。

阈下通道技术

阈下通道技术就是在签名中嵌入额外的一些信息,使得非授权消息接收者只能对签名的正确性进行鉴别,而授权的接收者不但可以对签名进行辨别,还能通过阈下通道技术得到额外附加的信息。

---

3. 安全性分析

(1) 该群签名方案的安全性基于椭圆曲线上离散对数问题,攻击者不能从 $\omega_i P$ 和 kP 中计算出 ω_i 和 k 的值。

(2) 只有授权子集内的成员可以生成有效的群签名。

(3) 消息接收者可以验证群签名的有效性,但是不能辨别签名者。

(4) 一旦发生争执,从仲裁者处可以对签名进行身份鉴别。

(5) 授权子集内的参与者任意多个合谋都不能重构秘密向量 $\boldsymbol{V} = (v_1, v_2, \cdots, v_b)$。

(6) 伪造者不能伪造参与者的签名。

(7) 授权子集内的参与者任意多个合谋,都不能通过 $U_i = s(b_i P + r_i) + sxH(\mathrm{ID}_i)$ 得到秘密 s,x 和秘密 $H(\mathrm{ID}_i)$。对任何人数的参与者的合谋,方程中的未知数始终比参与者的人数多。

(8) 引入随机数 b_i 的目的是防止重放攻击。由于 b_i 的引入,即便是对消息 $\boldsymbol{m}$ 签名两次,由于 $d_i = (\omega_i + b_i)H(m)$ 的不同,也会产生不同的签名。

由于计算机计算能力的飞速提升,传统群签名方案的安全性受到了严重威胁,为了抵御量子计算机的攻击,产生了一种基于格的一次群签名方案,该方案的特点是效率高、抗量子计算机攻击等,想要进一步了解的读者可以参阅文献[141]。

11.4 量子密码

正当现代密码学的发展和应用如火如荼之时,密码学家们却开始担忧:它会不会像曾经辉煌的机器密码那样被突然终结了?因为一种基于全新的计算原理、能力远胜于现代电子计算机的设备将要闪亮登场:那就是量子计算机。

量子计算机能够实现电子计算机所不能做到的并行计算,专家们已经证明,利用这种算法可以轻易地破解 RSA 和 ECC 等密码系统,从而让基于这些密码安全体系的互联网、各种电子商务系统等立即崩溃。

　　所以,密码学家们正在抓紧研究各种抗量子计算密码的技术,以应对量子计算机的严峻挑战。目前来看,基于量子力学原理的量子密码、基于分子生物现象的 DNA 密码、基于量子计算机所不擅长计算的数学问题等密码,以及混沌密码等很有希望成为抗量子计算的未来主流密码,它们的发展与应用以及相互之间的结合、取长补短将成为未来密码学的研究主题。

11.4.1　量子计算机对现代密码学的挑战

　　随着社会信息化的迅猛发展,信息安全问题越来越受到世界各国的广泛关注,密码作为信息安全的重要支撑技术而备受重视,各国都在努力寻找和建立趋于绝对安全的密码体系。由于近年量子信息尤其是量子计算研究的迅速发展,如图 11-5 所示,现代密码学的安全性受到了越来越多的挑战。

图 11-5　中国科学院-阿里巴巴量子计算实验室用囚禁原子的方法自由操纵单个原子

　　量子计算与传统电子数字计算的关键区别在于数字的表示和存储方式。传统计算利用电子器件的开关特性,以 0-1 的二进制形式表示数字;于是,一个 N 位的寄存器可以用于存储任意一个小于 2^N 的非负整数:在不同时刻可以存储不同的整数,但在每一时刻只能是一个数。量子计算则是基于量子力学原理,用"量子位"存储数字:一个二阶量子系统正交的本征态及其线性叠加形成的集合被称为"量子位",它可以用叠加形式同时表示二进制数 0 和 1。于是,一个带有 N 量子位的量子寄存器能同时表示 2^N 个整数;在这个寄存器上执行运算操作就相当于同时对 2^N 个整数进行操作。这就是量子计算的"并行"特性。

　　利用这种特性,一些传统计算机上需要进行 2^N 步才能解决的问题在量子计算机上只需 N 步运算就能完成,因此传统的 RSA 和 ECC 密码体制很容易被攻破。

11.4.2　量子密码

　　"量子力学中的不可克隆定理、不确定性原理构成了量子密码的安全性理论基础。"在第九次中国科协论坛上,有关专家介绍,现代密码学的安全性建立在数学复杂度的基础之上,即使密码已经被窃听者成功破译,合法用户也不会发现。量子密码学是根据物理基本定律而非传统的数学演算法则或者计算技巧所提供的一种密钥分发方式。量子密码的核心任务是分发安全的密钥,建立安全的密码通信体制,然后再使用一次性密码方案进行安

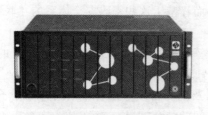

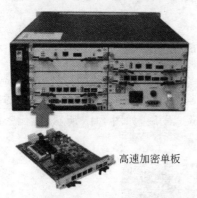

高速加密单板

图 11-6　国内商用密码领域首款量子密码机

全通信。其安全性是由物理原理所保证的,不再依赖数学的复杂度。因此,即使是量子计算机也无法对它造成多大的威胁。2015 年,郭光灿教授团队韩正甫、陈巍等完成了当时距离最长的环回差分相位协议量子密钥分配验证实验[142],成果发表于国际权威期刊《自然·光子学》。2016 年 7 月,谷歌试验在 Chrome 中使用 Ring-LWE(差错学习,Learning-With-Errors)密钥交换协议来代替 ECC 与 OpenSSL 协同工作。在商用领域,科大国盾量子技术股份有限公司研发的量子密码机于 2014 年通过国家密码管理局型号认定(图 11-6)。2023 年,中国科学技术大学潘建伟教授团队等与清华大学教授马雄峰合作,首次在实验上实现了模式匹配量子密钥分发(Mode-pairing QKD)[143],其在 2022 年马雄峰提出的新型测量设备无关量子密钥分发协议基础上,在实验室标准光纤三百千米和四百千米距离上较之前实验成码率提升了 3 个数量级,对未来量子通信网络构建具有重要意义。

11.5　小结

本章讲解了密码学的一些新技术,包括椭圆曲线、双线性对、群签名方案和量子密码。椭圆曲线部分介绍了椭圆曲线的定义,实数域和有限域上的椭圆曲线以及椭圆曲线的加法定律。然后介绍了椭圆曲线的两个应用,ECDLP 和 ECC。国产 SM2 算法也是一个基于椭圆曲线而设计的密码算法,本章从密钥生成、加解密过程、数字签名、安全分析以及密钥协商方案五个角度,对国产 SM2 算法进行了详细的描述。之后介绍了一下双线性对技术,讲解了双线性映射的定义和三大性质。然后通过现实生活中数字签名应用引出了双线性映射的两个重要应用——代理签名和盲签名,给出了代理签名和盲签名在双线性映射下的具体构造方案并延伸到多人参与签名的群签名方案。给出了基于离散对数和基于双线性对的群签名方案并详细探讨了几个著名的方案构造。最后介绍了对现代密码学引起巨大挑战的量子计算机,以及能够防御量子计算机攻击的量子密码。

思　考　题

1. SM2 算法与 RSA 算法相比,其优势是什么?
2. SM2 公钥加密算法采用什么方法提高加密的安全性?

3. 椭圆曲线 E：$y^2 \equiv x^3 + 2x + 7 \pmod{31}$。可以证明 $|E| = 39$，$P = (2,9)$ 是 E 中阶为 39 的点。简化的 ECIES 定义在 E 上，以 $\mathbf{Z}_{11}^*$ 为其明文空间。假如私钥是 $m = 8$。

(1) 计算 $Q = mP$。

(2) 解密下述密文串。

$$((18,1),21),((3,1),18),((17,0),19),((28,0),8)$$

(3) 假设每个明文代表一个字母，将明文转换为英语单词（这里使用对应：A↔1，…，Z↔26，因为 0 不允许在（明文）有序对中出现）。

4. $\mathbf{Z}_{11}$ 上的椭圆曲线 E：$y^2 \equiv x^3 + x + 6 \pmod{11}$。

(1) 列举出该椭圆曲线上的所有点。

(2) 基点 $G = (2,7)$，用户 A 的私钥 $k_A = 2$，用户 B 的明文消息编码后为 $mP = (10,9)$，加密时 B 选取随机数 $k_B = 3$，计算用户 A 的公钥和加密得到的密文。

5. 请简要说明盲签名和群签名关于匿名性的差异。

第 12 章
密码技术新应用

密码技术是信息网络安全的关键技术。前面几章已经讲述了一些基础的密码技术以及它们在信息网络安全中所起到的作用。随着计算机网络不断发展，密码技术的应用范围也在不断扩大，近年来电子商务和物联网越来越受到各行各业的重视，而它们的安全问题也必然成为研究的重点内容。电子商务和物联网安全到底涉及哪些密码技术？这些密码技术是如何保证安全的？本章首先介绍密码学在电子商务中的应用，接着介绍物联网相关的一些安全问题。通过本章内容，读者可将密码理论与实际相结合，并巩固密码学理论知识，灵活运用密码学理论知识解决实际问题。

12.1 电子商务

电子商务（electronic commerce，EC）是指在互联网、内联网（intranet）和增值网络（value added network，VAN）上以电子方式进行交易和相关服务的活动，是传统商业活动各环节的电子化、网络化。一般来说，电子商务是在全球各地广泛的商业贸易活动中，在互联网开放的网络环境下、基于浏览器/服务器应用方式、买卖双方线上（即不谋面地）进行的各种商贸活动，其可实现消费者的网上购物、商户之间的网上交易和在线电子支付，是囊括各种商务活动、交易活动、金融活动和相关的综合服务活动的新型的商业运营模式。然而，互联网的全球性、开放性、动态性和共享性使其安全非常脆弱，因此，如何保障电子商务交易的安全和顺利进行，即实现电子商务的保密性、完整性、可鉴别性、不可伪造性和不可抵赖性已成为目前研究的热点。

12.1.1 电子商务安全概述

电子商务是以互联网为媒介、以商品或服务交易双方为主体、以电子支付与结算为手段的新型商务模式。随着通信技术的发展，这种可以触及更多顾客的潜在方式给偷窃者和欺诈者也带来了极大的便利，在没有保护的通道中传送信用卡和信息交易可能会导致非法顾客的介入甚至盗窃至关重要的信用信息，因此保护电子商务信息的安全变得非常重要。电子商务的安全主要是通过密码技术、安全机制和安全协议来保证的[144]。

1. 电子商务的表现形式

电子商务从产生到当下，主要表现形式有 B2C、B2B、B2G、C2G 和 C2C，表 12-1 对这些表现形式给出了简单的定义。

表 12-1　电子商务的主要表现形式

表现形式	定　义
B2C	B to C(business to consumer),企业对消费者模式,商家对个人或商业机构对消费者模式
B2B	B to B(business to business),商家对商家或商业机构对商业机构模式
B2G	B to G(business to government),企业或商业机构对政府部门模式
C2G	C to G(consumer to government),消费者对政府部门模式
C2C	C to C(consumer to consumer),消费者对消费者模式

2. 电子商务系统面临的安全威胁[145]

在电子商务交易的过程中,交易的双方通过网络通信,通信的过程中大量的信息流在网上传输,如订单信息、账户信息等各种敏感信息。此过程中电子商务的参与者面临各种未知的安全威胁。

电子商务系统在运行的过程中面临的安全威胁主要表现为以下几点。

1) 信息泄露

攻击者在网络的传输链路通过物理或逻辑的手段对数据进行非法截获与监听,从而得到敏感信息。

2) 信息篡改

信息篡改涉及交易信息的真实性与完整性问题。交易信息在网络传输过程中可能被攻击者非法篡改,如电子票据被伪造、重用等问题,从而使得信息失去真实性和完整性。

3) 身份冒充

攻击者盗用合法用户的身份信息,以冒充的身份与他人进行交易,从而破坏被冒充一方的声誉或盗窃被冒充一方的交易成果等。

4) 信息抵赖

某些用户可能对自己发出的信息恶意抵赖,拒绝为自己的行为负责。

3. 电子商务系统的安全需求[146]

为了应对电子商务系统面临的安全威胁,实现系统的安全目标,真正实现一个安全电子商务系统,应当做到的安全需求包括可靠性、机密性、完整性、不可抵赖性、匿名性、有效性和原子性等。

1) 可靠性

电子商务系统应该提供通信双方进行身份认证的机制,确保交易双方身份信息的可靠和合法,系统应该事先对用户身份进行有效确认和对私有密钥与口令进行有效保护,对非法攻击进行有效防范,防止冒充身份在网上交易、诈骗。

2) 机密性

在传统的交易中,一般是通过面对面的信息交换,或者通过邮寄或可靠的通信渠道发送商业报文,以达到商业保密的目的。而电子商务是建立在开放的网络环境上的,维护商业机密是电子商务系统的最根本的安全需求。因此,交易必须保持不可侵犯性,通过网络送出以及接收的信息不能被任何攻击者读取、修改或拦截。密码技术是保证消息机密性的有效方法,它可使入侵者虽然能观测信息的表示,但是无法推断出所表示的信息内容或提炼出有用的信息。典型的加密方法包括已在前文中介绍过的 DES、AES、RSA 等。

3) 完整性

电子商务简化了贸易过程,减少了人为的干预,同时也带来了维护贸易各方商业信息的完整、统一的问题。由于数据输入时的意外差错或欺诈行为,可能导致贸易各方信息的差异。此外,数据传输过程中信息的丢失、重复或传送次序差异也会导致贸易各方信息的不同。贸易各方信息的完整性将影响贸易各方的交易和经营,故保持贸易各方信息的完整性是电子商务的基础。因此,要预防对信息的随意生成、修改和删除,同时要防止数据传送过程中信息的丢失和重复,并保证信息传送次序的统一。

4) 不可抵赖性

在传统交易中,交易双方通过在交易合同、契约或贸易单据等书面文件上手写签名或加盖印章,确定合同、契约、单据的可靠性并预防抵赖行为的发生,也就是常说的"白纸黑字"。电子商务系统应有效防止商业欺诈行为的发生,保证商业信用和行为的不可抵赖性,保证交易各方对已做交易无法抵赖。

5) 匿名性

电子商务应确保交易的匿名性,防止交易过程被跟踪,保证交易过程中不把用户的个人信息泄露给未知的或不可信的个体,确保合法用户的隐私不被侵犯。

6) 有效性

电子商务以电子形式取代了纸张,保证这种电子形式的贸易信息的有效性是开展电子商务的前提。电子商务作为贸易的一种形式,其信息的有效性将直接关系个人、企业或国家的经济利益和声誉。因此,电子商务系统应有效防止系统延迟或拒绝服务的发生,要对网络故障、硬件故障、操作错误、应用程序错误、系统软件错误及计算机病毒所产生的潜在威胁加以控制和预防,保证交易数据在确定的时刻、确定的地点是有效的。

7) 原子性

原子性是指将电子商务中采用的整个支付协议(一般包括初始化阶段、订购阶段、支付阶段、清算阶段等)视为一个事务,保证要么全部执行,要么全部取消。在电子商务系统中引入原子性是为了规范电子商务系统中的资金流、信息流和物流。

12.1.2 安全的电子商务系统

要解决电子商务的安全问题,电子商务系统就必须具备:防止假冒身份在网上交易和诈骗的可靠性;防止交易信息被非法截获或读取的机密性;防止交易信息丢失并保证信息传递次序统一的完整性;防止交易各方对已做交易进行抵赖的不可抵赖性;防止交易过程被跟踪的匿名性;保证交易数据有效的有效性等;保证交易一致性的原子性等安全要求。

根据电子商务系统的安全需求,可将电子商务系统安全从整体上分为两大部分:计算机网络安全和商务交易安全。计算机网络安全的内容包括计算机网络设备安全、计算机网络系统安全、数据库安全等,其主要特征是针对计算机网络本身可能存在的安全问题实施网络安全增强方案,以保证计算机网络自身的安全性为目标。商务交易安全则是紧紧围绕传统商务在互联网上应用时产生的各种安全问题,在计算机网络安全的基础上,保障电子商务过程的顺利进行,即实现电子商务的各种安全需求。

1. 电子商务的安全体系结构[147]

电子商务的安全体系结构是保证电子商务中数据安全的一个完整的逻辑结构,同时它也为交易过程的安全提供了基本保障。电子商务的安全体系结构由网络服务层、加密技术层、安全认证层、安全交易协议层、应用系统层 5 个层次组成,如图 12-1 所示。其中,下层为上层提供技术支持,是上层的基础,上层是下层的扩展和递进,各层通过控制技术的递进形成统一的整体。各层通过不同的安全控制技术,实现各自的安全策略,保证整个电子商务系统的安全。接下来主要讨论密码学技术在安全认证层以及安全交易协议层的应用。

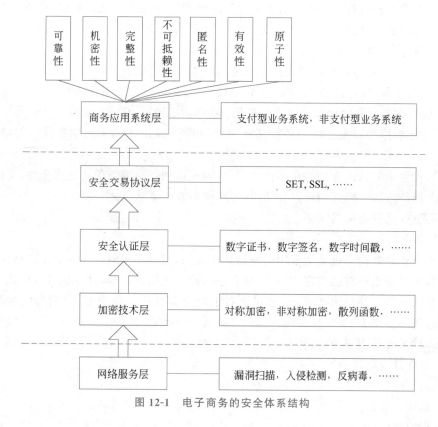

图 12-1　电子商务的安全体系结构

2. 电子商务系统的安全认证层

在电子商务系统中,由于参与交易的各方往往是素未谋面的,身份认证成了必须解决的问题,即在电子商务中,必须解决不可抵赖性问题。交易抵赖包括多方面,如发信者事后否认曾经发送过某条信息或内容,收信者事后否认曾经收到过某条信息或内容,购买者下了订单却不承认等。电子商务关系交易双方的商业利益,因此确定要进行交易的交易方正是所期望的交易伙伴,则是保证电子商务顺利进行的关键。

电子商务系统的安全认证技术是保证电子商务安全不可或缺的重要技术手段,它保证了参与各方身份的真实性,是电子商务成功启动的必要条件。认证是对付假冒攻击的有效方法,电子商务系统的交易模式使得交易双方互不见面,这就决定了电子商务系统中的认证必然要采取与传统商务截然不同的处理方式。现在主要的安全认证技术包括身份认证和数字签名。身份认证主要用于电子商务系统的访问控制,而数字签名则用于保证交易信息的完整性和交易的不可抵赖性。

1) 身份认证[148]

身份认证是在计算机网络中确认操作者身份的过程,其可分为用户与主机间的认证和主机与主机之间的认证。在计算机网络世界中,一切信息(包括用户的身份信息)都由一组特定的数据表示,计算机只能识别用户的数字身份,给用户的授权也是针对用户数字身份进行的。而人们的生活是基于现实的物理世界,每个人都拥有独一无二的物理身份。如何保证以数字身份进行操作的访问者就是这个数字身份的合法拥有者,即保证操作者的物理身份与数字身份相对应,就成为了一个重要的安全问题。身份认证技术的诞生就是为了解决这个问题。

在真实世界中,对用户的身份进行认证的基本方法可以分为以下三种。

- 根据你所知的信息证明你的身份(what you know,你知道什么)。
- 根据你所拥有的物品证明你的身份(what you have,你有什么)。
- 直接根据独一无二的身体特征证明你的身份(who you are,你是谁),如指纹、面貌等。

网络世界中的认证方法与真实世界一致,为了达到更高的身份认证安全性,某些场景下会从上面的方法中挑选两种混合使用,即所谓的双因素认证。

下面罗列几种常见的认证形式。

(1) 静态口令。

口令方式是最简单也是最常用的身份认证方法,是基于 what you know 的认证手段。用户的口令是由用户自己设定的,在网络登录时输入正确的口令,计算机就可以认为操作者就是合法用户。2013 年 Google 公司公布了一批常见的口令类型,它们都因容易被猜测出而显得不安全。

- 宠物、孩子、家人的名字。
- 纪念日或生日。
- 出生地。
- 喜欢的节日。
- 喜欢的球队。
- 英文单词 Password。

把口令抄在纸上放在一个自认为安全的地方,这样很容易造成口令泄露。而且由于口令是静态的数据,在验证过程中需要在计算机内存中存储和在网络中传输,每次验证使用的验证信息都是相同的,很容易被驻留在计算机内存中的木马程序或网络中的监听设备截获。因此,静态口令的安全性并不高。在使用的过程中必须勤换口令以保证安全性。

口令与密钥的区别

口令(password、passphrase、passcode)是一串字符,作为用户证明身份或得到权限的凭证,而密钥是用于特定密码算法的一串字符,作用是将明文变成密文。QQ 登录密码、网站邮箱密码、Windows 系统登录密码、银行卡密码、支付宝密码都是口令。一个直接证据就是,没有 Windows 登录密码的用户可以使用 PE(preinstall environment)来获得硬盘的数据,而没有密钥是无法正确恢复加密压缩包的。在 ATM 机上一般使用纯数字的口令,称为 PIN(personal identification number)。

口令该如何设置

阿迪·萨莫尔(Adi Shamir)建议,首先要对口令进行分类,一般可按照重要程度将口令分为两类或三类。如网银登录口令、支付宝口令可列为非常重要的一类,这些口令设置得应尽量长,越长越好,而且注意不要与自己的姓名、生日等信息有联系,最好不要重复;社区论坛的口令可以相对简单一些。

针对一些人喜欢把口令全部记到一个本子上的情况,萨莫尔表示,如果非要采取这种比较原始的方法记录口令,不妨加一道密,即用自己能看得懂的图像或字符“替换”口令。

萨莫尔还建议企业管理人员在员工离职后应立即注销他们的账号。

值得注意的是,Chrome 浏览器是以明文方式保存用户的登录口令的。读者不妨查看 Chrome 浏览器中的口令管理器。

(2) 动态口令。

基于动态口令的身份认证是目前最为安全的身份认证方式,其是基于 what you have 的认证手段。

动态口令技术是一种让用户口令按照时间或使用次数不断变化、每个条目只能使用一次的技术。用户使用时只需要将动态令牌上显示的当前口令(如图 12-2 所示)输入客户端计算机,即可实现身份认证。由于每次使用的口令必须由动态令牌产生,只有合法用户才持有该硬件,所以只要用户通过口令验证计算机就可以认为该用户的身份是可靠的。而且由于用户每次使用的口令都不同,即使黑客截获了

图 12-2　中银 e 令

一次口令也无法利用这个口令仿冒用户身份。动态口令技术采用一次一密的方法有效保证了用户的身份安全。

现在主流的动态口令技术是基于时间同步方式的,每若干秒变换一次动态口令,口令一次有效,它产生若干位动态字符进行一次一密的方式认证。但是由于基于时间同步方式的动态口令牌存在若干秒的时间窗口,所以该口令在这段时间内还是存在风险的。现在已有基于事件同步的、双向认证的动态口令技术。基于事件同步的动态口令遵循用户动作触发的同步原则,真正做到了一次一密,并且由于是双向认证(即服务器验证客户端,

同时客户端也需要验证服务器)从而达到了杜绝木马网站的目标。由于它使用起来非常便捷,85%以上的世界 500 强企业都运用它保护登录安全,目前它已广泛应用在 VPN、网上银行、电子政务、电子商务等领域。

动态口令是应用最广的一种身份识别方式,一般是长度为 5~8 的字符串,由数字、字母、特殊字符、控制字符等组成。用户名和口令的方法几十年来一直用于提供所属权和准安全的认证来对服务器提供一定程度的保护。当用户访问自己的电子邮件服务器时,服务器要根据用户名与动态口令对用户进行认证,此外还要提供动态口令更改工具。系统(尤其是互联网上新兴的系统)通常还提供用户提醒工具以防忘记口令。

（3）生物特征。

基于生物特征的身份识别是基于 who you are 的认证手段,是通过可测量的身体或行为等生物特征进行身份认证的技术。生物特征是指生物唯一的可以测量或可自动识别和验证的生理特征或行为方式。生物特征分为身体特征和行为特征两类。身体特征包括指纹、掌形、视网膜、虹膜、人体气味、脸型、手的血管和 DNA 等;行为特征包括签名、语音、行走步态等。从理论上说,生物特征认证是最可靠的身份认证方式,因为它直接使用人的物理特征表示每个人的数字身份,每个人都具有独一无二的生物特征,因此不可能被仿冒。

指纹识别、虹膜扫描比传统密码更安全吗

生物识别安全系统的设计思路就是让用户使用明显的身体特征,如指纹、虹膜等证明自己的身份。图 12-3 为美国 ATM 机制造商 Diebold 公司推出的一款新型虹膜扫描 ATM 机。生物识别功能的好处就是这些身体特征很难复制,而且用户也不用费神记住它们。可惜的是生物数据也是可以被黑客窃取的。2015 年 9 月,黑客窃取了美国国防部和其他政府部门员工的安检数据,其中包括大约 560 万份指纹记录。生物识别的缺点是:在生物数据失窃会造成永久性的危害——在数据失窃后,用户可以更改口令,但是无法更改自己的指纹。不过,生物识别安全系统的这些风险也不是不可以防范的:将生物数据只保存在用户本人的设备上,而不是集中保存在某个企业的服务器上。

图 12-3　虹膜扫描 ATM 机

（4）认证中心。

认证中心(certificate authority, CA)是承担网上安全电子交易认证服务、签发数字证书并能确认用户身份的权威服务机构,是为电子商务提供安全保障的基础设施。数字证书实际上是存放在计算机上的一个记录,是由 CA 签发的声明,其可证明证书主体与证书中所包含的公钥的唯一对应关系。证书包括证书申请者的名称及相关信息、申请者的公钥、签发证书的 CA 的数字签名以及证书的有效期限等内容。数字证书的作用是使网上交易的双方互相验证身份,保证电子商务的正常进行。现在大多数的电子商务安全解决方案都趋向于使用第三方信任服务,在这种安全机制中,CA 是保证电子商务安全的基

础。例如,中国邮政的电子商务安全认证系统(CPCA)的体系结构如图 12-4 所示。

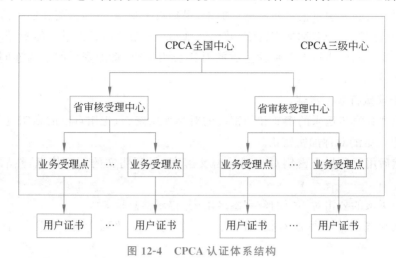

图 12-4　CPCA 认证体系结构

CPCA 全国中心负责为整个体系的各类证书用户发放和撤销证书,接受各审核受理中心发来的证书请求,并对高级证书申请进行审核,维护并发布全国黑名单库。

省审核受理中心即 RA 中心,负责汇总中心所辖的各业务受理点接收的各类用户的证书申请,并负责对某些证书申请进行二级审核,维护并发布本中心所管理的用户的黑名单库。

业务受理点是为用户提供证书申请服务的受理窗口,负责接收用户的证书申请请求,对用户提交的资料进行初级审核,并将资料提交相应的审核受理中心。

在该模型中,根 CA 位于层次的顶部。根 CA 的证书是自签发的,其正当性通常依赖政府机构的信誉和相关法律法规。直接隶属于根 CA 的 CA 的证书是由根 CA 签发的,而这些 CA 再为其下属的 CA 签发证书。于是这些 CA 构成一个层次结构:高层的 CA 为低层的 CA 签发证书,底层的 CA 为终端用户签发证书。

2) 数字签名

在传统的交易中,人们是用书面签名来确定身份以及交易信息的。在书面文件上签名的作用有两点:一是确认其为自己所签署的文件,自己难以否认;二是因为签名不容易被伪造,故可以判断文件是否为伪造的文件。随着电子商务的应用,人们通过网络传递交易信息,这就出现了消息真实性的认证问题,数字签名在电子商务中的应用就此应运而生。

数字签名是附加在数据单元上的一些数据,或是对数据单元所做的密码变换,这种数据和变换允许数据单元的接收者用于确认数据单元来源和完整性,并保护数据,防止被人(如接收者)伪造。数字签名用来保证信息传输过程中信息的完整和提供信息发送者的身份认证。在电子商务中安全、方便地实现在线支付。同时,对于数据传输的安全性、完整性、身份验证机制以及交易的不可抵赖性问题通过安全性认证手段加以解决。

下面通过一个买卖双方交易的例子说明数字签名在电子商务中的使用过程[149]。

买家执行如下步骤。

(1) 准备好要传送的购买信息(明文)。

（2）对信息进行散列运算,得到一个信息摘要。

（3）用自己的私钥对信息摘要进行加密,得到数字签名,并将其附在购买信息上。

（4）随机产生一个对称加密密钥,并用此密钥对要发送的信息进行加密,形成密文。

（5）用商家的公钥对上个步骤生成的对称密钥加密,将加密后的密钥连同密文一起传送给商家。

接着商家执行如下步骤。

（1）收到买家传送来的密文和加密过的对称加密密钥,先用自己的私钥进行解密,得到买家随机产生的对称加密密钥。

（2）然后用对称加密密钥对收到的密文解密,得到明文的数字信息,然后将该密钥抛弃。

（3）用买家的公钥对买家的数字签名解密,得到信息摘要。

（4）用相同的散列算法对收到的明文再进行一次散列运算,得到一个新的信息摘要。

（5）将收到的信息摘要和新产生的信息摘要进行比较,如果一致,则说明收到的信息没有被修改过。

从上面的过程中可以看出,签名是建立在私钥与签名者唯一对应的基础上,在验证过程中,是要用与该私钥对应的公钥验证的。所以,数字签名可以通过身份认证中提到的认证中心颁发签名的数字证书、私钥,从而确保签名的有效性。

3. 电子商务系统中的交易协议层

在电子商务的安全体系中,各参与方之间的数据交换是基于安全交易协议的。目前国际上有两类流行的电子商务安全交易协议:安全套接字层(secure socket layer,SSL)协议和安全电子交易(secure electronic transaction,SET)协议。两者相比较而言,SSL 协议实现简单,使用方便,系统开销小,多应用于简单加密的支付系统,其缺陷在于只能提供交易中客户与服务器之间的双方认证,在实际包含客户、商家、银行甚至认证中心等的多方电子交易认证中并不能协调各方的安全传输和信任关系。相比之下,SET 协议是一个更加完善,也更加复杂的电子交易协议。SSL 和 SET 的比较如表 12-2 所示。

表 12-2　SSL 与 SET 的比较

比 较 项 目		SSL	SET
相同点		信息被加密传输,有信息完整性检测	
不同点	信息保密性	用户信息对商家不保密	用户购买信息对银行保密,用户账户信息对商家保密
	证书签发	发放服务器端、客户端证书	用户、商家、银行均有证书
	验证	只有商家验证用户	用户、商家、银行三方验证
	应用范围	一对一通信系统	网上银行
	其他	安全性相对较差,投资少,管理不严格	安全性好,投资大,管理严格

目前,许多电子商务网站采用的安全交易方式是在客户和商家服务器间用 SSL 方式加密传送,如图 12-5 所示;在商家服务器与支付网关间采用软件加密传送,并设置防火墙;在支付网关与收单行间采用专线连接方式并用硬件加密。由表 12-2 可知,SSL 只提供安全信道,难以实现网上交易所需要的多方认证,而 SET 实现了在开放网络中的银行卡支付协议,采用公钥密码体制和 X.509 电子证书标准,非常详细而且准确地反映了银行卡交易各方之间存在的各种关系。SET 还定义了加密信息的格式和完成一笔银行卡交易过程中各方传输信息的规划,说明了每一方所持有的数字证书的合法含义,希望得到数字证书及响应信息的各方应有的行为,以及与交易紧密相关的责任划分,因此能够在电子交易环节提供更大的信任度、更完整的交易信息、更高的安全性,以及更低受欺诈的可能性。

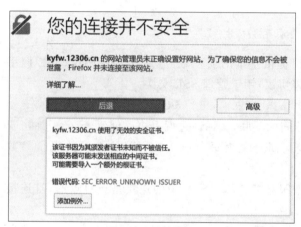

(a) 证书安装前的网页

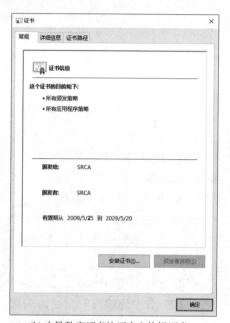

(b) 中铁数字证书认证中心的根证书

图 12-5 SSL 协议在铁路客运服务系统的应用

1) 安全套接字层协议(SSL)

SSL 协议是由 Netscape 公司于 1996 年设计开发的、位于传输层和应用层之间的安全协议。SSL 被设计成使用 TCP 提供一种可靠的端到端的安全服务,是一种用于基于会话的加密和认证的网络协议,它在两实体——客户和服务器之间提供了一个安全管道。为了防止客户/服务器应用中的监听、篡改、消息伪造等,SSL 提供了服务器认证和可选的客户端认证。通过在两个实体之间建立一个共享的密钥,SSL 可以提供保密性。Google 搜索、支付宝、微信就是使用它保障安全的。

心脏出血(Heartbleed)漏洞

这项严重缺陷(CVE-2014-0160)是由于系统未能在 memcpy( )调用受害用户输入内容作为长度参数之前正确进行边界检查所致的。攻击者可以追踪 OpenSSL(SSL 协议的开源实现)所分配的 64KB 缓存,将超出必要范围的字节信息复制到缓存当中,再返回缓存内容,这样一来,受害者的内存内容就会以每次 64KB 的速度泄露。心脏出血漏洞曾波及大量互联网公司及服务器,其中包括 Amazon Web Services、Github、Tumblr、Wunderlist 等知名网站。

SSL 协议分为两层:记录层和握手层,每层使用下层服务,并为上层提供服务,其协议栈如图 12-6 所示。

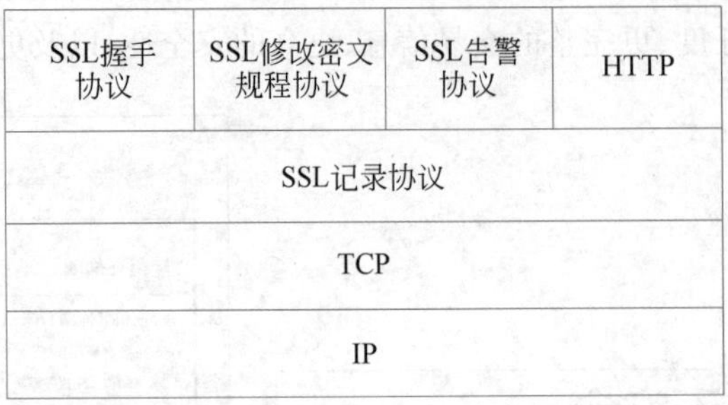

SSL握手协议	SSL修改密文规程协议	SSL告警协议	HTTP
SSL记录协议			
TCP			
IP			

图 12-6 SSL 协议栈

SSL 记录协议为不同的更高层协议提供基本的安全服务。3 个高层协议(SSL 握手协议、SSL 修改密文规程协议、SSL 告警协议)用于管理 SSL 交换。

SSL 中有两个重要的概念。

(1) SSL 会话——是客户和服务器间的关联,会话通过握手协议创建,定义了加密安全参数,这些参数可为多个连接共享,从而避免为每个连接执行代价昂贵的安全参数协商。

(2) SSL 连接——是提供恰当类型服务的传输。SSL 中的连接是点对点的,且连接是短暂的,每个连接与一个会话关联。

实际上每个会话都存在一组状态,一旦建立了会话,就有当前状态。在握手协议期间,会话处于未决状态,一旦握手协议成功、建立了会话就由未决状态变成当前状态。

SSL 记录协议为 SSL 连接提供两种服务。

- 机密性服务——握手协议定义了用于对 SSL 有效载荷进行常规加密的共享密钥。
- 报文完整性服务——握手协议定义了用于生成报文鉴别码(MAC)的共享密钥。

SSL 记录协议的整个操作过程如图 12-7 所示。首先,SSL 记录协议接收应用报文,将数据分片成可管理的块;其次,有选择地压缩数据,加上 MAC;再次,进行加密处理;最后,添加 SSL 记录首部,将得到的最终数据单元作为一个 TCP 报文段的载荷部分传输。在接收端,接收的数据经过解密、验证、解压和重新装配,然后交给更高级的用户。

SSL 记录首部由以下字段组成。

- 内容类型(8 位)——用于说明封装数据段的更高层的协议。已定义的内容类型有修改密文规程协议、告警协议、握手协议和应用数据。

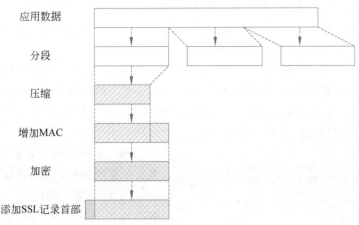

图 12-7　SSL 记录协议的操作

- 主要版本(8 位)——指示 SSL 的主要版本号。
- 次要版本(8 位)——指示 SSL 的次要版本号。
- 压缩长度(16 位)——明文数据段以字节为单位的长度。

SSL 记录协议的有效载荷包括如下。

(1) 修改密文规程协议。

它是使用 SSL 记录协议的 3 个 SSL 协议之一,是最简单的一个,由单个报文组成,此报文由值为 1 的字节组成。这个报文的唯一目的就是将未决状态复制到当前状态,在完成握手协议之前,客户端和服务端都要发送这一消息,以便通知对方其后的记录将受刚刚协商的密钥及关联的密钥保护。

(2) 告警协议。

告警协议是用来将 SSL 有关的告警消息及其严重程度传送给 SSL 会话的主体。和其他使用 SSL 的应用一样,告警消息按照当前状态所指定的方式压缩和加密。这个协议的每个报文由两个字节组成:第一个字节的值是"警告(warning)"或"致命的(fatal)",用于传送报文的严重级别;第二个字节包括了特定告警的代码。

当任何一方检测到错误时,检测的一方就向另一方发送一个消息。如果告警消息是"致命的",则通信的双方应立即关闭连接,双方都需要忘记任何与该失败的连接相关联的会话标示符、密钥和秘密。对于所有的非致命错误,双方可以缓存信息以恢复该连接。

(3) 握手协议。

握手协议是 SSL 中最复杂的部分。SSL 握手协议负责建立当前会话状态的参数,使服务器和客户能够协商一个协议版本、选择密码算法、互相认证,并且使用公钥加密技术通过一系列交换信息在双方间生成共享的密钥。在使用会话传输任何数据之前,必须先用握手协议建立连接。

握手协议由一系列在客户和服务期间交换的报文组成,每个报文由 3 个字段组成:报文类型、以字节为单位的报文长度,以及与这个报文有关的参数内容。握手协议在客户和服务器间建立逻辑连接所需的初始交换,分为以下 4 个阶段。

① 建立安全能力。这个阶段用于开始逻辑连接并且建立和这个连接关联的安全能力。

客户发起这个交换,传递的参数有协议版本、会话 ID、密文族、压缩方法和初始随机数。

② 服务器鉴别和密钥交换。服务器可以发送证书、交换密钥和请求证书。最后服务器发出结束 HELLO 报文阶段的信号。

③ 鉴别客户和交换密钥。一旦接收服务器完成报文,客户应该验证服务器是否提供了合法的证书,检查服务器 HELLO 参数是否可接受。如果所有这些条件都满足,客户就把一个或多个报文发送给服务器。如果服务器请求了证书,那么客户发送证书,发送密钥交换,客户可以发送证书验证报文。

图 12-8　SSL 记录格式

④ 结束。这个阶段完成安全连接的建立。最终形成的 SSL 记录格式如图 12-8 所示。

2) 安全电子交易协议

安全电子交易协议(SET)是由国际信用卡巨头 VISA 公司和 Master Card 公司联合于 1997 年开发设计的,得到了 IBM、HP 等很多大公司的支持,是一个为在互联网上进行在线交易而设立的开放的、电子交易规范,用于划分与界定电子商务活动中的消费者、商家、银行、信用卡组织之间的权利义务关系,它可以对交易各方进行认证,防止商家欺诈。为了进一步加强安全性,SET 分别使用两组密钥对加密和签名,通过双签名机制将订购信息与账户信息链接在一起签名。SET 协议开销较大,客户、商家、银行都要安装相应软件。

SET 协议结合了对称加密算法的快速、低成本和公钥密码算法的可靠性,有效地保证了在开放网络上传输的个人信息、交易信息的安全,而且还解决了 SSL 协议所不能解决的交易双方的身份认证问题。

(1) SET 协议的主要目标如下。

- 防止数据被非法用户窃取,保证信息在互联网上安全传输。
- SET 使用了一种双签名技术保证电子商务参与者信息的相互隔离。客户的资料被加密后通过商家到达银行,但是商家不能看到客户的账户和密码信息。
- 解决多方认证问题。不仅要对客户的信用卡认证,而且要对在线商家进行认证,实现客户、商家和银行间的相互认证。
- 保证网上交易的实时性,使所有的支付过程都是在线的。
- 提供一个开放式的标准,规范协议和消息格式,促使不同厂家开发的软件具有兼容性和互操作功能,可在不同的软硬件平台上执行并被全球广泛接受。

(2) SET 协议提供的服务。

SET 协议为电子交易提供了许多保证安全的措施,它能保证电子交易的机密性、数据完整性、交易行为的不可否认性和身份的合法性。SET 协议设计的证书中包括银行证书及发卡机构证书、支付网关证书和商家证书。

① 保证客户交易信息的保密性和完整性。SET 协议采用了双重签名技术对 SET 交易过程中消费者的支付信息和订单信息分别签名,使商家看不到支付信息,只能接收用户

的订单信息;而金融机构看不到交易内容,只能接收到用户支付信息和账户信息,这一机制充分保证了消费者账户和订购信息的安全性。

② 确保商家和客户交易行为的不可否认性。SET 协议的重点就是确保商家和客户的身份认证和交易行为的不可否认性。其理论基础就是不可否认机制,采用的核心技术包括 X.509 电子证书标准、数字签名、报文摘要、双重签名等技术。

③ 确保商家和客户的合法性。SET 协议使用数字证书对交易各方的合法性进行验证。通过数字证书的验证,可以确保交易中的商家和客户都是合法的、可信赖的。

（3）SET 协议的交易流程。

① 持卡人浏览商品明细清单,可从商家的 Web 主页上浏览,也可从商家提供的打印目录上获取商品信息。

② 持卡人选择要购买的商品。

③ 持卡人填写订单,包括项目列表、价格、运费等信息。订单可通过电子化方式从商家传过来,或由持卡人的电子购物软件建立。有些在线商家可以让持卡人与商家协商物品的价格。

④ 持卡人选择付款方式。此时 SET 开始介入。

⑤ 持卡人发送给商家一个完整的订单及要求付款的指令。在 SET 中,订单和付款指令由持卡人进行数字签名,同时利用双重签名技术保证商家看不到持卡人的账号消息以及银行看不到持卡人的订单消息。

⑥ 商家接受订单后,向持卡人的金融机构请求支付认可。通过网关到银行,再到发卡机构确认,批准交易,然后返回确认消息给商家。

⑦ 商家发送订单确认消息给持卡人。持卡人端软件可记录交易日志,以备将来查询。

⑧ 商家给持卡人装运货物,或完成订购的服务。到此为止,购买过程已经结束。商家可以立即请求银行将钱从购物者的账号转移到商家账号,也可以等到某一时间请求成批的划账处理。

⑨ 商家向持卡人的金融机构请求支付。

交易过程的前三步不涉及 SET 协议,之后 SET 协议开始起作用。在处理的过程中,通信协议、请求消息的格式、数据类型的定义等 SET 协议都有明确的规定。在操作的每一步,持卡人、商家、网关都通过 CA 验证通信主体的身份,以确保通信的对方不是冒名顶替。

3）SET 协议与 SSL 协议的区别

事实上,SET 和 SSL 除了都采用 RSA 公钥算法以外,二者在其他技术方面没有任何相似之处。SET 是一种基于信息流的协议,它非常复杂,但详尽而准确地反映了卡交易各方之间存在的各种关系。SET 允许各方之间的非实时报文交换,报文能够在银行内部网络或其他网络传输,而 SSL 只是简单地在双方之间建立一条安全的、面向连接的通道。

SET 与 SSL 的具体区别如下。

（1）认证机制方面。SET 的安全需求较高,所有成员都必须申请数字证书以表示身份,而在 SSL 则只有商家端的服务器需要被认证,客户端的认证则是可选的。

（2）安全性。一般公认 SET 的安全性较 SSL 高,主要原因是在整个交易过程中,包括持卡人到商家、商家到网关再到银行网络都受到严格的保护,而 SSL 的安全范围只限于持卡人到商家的信息交流。

(3) 用户方便性。SET 需要安装专门的软件,而 SSL 则一般与浏览器集成在一起。

对等网络

对等计算(peer to peer,简称 P2P)可以简单地定义成通过直接交换来共享计算机资源和服务,而对等计算模型应用层形成的网络通常称为对等网络。在 P2P 网络环境中,成千上万台彼此连接的计算机都处于对等的地位,整个网络一般来说不依赖专用的集中服务器。网络中的每一台计算机既能充当网络服务的请求者,又对其他计算机的请求作出响应,提供资源和服务。通常这些资源和服务包括信息的共享和交换、计算资源共享(如 CPU 的共享)、存储共享(如缓存和磁盘空间的使用)等。

12.2　轻量级密码与物联网

物联网(internet of things),顾名思义就是物物相连的互联网,它被视为继计算机、互联网和移动通信网络之后的第三次信息产业浪潮,是以终端感知网络为触角深入物理世界的每一个角落,实现人与人、人与物、物与物全面互联的网络。由于物联网终端设备具有计算能力较弱、存储空间较小等特点,又因资源受限,许多传统的安全机制不能直接应用于物联网。因此,物联网加密技术必须是一种易实现、安全系数较大、适合敏感级信息环境下使用的轻量级加密技术。

12.2.1　物联网的概念及其网络架构

1. 物联网的概念

目前,关于物联网,业内还没有统一的标准定义。笼统来说,物联网就是将各种信息传感设备与互联网结合起来而形成的一个巨大网络。具体来说,物联网就是通过射频识别(RFID)、红外感应器、全球定位系统、激光扫描器等信息传感设备,按约定的协议把各种物品与互联网连接起来,进行信息交换和通信,以实现智能化识别、定位、跟踪、监控和管理的一种网络。

根据上述定义可以总结出物联网的三个主要特点[150]。

(1) 全面感知,即利用各种感知设备(如 RFID、传感器等)从环境中搜集物体信息;

(2) 可靠传输,即融合多种网络(如移动通信网、互联网、广电网等),通过这些网络将感知信息传输到数据处理中心;

(3) 智能处理,即应用智能计算技术分析和处理数据处理中心的海量数据,为基于物联网的各种应用服务提供支持。

2. 物联网的网络架构

物联网系统通常被划分为三个层次,即感知层、网络层和应用层[151],其网络架构如图 12-9 所示。

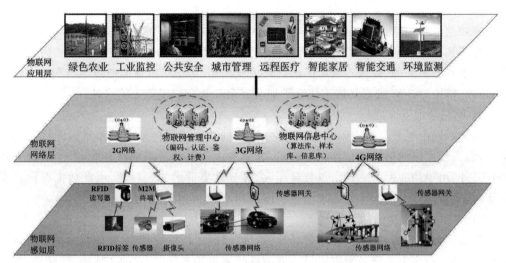

图 12-9　物联网网络架构

感知层的主要功能是全面感知,随时随地获取物体的信息。RFID 技术、传感和控制技术、短距离无线通信技术是感知层涉及的主要技术,其中包括芯片研发、通信协议研究、RFID 材料、智能结点供电等细分领域。

网络层的主要功能是实现感知数据和控制信息的双向传递,通过各种电信网络与互联网的融合,将物体的信息实时准确地传递出去。物联网通过各种接入设备与移动通信网和互联网相连,如手机付费系统中由刷卡设备将内置于手机的 RFID 信息采集上传到互联网,网络层完成后台鉴权认证并从银行网络划账。网络层还具有信息存储查询、网络管理等功能。

应用层主要是利用经过分析处理的感知数据为用户提供丰富的服务。物联网的应用可分为监控型(物流监控、污染监控)、查询型(智能检索、远程抄表)、控制型(智能交通、智能家居、路灯控制)、扫描型(手机钱包、高速公路 ETC)等。应用层是物联网发展的目的,软件开发、智能控制技术将会为用户提供丰富多彩的物联网应用。

根据物联网的网络架构,物联网存在的安全威胁在每一层都不可避免,除了存在互联网的安全威胁外,还存在物联网自身所特有的安全威胁。

取款的安全防范事项

(1) 不要在夜深人静的时候去取款,也不要到偏僻的地方去取款。如果没有条件,叫上朋友同行。

(2) 关好卡门,留意取款环境,检查多余装置(图 12-10 所示为加装恶意装置的 ATM 机),遮住密码。

(3) 不要相信 ATM 旁边张贴的要求客户转账的"银行公告",妥善保管取款凭条。

(4) 建议取大额现金时尽量使用斜挎包,走出银行时一手护住包身,一手紧握背带,使歹徒难以下手。减少步行路程,选择容易打车的银行网点。

图 12-10　被加装恶意装置的 ATM 机

1) 感知层安全威胁

感知层的感知结点分布广泛,是物联网中最容易遭受入侵的部位。感知结点的功能就是监测和控制不同格式的数据以表征网络系统的当前状态,但这些不同格式的数据往往来源于各种不同的、存在不确定因素的环境。例如,用于军事目的的传感器网络多数是在敌对环境中;ATM机容易被不法分子加装多余装置窃取提款人的信息。

2) 网络层的安全威胁

当物联网中感知层结点采集到信息之后,数据在网络层传输时大多是以无线网络为渠道,而无线网络的信息安全性相对脆弱,容易造成信息的泄露或被篡改,产生中间人攻击。另外,由于物联网中感知结点数量庞大,并且以集群的方式存在,因此数据在网络层传播时,大量结点的数据传输需求会导致网络拥塞,产生拒绝服务攻击。

3) 应用层的安全威胁

物联网常用到射频识别技术,射频标签可以被嵌入任何物品中,使该物品的所有者被定位和追踪,造成个人隐私泄露。另一方面威胁来自恶意代码,它的传播性、隐蔽性、破坏性等相比TCP/IP网络而言更加难以防范。恶意程序在无线网络环境和传感器网络(简称传感网)环境中有无穷多入口,一旦入侵成功就会肆意传播。图12-11为恶意代码获取的他人家中的摄像头画面。

图12-11　窃取的他人家中实时画面

全球银行业最大网络劫案:中美等30国银行被盗10亿美元

这一案件源于乌克兰2013年下半年发生的自动取款机(ATM)"无故吐钱"事件。卡巴斯基实验室调查发现,这只是一起惊天"网络盗窃"阴谋的"冰山一角"。该犯罪团伙由来自亚洲和欧洲多个国家的黑客组成,利用一种名为Carbanak的病毒入侵约30个国家超过100家金融企业。黑客首先向银行系统员工发送看上去来自可信赖渠道的病毒邮件,后者打开后,病毒入侵内部系统,让黑客得以进入整个银行网络并获得权限,通过内部视频监控摄像头观察员工的一举一动。经数月"潜伏",犯罪分子逐渐熟悉银行业务操作,模仿银行员工的业务手法将资金转移到一些虚假账户,或者通过程序操控指定ATM在指定时间"吐钱"。犯罪分子作案手法相当狡猾,甚至会修改报表、盗走差额部分让银行方面难以立刻发现。与此同时,他们采取分散作案手法,从每家银行窃取的资金不超过1000万美元,以保持案值"低调"。犯罪分子的"网络盗窃"行为眼下还没有停止,可能还会有银行因为系统遭病毒软件入侵而成为他们新的"猎物"。卡巴斯基实验室提醒,银行业应该了解事态的严重性,进一步强化信息安全措施,升级防护软件,加大病毒扫描的频率,尽最大可能防范"网络盗窃"。

12.2.2　物联网感知层安全

感知层是物联网的基础,其数据信息的安全保障也是整个物联网安全的基础。感知层感知物理世界信息的两大关键技术是射频识别(radio frequency identification,RFID)技术和无线传感器网络(wireless sensor network,WSN)技术。因此,探讨物联网感知层的数据信息安全重点在于解决 RFID 系统和 WSN 系统的安全问题[150]。

1. RFID 系统使用的密码技术

RFID 技术是一种非接触式的数据采集与自动识别技术,其通过射频信号自动识别目标对象并获取相关数据。基于 RFID 技术的物联网感知层结构如图 12-12 所示。

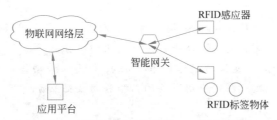

图 12-12　物联网感知层结构——RFID 方式

其中,RFID 感应器和 RFID 标签物体构成了一个 RFID 系统,每个 RFID 系统作为一个网关结点通过智能网关接入到物联网的网络层,因此物联网感知层的信息安全问题依赖单个 RFID 系统的安全性。

由于 RFID 感应器和 RFID 标签物体之间是无线通信的,因此 RFID 系统容易遭受各种攻击。RFID 系统面临的安全问题如下。

* 信息泄露——在末端设备或 RFID 标签使用者不知情的情况下,信息被读取(信息隐私泄露)。
* 追踪——利用 RFID 标签上的固定信息对 RFID 标签携带者进行跟踪(地点隐私泄露)。
* 重放攻击——攻击者窃听电子标签的响应信息并将此信息重新传给合法的读写器,以实现对系统的攻击。
* 克隆攻击——克隆末端设备,冒名顶替,对系统造成攻击。
* 信息篡改——将窃听到的信息进行修改之后再将信息传给原本的接收者。
* 中间人攻击——指攻击者伪装成合法的读写器获得电子标签的响应信息,并用这一信息伪装成合法的电子标签以响应读写器。这样,在下一轮通信前,攻击者可以获得合法读写器的认证。

为解决这些安全问题,业界提出了一些轻量级的密码技术[152]。

1)轻量级密码算法

目前,国外学者已经设计出多种轻量级加密算法。其中,德国鲁尔大学 A.波格丹诺夫（A.Bogdanov）于 2007 年提出的 PRESENT 是较早的一种轻量级密码算法,该算法基于 SP 网络结构,其在 ASIC 平台上的门数为 1507 门,工作在 100kHz 的频率时,功耗为 5μW;随后,德国霍斯特·格尔茨（Horst Görtz）研究所的 M.斯贝特（M. Sbeiti）和 C.罗尔夫斯（C. Rolfes）分别在 FPGA 硬件平台和 ASIC 硬件平台上实现了 PRESENT 算法;其中,C.罗尔夫斯在 ASIC 硬件平台上实现的方案与 A.波格丹诺夫实现的方案相比,门数减少为 31.5%,仅为 1075 门,功耗降低了 49.6%,为 2.52μW。随后,PRESENT 算法设计者之一的 L.克努森（L. Knudsen）提出了 PRINTCIPHER 算法,并在 ASIC 硬件平台上分别实现了 PRINTCIPHER-48 和 PRINTCIPHER-96 两个参数版本,其门数分别为 402 门和 726 门,在 100kHz 的频率下,PRINTCIPHER-48 算法的功耗为 2.6μW;以上两种算法都属于分组密码（block cipher）范畴。2011 年,丹麦奥尔堡大学的 M. 大卫（M. David）提出了一种轻量级流密码（stream cipher）A2U2,该算法在 ASIC 平台上实现的门数为 284 门,与已有分组密码相比具有面积小的优点。

SP 网络结构

SP,全称为 Service Provider,是指移动互联网服务内容应用服务的直接提供者,负责根据用户的要求开发和提供适合手机用户使用的服务。

SP 网络结构是指通过移动通信网和定位技术获取移动终端（手机）的位置信息（经纬度坐标数据）开展一系列应用服务的新型移动数据业务。

2）轻量级密码协议

根据标签识别状态的角度可以将基于 RFID 的轻量级密码协议划分为两类:一类是静态 ID 认证协议,即标签的标识在一次完整的协议运作过程中不会发生变化,唯一地标识标签的身份信息。这类协议是基于哈希锁的一系列协议,包括哈希锁协议、随机化哈希锁协议等。另一类是动态 ID 认证协议,该类认证协议的共同点是采用一定的机制,在每一次认证协议工作的过程中都动态地刷新标签的标识（真实 ID 或者假名）,如哈希链协议、基于散列的 ID 变化协议等。

2. WSN 系统使用的密码技术

无线传感网作为感知层重要的感知数据来源,其信息安全也是感知层信息安全的一个重要部分。基于传感器技术的物联网感知层结构如图 12-13 所示,传感器结点通过近距离无线通信技术以自组网的方式形成传感网,经由网关结点接入网络层,形成信息的传输和共享。

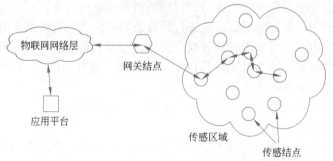

图 12-13　物联网感知层结构——自组网方式

无线传感网相比于传统网络,具备结点资源受限(处理能力、存储能力、通信能力有限,低功耗要求高)、部署量大(低成本)以及网络拓扑结构复杂等特点。其面临的安全风险主要有以下几种。

(1) 俘获物理结点——攻击者使用外部手段非法俘获传感器结点(网关结点和普通结点)。俘获物理结点分为两种情况:一种是捕获普通结点,能够控制结点信息的接收和发送,但并未获取结点的认证和传输密钥,无法篡改和伪造有效的结点信息进行系统攻击;另一种是完全控制,即获取了结点的认证和传输密钥,可以对整个系统进行攻击。在这种情况下,如果被俘获的结点为网关结点,那么整个网络将会面临安全风险。

(2) 传感信息泄露——攻击者可以轻易对单个或多个通信链路中传输的信息进行监听,获取其中的敏感信息。

(3) 耗尽攻击——通过持续通信的方式耗尽结点能量。

(4) 拥塞攻击——攻击者获取目标网络通信频率的中心频率后,在这个频点附近发射无线电波进行干扰,攻击结点通信半径内所有传感器结点使之无法正常工作。

(5) 非公平攻击——攻击者不断发送高优先级的数据包从而占据信道,导致其他结点在通信过程中处于劣势。

(6) 拒绝服务攻击——破坏网络的可用性,降低网络或者系统某一期望功能的性能。

(7) 转发攻击——类似 RFID 系统中的重放攻击。

(8) 结点复制攻击——攻击者在网络中多个位置放置被控制结点副本以引起网络识别错误。

针对无线传感网中存在的这些攻击手段,业界提出了很多防护措施和建议,如加强网关结点部署环境的安全防护,加强对传感网机密性的安全控制,增加结点认证机制、入侵检测机制等。在这些防护措施的设计中,考虑到无线传感网络中部署安全防护措施时受到的结点能力制约,人们迫切地需要使用轻量级的密码机制。

下文以结点认证为例介绍轻量级组认证协议。

物联网结点在初始部署阶段数量并不多,可以复用现有移动通信网络中的安全机制。然而随着物联网业务的快速发展,不断增加的结点数量将使传统的安全机制产生巨大的管理开销,使用组认证技术进行系统优化可有效降低网络上的信令开销,提高系统效率,也可有效避免由于大量消息导致的网络拥塞。一些 M2M 业务拥有大量的用户且这些用户的属性基本一致,用户终端很可能会按照一定原则(同属于一个应用/在同一个区域/有相同的行为特征)形成组,各组内终端设备的数量可能不等,但是很多业务是按照组的结构部署和设置的,如智能抄表业务。

如果采用组认证,设置一个组首,那么在网络层只需要针对组内所有成员进行一次组首和核心网之间的认证即可实现组内所有成员与核心网的认证,如图 12-14 所示。与逐个成员依次与核心网认证的方式相比,组认证技术能够降低网络信令传输开销、缩短组认证成员的认证时间、提升网络性能。

组认证技术还可以被应用在绿色农业场景。在蔬菜大棚中均匀部署测量温度和湿度的传感结点,这些结点用于收集大棚中各个区域的温度和湿度数据并定时上报给控制系统,如图 12-15 所示,使控制系统可以根据大棚中的具体农业生产情况向农民发送提示信

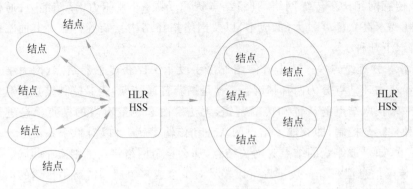

图 12-14　组认证技术

息或者启动各种控制措施。在这个应用场景下,当温度、湿度探测器都和终端同时接入网络时,若还是采用原来的点对点的认证方式则不仅会增加网络信令,更容易导致网络拥塞,且会占用大量宝贵的网络资源。例如,一个组有 n 个成员,那么原来是要做 n 次认证。可以预见,如果一个大棚有 1 万个传感终端,则仅针对一个大棚就需要增加 1 万次的密钥协商认证或者三元组认证。由于每次认证(不管是五元组还是三元组)需要包括很多消息的交互,因此将会对网络负载造成巨大冲击。若采用组认证,则可以减少网络负载,大大提高认证效率。

图 12-15　绿色农业

12.2.3　物联网网络层安全

随着微电子技术、光通信技术、软件技术和网络技术的飞速发展,网络中各种人为制造的壁垒在不断地消融,电信网、广播电视网和计算机通信网加快了相互渗透、相互兼容的步伐,逐步发展成为统一的信息通信网络,实现了网络资源的共享,为下一代统一通信网络的建立奠定了基础。

1. 网络层安全需求

物联网的发展加快了网络融合的步伐,不只是电信网、广播电视网和计算机通信网络之间的互联互通,一些专用网络也加入进来,如电力网络、卫星导航网络等,这就使黑客、病毒、木马等安全威胁的范围扩大、传播速度加快,网络终端由传统计算机的接入发展为包括移动终端的各种电子信息终端接入模式,需要把大量感知信息通过传输层安全可靠地传输到信息处理层予以处理,网络中的信息量急剧增加,对网络的信息安全带来极大挑战,因此提高信息的可信性也将成为融合后网络安全的重要组成部分。

物联网的网络层由多样化的异构性网络互相联通而成,因此实施安全认证需要跨网络架构,这会带来很多操作上的困难。通过调查分析,网络层的安全威胁有以下几点。

(1) 假冒攻击、中间人攻击等。

(2) DOS 攻击、DDOS 攻击。

(3) 跨异构网络的网络攻击。

在目前的物联网网络层中,传统的互联网仍是传输多数信息的核心平台。在互联网上出现的安全威胁仍然会出现在物联网网络层上,如 DOS 攻击和 DDOS 攻击等,因此需要借助已有的互联网安全机制或防范策略以增强物联网的安全性。由于物联网上的终端类型种类繁多,小如 RFID 标签、大到用户终端,各种设备的计算性能和安全防范能力差别非常大,因此面向所有的设备设计出统一完整的安全解决方案非常困难,最有效的方法是针对不同的网络安全需求设计不同的安全措施。

物联网网络层的安全机制主要可以划分为两类,分别为结点到结点的机密性和端到端的机密性。实施结点到结点机密性需要结点间的认证和密钥协商协议;实施端到端的机密性则要建立多种安全策略,如端到端的密钥协商策略、端到端的密钥管理机制以及选取密码算法等。在异构网络环境下,不同业务有不同的安全要求,实施安全策略要根据需要选择或省略以上安全机制以满足实际需求。在目前的网络环境下,数据的传输方式有三种,即单播方式、组播方式和广播方式。不同的数据传播方式下安全策略也不一样,必须针对具体问题和条件设计有效的安全策略和方法。综合来讲,物联网网络层的安全架构主要包括以下几点。

(1) 保证信息安全传输的密码技术,如密钥管理、密钥协商、密码算法和协议等。

(2) 数据机密性和完整性、结点认证机制、防范 DOS 攻击以及入侵检测技术等。

(3) 组播通信和广播通信中的安全机制。

2. 网络层安全技术

在现存的众多 WLAN 标准中,主要有 IEEE 制定的 IEEE 802.11 系列标准(包括 802.11a/b/g/i/n 等)以及中国自主研发的 WLAN 鉴别与保密基础设施(WLAN Authentication and Privacy Infrastructure,WAPI)机制[153]。

1) WAPI 安全机制

WAPI 安全机制是我国首个在计算机宽带无线网络通信领域自主创新并拥有知识产权的安全接入技术标准。通过全新定义基于公钥密码体制的 WLAN 实体认证和数据保密通信安全基础设施,有效解决现行 WLAN 存在的安全问题和隐患。它主要由以下两部分构成。

➢ WLAN 鉴别基础设施 WAI(WLAN Authentication Infrastructure):主要提供客户端(STA)与接入点(AP)的相互身份认证与会话密钥协商,并采纳基于椭圆曲线的公钥证书方案,是实现 WAPI 的基础。

➢ WLAN 保密基础设施 WPI(WLAN Privacy Infrastructure):主要提供通信数据的机密性传输,并采纳我国自主研究的分组加密算法 SM4,保证数据的安全可靠传输。

WAPI 主要定义了三类实体:STA、AP 以及鉴别服务器(AS)。AS 用于管理各方所需的证书。当客户端进入接入点的范围时,需要客户端与接入点完成相互认证,才能允许客户端接入网络。

WAPI 过程主要涉及证书鉴别和会话密钥协商阶段,是在 STA 与 AC 建立关联以后开始进行的。如图 12-16 所示,证书鉴别的具体流程如下。

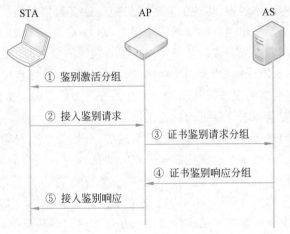

图 12-16　WAI 证书鉴别过程

(1) 鉴别激活:当 STA 关联或重新关联至 AP 时,AP 判断该用户为 WAPI 用户时由 AP 向 STA 发送鉴别激活以启动整个鉴别过程。

(2) 接入鉴别请求:STA 向 AP 发出接入鉴别请求,将 STA 证书与 STA 的当前系统时间发往 AP,其中系统时间称为接入鉴别请求时间。

(3) 证书鉴别请求:AP 收到 STA 接入鉴别请求后,首先记录鉴别请求时间,然后向 AS 发出证书鉴别请求,即将 STA 证书、接入鉴别请求时间、AP 证书及使用 AP 的私钥对它们的签名构成证书鉴别请求发送给 AS。

(4) 证书鉴别响应:AS 收到 AP 的证书鉴别请求后,验证 AP 的签名和 STA 证书的有效性。若不正确,则鉴别过程失败;否则,进一步验证 STA 证书。验证完毕后,AS 将 STA 证书鉴别结果信息、AP 证书鉴别结果信息和 AS 对它们的签名构成证书鉴别响应发送给 AP。

(5) 接入鉴别响应:AP 对 AS 返回的证书鉴别响应进行签名验证,得到 STA 证书的鉴别结果,根据此结果对 STA 进行接入控制。AP 将收到的证书鉴别响应回送至 STA。STA 验证鉴别服务器的签名后,得到 AP 证书的鉴别结果,根据该鉴别结果决定是否接入该 WLAN 服务。若鉴别成功,则 AP 允许 STA 接入;否则,解除其关联。证书鉴别成功后进入会话密钥协商阶段。首先进行单播密钥协商,其过程如图 12-17(a)所示。当单播密钥协商完成后,再使用单播密钥协商过程协商出的密钥进行组播密钥通告,其过程如图 12-17(b)所示。

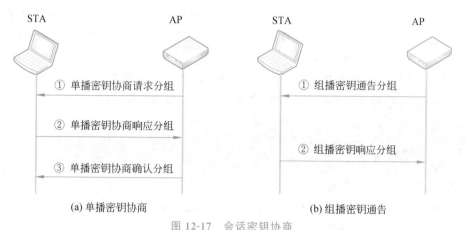

图 12-17　会话密钥协商

为了避免被窃听、伪造和篡改,信息必须以密文的形式传输。WAPI 机制采取 WPI 保密基础设施进行保密通信,主要包括 WPI 密码封装协议和密码算法[14]。WPI 对 MAC 子层的 MSDU 进行加/解密处理,数据保密采用成熟的密码算法封装模式 OFB,完整性校验采用 CBC-MAC 模式,分组算法使用 SM4 分组对称加密算法,以保护通信数据。SM4 算法是我国公布的一个商用的分组加密算法,密钥长度为 128 比特,加密分组的明文块大小也为 128 比特,即避免非对称加密算法对性能的影响又达到通信数据安全传输的目的。

综上,WAPI 安全机制的主要优势有:①在 STA 和 AP 间实现双向身份认证,可以保证 STA 接入的安全性;②在 STA 与 AP 间直接进行密钥协商,效率较高且减少密钥丢失的可能性;③集中式或分布集中式认证管理以及灵活多样的证书管理与分发机制,认证过程简单。

2) IEEE 802.11i 协议体系

WLAN(Wireless Local Area Networks)的安全主要包含两个基本要求:一个是保护网络资源只能被合法用户访问,另一个是用户通过网络所传输的信息应该保证完整性和机密性。为了有效应对 IEEE 802.11 存在的安全漏洞,IEEE 802.11i 对有线等效协议(Wired Equivalent Protocol,WEP)协议进行修订(涉及加密、完整性检测和身份鉴别机制)并采用一些新方法来构建 802.11 新安全体系,大大改善了 WLAN 的安全性。IEEE 802.11i 体系主要包括两部分内容:Wi-Fi 保护存取(Wi-Fi Protected Access,WPA)技术和强健安全网络(Robust Security Network,RSN),进一步增强 WLAN 的数据加密和安全性能。其中 WPA 是由 Wi-Fi 联盟提出的 IEEE 802.11i 标准草案的一个子集,目的是为了和现在设备兼容。而 RSN 是任务组指令(Task Group Instruction,TGi)提出的改进 WLAN 模型,在 IEEE 802.1x 基础上嵌套了协调密钥的四步握手过程和群组密钥协商过程,出台了之前协议体系所没有提供的安全措施。

IEEE 802.11i 协议还定义了两种新的加密和完整性检测协议,即临时密钥完整性协议(Temporal Key Integrity Protocol,TKIP)和 CCMP(CTR with CBC-MAC Protocol,CCMP)。这两种加密协议主要针对 WEP 和 WLAN 的特点设计的,目的是有效抵御各种主动和被动攻击。TKIP 是对传统 WEP 进行增强的加密协议,本质上使用的是 RC4加密算法,可以让用户在不更新硬件设备的情况下提高系统的安全性。CCMP 机制基于AES(Advanced Encryption Standard)加密算法和 CCM(Counter-Mode/CBC-MAC)认证方式,使 WLAN 的安全程度大大提高,是实现 RSN 的强制性要求。CCM 模式结合了CRT 模式和 CBC-MAC 模式,用于数据加密和数据完整性校验。

12.2.4　物联网应用层安全

1. 应用层的安全挑战和安全需求

物联网应用层的安全挑战和安全需求主要来源于下述几方面。

* 如何根据不同访问权限对同一数据库内容进行筛选。
* 如何保护用户隐私信息,同时又能正确认证。
* 如何解决信息泄露追踪问题。
* 如何进行计算机取证。
* 如何销毁计算机数据。
* 如何保护电子产品和软件的知识产权。

物联网需要根据不同应用需求对共享数据分配访问权限,而且不同权限访问同一数据可能得到不同的结果。例如,道路交通监控视频数据在用于城市规划时只需要很低的分辨率即可,因为城市规划需要的是交通堵塞的大概情况;当用于交通管制时就需要清晰一些,因为需要知道交通实际情况,以便能及时发现哪里发生了交通事故,以及交通事故的基本情况等;当用于公安侦查时可能需要更清晰的图像,以便能准确识别汽车牌照等信息。因此如何以安全方式处理信息是一项挑战。

随着个人和商业信息的网络化,越来越多的信息被认为是用户隐私信息。需要隐私保护的应用至少包括如下几种。

(1) 移动用户既需要知道(或被合法知道)其位置信息,又不愿意非法用户获取该信息。

(2) 用户既需要证明自己合法使用某种业务,又不想让他人知道自己在使用某种业务,如在线游戏。

(3) 病人急救时需要及时获得该病人的电子病历信息,但又要保护该病历信息不被非法获取,包括病历数据管理员。事实上,电子病历数据库的管理人员可能有机会获得电子病历的内容,但隐私保护采用某种管理和技术手段隐藏病历内容与病人身份信息的关联。

(4) 许多业务需要匿名性,如网络投票。很多情况下,用户信息是认证过程的必需信息,如何对这些信息提供隐私保护,是一个具有挑战性的问题,但又是必须解决的问题。例如,医疗病历的管理系统需要病人的相关信息来获取正确的病历数据,但又要避免该病历数据跟病人的身份信息相关联。在应用过程中,主治医生知道病人的病历数据,这种情况下对隐私信息的保护具有一定困难性,但可以通过密码技术手段掌握医生泄露病人病历信息的证据。

在使用互联网的商业活动中,特别是在物联网环境下的商业活动中,无论采取什么技术措施,恶意行为都是难以避免的。如果能根据恶意行为所造成后果的严重程度给予相应的惩罚,那么就可以减少恶意行为的发生。但这需要搜集相关证据,因此,计算机取证就显得非常重要,当然这有一定的技术难度,主要是因为计算机平台种类太多,包括多种计算机操作系统、虚拟操作系统、移动设备操作系统等。与计算机取证相对应的是数据销毁。数据销毁的目的是销毁那些在密码算法或密码协议实施过程中产生的临时中间变量,一旦密码算法或密码协议实施完毕,这些中间变量将不再有用。但这些中间变量如果落入攻击者手里就可能为攻击者提供重要的参数,从而增大攻击成功的可能性。因此,这些临时中间变量需要及时安全地从计算机内存和存储单元中删除。数据销毁技术不可避免地会被计算机犯罪提供证据销毁工具,从而增大计算机取证的难度。因此,处理好计算机取证和计算机数据销毁这对矛盾是一项具有挑战性的技术难题,也是物联网应用中需要解决的问题。

物联网的主要市场将是商业应用,在商业应用中存在大量需要保护的知识产权产品,包括电子产品和软件等。在物联网的应用中,对电子产品知识产权的保护将会提高到一个新的高度,对应的技术要求也是一项新的挑战。

2. 应用层的安全架构

基于物联网综合应用层的安全挑战和安全需求,需要如下的安全机制。

(1) 有效的数据库访问控制和内容筛选机制。

(2) 不同场景的隐私信息保护技术。

(3) 叛逆追踪和其他信息泄露追踪机制。

(4) 有效的计算机取证技术。

(5) 安全的计算机数据销毁技术。

(6) 安全的电子产品和软件的知识产权保护技术。

针对这些安全架构,人们需要发展相关的密码技术,包括访问控制、匿名签名、匿名认证、密文验证(包括同态加密)、门限密码、叛逆追踪、数字水印和指纹技术等。

12.3　小结

本章介绍了密码技术新的应用场景,包括电子商务、轻量级密码与物联网。首先,从安全角度对电子商务进行了概述,介绍了电子商务所面临的安全威胁,并提炼出电子商务系统的安全需求。然后,详细阐述了满足各种安全要求的电子商务系统,介绍了保证电子商务中数据安全的体系结构,其中主要讲解了安全认证层、安全交易协议层的逻辑结构。然后,介绍了物联网、物联网的网络架构、物联网各层面临的安全问题。通过介绍轻量级密码算法和协议来应对物联网感知层安全中最主要的 RFID 系统和 WSN 系统的安全问题。针对物联网网络层,则重点介绍 WAPI 和 IEEE 802.1i 两个协议。针对物联网应用层,则讨论了安全挑战、安全需要及应采用的安全机制。

思 考 题

1. 电子商务系统有哪些表现形式？

2. 电子商务系统有哪些安全需求？

3. 数字签名技术与身份认证在安全认证层的主要作用是什么？

4. 比较 SET 协议与 SSL 协议。

5. 物联网的网络体系架构包括哪几个层？各个层之间有什么关系？

6. 分析物联网与互联网在安全问题上的不同之处。

7. 列举身边物联网安全威胁的例子。

8. WAPI 协议到底是什么？ WAPI 比 IEEE 802.11 相比,哪个协议中的加密算法更安全？

9. IEEE 802.11i 协议体系是如何完善基础的 IEEE 802.11 协议的？

参 考 文 献

[1] 国家标准化管理委员会. 信息安全技术 信息系统密码应用基本要求：GB/T 39786-2021[S/OL].
[2021-03-09].http://c.gb688.cn/bzgk/gb/showGb?type＝online&hcno＝53282C88712CE157043B7-
A2C590278FC.

[2] 孙菁，傅德胜. 密码学课程教学方法的探索与实践[J]. 信息网络安全，2009，(7)：65-67.

[3] 于红梅. 古典密码学理论分析[J]. 硅谷，2009，(06)：186-187.

[4] 王如涛，史乙山，王晓军，等. 仿射密码的实现[J]. 信息安全与通信保密，2013，(1)：75-77.

[5] 郭华，刘建伟，李大伟. 密码学实验教程[M]. 北京：电子工业出版社，2021.

[6] 李婉华. 关键词条件隐私的及多密钥的可搜索加密方案研究[D]. 广州：华南理工大学，2021.

[7] KANWAL S，INAM S，OTHMAN M T B，ET AL. An Effective Color Image Encryption Based
on Henon Map，Tent Chaotic Map，and Orthogonal Matrices[J]. Sensors，2022，22(12)：1-17.

[8] 陆成刚，王庆月. 一次一密理论的再认识[J]. 高校应用数学学报 A 辑，2022，37(04)：426-430.

[9] KIHARA M，IRIYAMA S. Security Verification of an Authentication Algorithm Based on
Verifiable Encryption[J]. Information，2023，14(2)：1-13.

[10] CASTRO LECHTALER A，CIPRIANO M，GARCíA E，et al. Trivium vs. Trivium Toy[C]//
XX Congreso Argentino de Ciencias de la Computación(Buenos Aires，2014)，Argentina，2014.
La Matanza.

[11] DE CANNIERE C. Trivium：A stream cipher construction inspired by block cipher design
principles[C]//Information Security：9th International Conference，ISC 2006，Samos Island，
Greece，August 30-September 2，2006 Proceedings 9. Springer Berlin Heidelberg，2006：171-186.

[12] KUMAR S，DASU V A，BAKSI A，et al. Side channel attack on stream ciphers：A three-step
approach to state/key recovery [J]. IACR Transactions on Cryptographic Hardware and
Embedded Systems，2022：166-191.

[13] BERNSTEIN D J. ChaCha，a variant of Salsa20[C]//Workshop record of SASC，Chicago，2008.
Citeseer：3-5.

[14] DEGABRIELE J P，GOVINDEN J，GüNTHER F，et al. The Security of ChaCha20-Poly1305 in
the Multi-User Setting[C]//Proceedings of the 2021 ACM SIGSAC Conference on Computer and
Communications Security，Virtual，Online，Korea，Republic of，November 15 - November 19，
2021. SIGSAC Copenhagen Denmark，2021：1981-2003.

[15] MUKHERJEE C S，ROY D，MAITRA S，et al. Design Specification of ZUC Stream Cipher[J].
Design and Cryptanalysis of ZUC：A Stream Cipher in Mobile Telephony，2021：43-62.

[16] 全国信息安全标准化技术委员会. 信息安全技术 祖冲之序列密码算法 第 1 部分：算法描述：
GB/T 33133.1—2016［S/OL］. ［2016-10-13］. http://c.gb688.cn/bzgk/gb/showGb? type＝
online&hcno＝8C41A3AEECCA52B5C0011C8010CF0715.

[17] 全国信息安全标准化技术委员会. 信息安全技术 祖冲之序列密码算法 第 2 部分：保密性算
法：GB/T 33133.2—2021[S/OL]. [2021-10-11]. http://c.gb688.cn/bzgk/gb/showGb?type＝
online&hcno＝5D3CBA3ADEC7989344BD1E63006EF2B3.

[18] 全国信息安全标准化技术委员会. 信息安全技术 祖冲之序列密码算法 第 3 部分：完整性算
法：GB/T 33133.3—2021[S/OL]. [2021-10-11]. http://c.gb688.cn/bzgk/gb/showGb? type＝

online&hcno=C6D60AE0A7578E970EF2280ABD49F4F0.

[19] SMID M E, BRANSTAD D K. Data encryption standard: past and future[J]. Proceedings of the IEEE, 1988, 76(5): 550-559.

[20] SCHNEIER B. Applied cryptography: protocols, algorithms, and source code in C[M]. New York: John Wiley & Sons, 2007.

[21] R.STINSON D, B. PATERSON M. Cryptography: Theory and Practice[M]. New York: Chapman and Hall/CRC, 2018.

[22] STALLINGS W. Cryptography and network security[M]. 3 ed. New Delhi: Pearson Education India, 2006.

[23] BIHAM E, SHAMIR A. Differential Cryptanalysis of the Data Encryption Standard[M]. New York: Springer-Verlag, 1993.

[24] MATSUI M. The first experimental cryptanalysis of the Data Encryption Standard[C]//Advances in Cryptology—CRYPTO'94: 14th Annual International Cryptology Conference Santa Barbara, California, USA August 21-25, 1994 Proceedings. Springer Berlin Heidelberg, 2001: 1-11.

[25] National Institute of Standards and Technology. Data Encryption Standard (DES): FIPS 46[S/OL]. [1977-01-15]. https://csrc.nist.gov/CSRC/media/Publications/fips/46/archive/1977-01-15/documents/NBS.FIPS.46.pdf.

[26] 冯登国. 国内外密码学研究现状及发展趋势[J]. 通信学报, 2002, 23(5): 18-26.

[27] 周同衡, 施振川. DES-数据加密标准[J]. 计算机研究与发展, 1985, (01): 46-54.

[28] 吴文玲, 冯登国. 分组密码工作模式的研究现状[J]. 计算机学报, 2006, (01): 21-36.

[29] 吴文玲, 冯登国, 张文涛. 分组密码的设计与分析[M]. 北京: 清华大学出版社, 2009.

[30] 沈昌祥, 张焕国, 冯登国, 等. 信息安全综述[J]. 中国科学: E辑, 2007, 37(2): 129-150.

[31] MA X, ZHANG L, WU L, et al. Differential fault analysis on 3DES middle rounds based on error propagation[J]. Chinese Journal of Electronics, 2022, 31(1): 68-78.

[32] 周煜轩, 曾连荪. 动态化 DES 算法变体研究[J]. 计算机应用与软件, 2022, (005): 342-349.

[33] 武小年, 豆道饶, 韦永壮, 等. 基于 Feistel-NFSR 结构的 16 比特 S 盒设计方法[J]. 密码学报, 2023, 10(1): 146-154.

[34] KNUTH D E. Seminumerical Algorithms[J]. ACM SIGSAM Bulletin, 1975, 9(4): 10-11.

[35] 何明星, 范平志. 新一代私钥加密标准 AES 进展与评述[J]. 计算机应用研究, 2001, 18(10): 4-6.

[36] DAEMEN J, RIJMEN V. The design of Rijndael[M]. Berlin, Heidelberg: Springer, 2002.

[37] 谷大武. 分组密码理论与某些关键技术研究[D]. 西安: 西安电子科技大学, 1998.

[38] National Institute of Standards and Technology. Advanced encryption standard (AES): FIPS 197[S/OL]. [2001-09-26]. https://nvlpubs.nist.gov/nistpubs/FIPS/NIST.FIPS.197-upd1.pdf.

[39] 黄智颖, 冯新喜, 张焕国. 高级加密标准 AES 及其实现技巧[J]. 计算机工程与应用, 2002, (09): 112-115.

[40] 王先培, 张爱菊, 熊平, 等. 新一代数据加密标准——AES[J]. 计算机工程, 2003, 29(3): 69-70.

[41] 韦宝典. 高级加密标准 AES 中若干问题的研究[D]. 西安: 西安电子科技大学, 2003.

[42] 肖国镇, 白恩健, 刘晓娟. AES 密码分析的若干新进展[J]. 电子学报, 2003, (10): 1549-1554.

[43] 赵秉宇, 王柳生, 张美玲, 等. 针对重用掩码 AES 算法的随机明文碰撞攻击[J]. 计算机工程, 2022, 48(6): 139-145+153.

［44］ MOHAN G K. High Throughput Folded Architecture of AES［C］//2021 5th Conference on Information and Communication Technology (CICT)，Kurnool India，December 10 - December 12，2021. IEEE，2022：1-6.

［45］ 聂一，郑博文，柴志雷. 基于异构可重构计算的 AES 加密系统研究［J］. 计算机应用研究，2022，39 (07)：2143-2148.

［46］ 郭筝，杨正文，张效林，等. 一种基于乘法掩码的 AES 防护方案［J］. 密码学报，2023，10(1)：209-218.

［47］ HELLMAN M. New directions in cryptography［J］. IEEE transactions on Information Theory，1976，22(6)：644-654.

［48］ RIVEST R L，SHAMIR A，ADLEMAN L. A method for obtaining digital signatures and public-key cryptosystems［J］. Communications of the Acm，1978，21(2)：120-126.

［49］ 李超，王世雄，屈龙江，等. 基于格的 RSA 密码分析［J］. 河南师范大学学报：自然科学版，2017，45(3)：1-13.

［50］ CHEN M，DOERNER J，KONDI Y，et al. Multiparty generation of an RSA modulus［J］. Journal of Cryptology，2022，35(2)：64-93.

［51］ HURD J. Verification of the Miller - Rabin probabilistic primality test［J］. The Journal of Logic and Algebraic Programming，2003，56(1-2)：3-21.

［52］ DAMGARD I，LANDROCK P，POMERANCE C. Average case error estimates for the strong probable prime test［J］. Mathematics of computation，1993，61(203)：177-194.

［53］ AGRAWAL M，KAYAL N，SAXENA N. PRIMES is in P［J］. Annals of mathematics，2004：781-793.

［54］ WILLIAMS H C. Édouard Lucas and primality testing［M］. Hoboken：John Wiley & Sons，1998.

［55］ RIVEST R. RSA-129-Challenge［J］. Scientific American，August，1977.

［56］ ATKINS D，GRAFF M，LENSTRA A K，et al. The magic words are squeamish ossifrage［C］// Advances in Cryptology—ASIACRYPT'94：4th International Conferences on the Theory and Applications of Cryptology Wollongong，Australia，November 28 - December 1，1994 Proceedings 4. Springer Berlin Heidelberg，1995：261-277.

［57］ SINGH S. The science of secrecy from ancient Egypt to quantum cryptography［M］. New York：Anchor Books，2002.

［58］ POMERANCE C. A tale of two sieves［J］. Pokroky Matematiky，Fyziky & Astronomie，1998，Vol.43(No.1)：9-29.

［59］ RAGHUNANDAN K，AITHAL G，SHETTY S. Comparative analysis of encryption and decryption techniques using mersenne prime numbers and phony modulus to avoid factorization attack of RSA［C］//2019 International Conference on Advanced Mechatronic Systems (ICAMechS)，Kusatsu Japan，2019. IEEE，2019：152-157.

［60］ COPPERSMITH D. Small solutions to polynomial equations，and low exponent RSA vulnerabilities［J］. Journal of cryptology，1997，10(4)：233-260.

［61］ HASTAD J. Solving simultaneous modular equations of low degree［J］. SIAM Journal on Computing，1988，17(2)：336-341.

［62］ QUISQUATER，J.-J.，COUVREUR，et al. Fast decipherment algorithm for RSA public-key cryptosystem［J］. Electronics Letters，1982，18(21)：905-907.

［63］ COPPERSMITH D，FRANKLIN M，PATARIN J，et al. Low-Exponent RSA with Related

Messages［C］//Advances in Cryptology—EUROCRYPT'96：International Conference on the Theory and Application of Cryptographic Techniques, Saragossa, Spain, May 12-16, 1996. Springer Berlin Heidelberg, 1996：1-9.

[64] BONEH D. Twenty years of attacks on the RSA cryptosystem[J]. Notices of the AMS, 1999, 46 (2)：203-213.

[65] WIENER M J. Cryptanalysis of short RSA secret exponents［J］. IEEE Transactions on Information theory, 1990, 36(3)：553-558.

[66] COPPERSMITH D. Finding a small root of a univariate modular equation［C］//Advances in Cryptology—EUROCRYPT'96：International Conference on the Theory and Application of Cryptographic Techniques Saragossa, Spain, May 12-16, 1996 Proceedings 15. Springer Berlin Heidelberg, 1996：155-165.

[67] MAURER U M. Fast generation of prime numbers and secure public-key cryptographic parameters[J]. Journal of Cryptology, 1995, 8：123-155.

[68] WILLIAMS H C, SCHMID B. Some remarks concerning the MIT public-key cryptosystem[J]. BIT Numerical Mathematics, 1979, 19(4)：525-538.

[69] BLAKLEY G R, BOROSH I. Rivest-Shamir-Adleman public key cryptosystems do not always conceal messages[J]. Computers & mathematics with applications, 1979, 5(3)：169-178.

[70] KOCHER P C. Timing Attacks on Implementations of Diffie-Hellman：RSA, DSS, and Other Systems［C］//Advances in Cryptology—CRYPTO'96：16th Annual International Cryptology Conference, Santa Barbara, California, USA, August 18-22, 1996. Springer Berlin Heidelberg, 1996：104-113.

[71] MENEZES A J, VANSTONE S A, OORSCHOT P C V. Handbook of Applied Cryptography ［M］. Boca Raton：CRC Press, 2018.

[72] KOCHER P, JAFFE J, JUN B, et al. Introduction to differential power analysis[J]. Journal of Cryptographic Engineering, 2011, 1：5-27.

[73] KOCHER P, JAFFE J, JUN B. Differential power analysis［C］//Advances in Cryptology—CRYPTO'99：19th Annual International Cryptology Conference Santa Barbara, California, USA, August 15-19, 1999 Proceedings 19. Springer Berlin Heidelberg, 1999：388-397.

[74] HIRATA T, KAJI Y. Information leakage through passive timing attacks on RSA decryption system[J]. IEICE Transactions on Fundamentals of Electronics, Communications and Computer Sciences, 2023, 106(3)：406-413.

[75] BARENGHI A, CARRERA D, MELLA S, et al. Profiled side channel attacks against the RSA cryptosystem using neural networks[J]. Journal of Information Security and Applications, 2022, 66：1-14.

[76] SHIMADA S, KURODA K, FUKUDA Y, et al. Deep Learning-based Side-Channel Attacks against Software-Implemented RSA using Binary Exponentiation with Dummy Multiplication[J]. IEICE Technical Report；IEICE Tech Rep, 2022, 122(11)：13-18.

[77] ELGAMAL T. A public key cryptosystem and a signature scheme based on discrete logarithms ［J］. IEEE transactions on information theory, 1985, 31(4)：469-472.

[78] 魏伟, 陈佳哲, 李丹, 等. 椭圆曲线 Diffie-Hellman 密钥交换协议的比特安全性研究[J]. 电子与信息学报, 2020, 42(8)：1820-1827.

[79] DESMEDT Y. Man-in-the-middle attack. Encyclopedia of cryptography and security[J]. Jurnal

Pendidikan Teknologi Informasi，2011，2(2)：759.

[80] POHLIG S，HELLMAN M. An improved algorithm for computing logarithms over GF(p) and its cryptographic significance (Corresp.)[J]. IEEE Trans Inf Theor，2006，24(1)：106-110.

[81] BUCHMANN J，WEBER D. Discrete logarithms：Recent progress［C］//Coding Theory，Cryptography and Related Areas：Proceedings of an International Conference on Coding Theory，Cryptography and Related Areas，held in Guanajuato，Mexico，in April 1998. Springer Berlin Heidelberg，2000：42-56.

[82] SHANKS D. Class number，a theory of factorization，and genera［C］//Proc Sympos Pure Math，New York，Stony Brook，N.Y.，1969. Amer. Math. Soc.，Providence，R.I.，1971：415-440.

[83] FLAJOLET P，GARDY D，THIMONIER L. Birthday paradox，coupon collectors，caching algorithms and self-organizing search[J]. Discrete Applied Mathematics，1992，39(3)：207-229.

[84] GIRAULT M，COHEN R，CAMPANA M. A generalized birthday attack［C］//Advances in Cryptology—EUROCRYPT'88：Workshop on the Theory and Application of Cryptographic Techniques Davos，Switzerland，May 25-27，1988 Proceedings. Springer Berlin Heidelberg，2000：129-156.

[85] 卡哈特. 密码学与网络安全[M]. 2 版. 北京：清华大学出版社，2009.

[86] KIM G-C，LI S-C，HWANG H-C. Fast rebalanced RSA signature scheme with typical prime generation[J]. Theoretical Computer Science，2020，830：1-19.

[87] ADENIYI E A，FALOLA P B，MAASHI M S，et al. Secure sensitive data sharing using RSA and ElGamal cryptographic algorithms with hash functions[J]. Information，2022，13(10)：1-14.

[88] 王小云，于红波. 密码杂凑算法综述[J]. 信息安全研究，2015，1(1)：19-30.

[89] TRAPPE，LAWRENCE W，WASHINGTON C. Introduction to cryptography with coding theory[M]. Upper Saddle River：Pearson Prentice Hall，2006.

[90] CHRISTOFPAAR，JANPELZL. 深入浅出密码学：常用加密技术原理与应用[M]. 马小婷，译. 北京：清华大学出版社，2012.

[91] MITTELBACH A，FISCHLIN M. The Theory of Hash Functions and Random Oracles：An Approach to Modern Cryptography[M]. Cham：Springer 2021.

[92] 卡茨，林德尔. 现代密码学——原理和协议[M]. 任伟，译. 北京：国防工业出版社，2011.

[93] National Institute of Standards and Technology. Secure Hash Standard (SHS)：FIPS 180-1[S/OL]. ［1995-04-17］. https://nvlpubs.nist.gov/nistpubs/Legacy/FIPS/fipspub180-1.pdf.

[94] National Institute of Standards and Technology. Secure Hash Standard (SHS)：FIPS 180-2[S/OL]. ［2002-08-01］. https://csrc.nist.gov/CSRC/media/Publications/fips/180/2/archive/2002-08-01/documents/fips180-2.pdf.

[95] National Institute of Standards and Technology. SHA-3 Standard：Permutation-Based Hash and Extendable-Output Functions：FIPS 202［S/OL］. ［2015-08-04］. https://nvlpubs.nist.gov/nistpubs/FIPS/NIST.FIPS.202.pdf.

[96] AHMED H. A Review of Hash Function Types and their Applications[J]. Wasit Journal of Computer and Mathematics Sciences，2022，1(3)：120-139.

[97] HOSOYAMADA A，SASAKI Y. Quantum collision attacks on reduced SHA-256 and SHA-512［C］//Advances in Cryptology—CRYPTO 2021：41st Annual International Cryptology Conference，CRYPTO 2021，Virtual Event，August 16-20，2021，Proceedings，Part Ⅰ 41. Springer International Publishing，2021：616-646.

[98]　MARTINO R，CILARDO A. Designing a SHA-256 Processor for Blockchain-based IoT Applications[J]. Internet of Things，2020，11(100254)：1-9.

[99]　GUO J，LIAO G，LIU G，et al. Practical collision attacks against round-reduced SHA-3[J]. Journal of Cryptology，2020，33：228-270.

[100]　GUO J，LIU G，SONG L，et al. Exploring SAT for Cryptanalysis：(Quantum) Collision Attacks against 6-Round SHA-3[J]. IACR Cryptol ePrint Arch，2022：645-674.

[101]　卢秋如. 国密算法应用研究综述[J]. 软件，2023，44(1)：123-125.

[102]　李子臣. 商用密码算法原理与 C 语言实现[M]. 北京：电子工业出版社，2020.

[103]　王小云，于红波. SM3 密码杂凑算法[J]. 信息安全研究，2016，2(11)：983-994.

[104]　SUN S，ZHANG R，MA H. Hashing multiple messages with SM3 on GPU platforms[J]. Science China(Information Sciences)，2021，64(09)：241-243.

[105]　SUN S，LIU T，GUAN Z，et al. LMS-SM3 and HSS-SM3：Instantiating Hash-based Post-Quantum Signature Schemes with SM3[J]. Cryptology ePrint Archive，2022：1-15.

[106]　赵军，曾学文，郭志川. 国产与国外常用杂凑算法的比较分析[J]. 网络新媒体技术，2018，7：58-62.

[107]　杨波. 现代密码学[M]. 5 版. 北京：清华大学出版社，2022.

[108]　胡向东，魏琴芳，胡蓉. 应用密码学[M]. 3 版. 北京：清华大学出版社，2014.

[109]　ZHAO B，ZHA X，CHEN Z，et al. Performance analysis of quantum key distribution technology for power business[J]. Applied Sciences，2020，10(8)：1-16.

[110]　ULLAH S，HUSSAIN M T，YOUSAF M. QuSigS：A quantum Signcryption scheme to recover key escrow problem and key revocation problem in cloud computing[J]. Multimedia Tools and Applications，2022，81(25)：36781-36803.

[111]　黄志荣，范磊，陈恭亮. 密钥管理技术研究[J]. 计算机应用与软件，2005，22(11)：114-116.

[112]　张勇. 密钥管理中的若干问题研究[D]. 上海：华东师范大学，2013.

[113]　ZHANG R，LI J，LU Y，et al. Key escrow-free attribute based encryption with user revocation[J]. Information Sciences，2022，600：59-72.

[114]　SHAMIR A. How to share a secret[J]. Communications of the ACM，1979，22(11)：612-613.

[115]　HARN L，HSU C，XIA Z. A novel threshold changeable secret sharing scheme[J]. Frontiers of Computer Science，2022，16：1-7.

[116]　刘军，袁霖，冯志尚. 集群网络密钥管理方案研究综述[J]. 网络与信息安全学报，2022，8(6)：52-69.

[117]　 BLAKLEY G R. Safeguarding cryptographic keys[C]//International Workshop on Managing Requirements Knowledge，New York，NY，USA，4-7 June，1979. IEEE，1979.

[118]　MCELIECE R J，SARWATE D V. On sharing secrets and Reed-Solomon codes[J]. Communications of the ACM，1981，24(9)：583-584.

[119]　张本慧. 秘密共享中几类问题的研究[D]. 扬州：扬州大学，2013.

[120]　史英杰. 防欺骗的(t,n)门限秘密共享研究[D]. 合肥：合肥工业大学，2013.

[121]　INGEMARSSON I，SIMMONS G J. A protocol to set up shared secret schemes without the assistance of mutually trusted party[C]//Advances in Cryptology—EUROCRYPT'90 EUROCRYPT 1990，Aarhus，Denmark，May 21-May 24，1990. Springer Berlin Heidelberg，2001.

[122]　何二庆，侯整风，朱晓玲. 一种无可信中心动态秘密共享方案[J]. 计算机应用研究，2013，30(2)：491-493.

[123] 毕越. 无可信中心门限秘密共享的研究[D]. 合肥：合肥工业大学，2010.

[124] CHOR B, GOLDWASSER S, MICALI S, et al. Verifiable Secret Sharing and Achieving Simultaneity in the Presence of Faults[J]. 1985：383-395.

[125] FELDMAN P. A practical scheme for non-interactive verifiable secret sharing[J]. IEEE Symp on Foundations of Computer Science，1987：427-437.

[126] BENALOH J C. Secret Sharing Homomorphisms: Keeping Shares of a Secret Secret[C]// Proceedings on Advances in cryptology—CRYPTO'86, Santa Barbara, CA, United states, August 11 - August 15, 1986. Springer Berlin Heidelberg, 1987：251-260.

[127] CREPEAU C. A Secure Poker Protocol that Minimizes the Effect of Player Coalitions[C]//5th Annual International Cryptology Conference, CRYPTO 1985, Santa Barbara, CA, United states, August 18 - August 22, 1985. Springer Berlin, Heidelberg, 2000：73-86.

[128] DAS D, JOUX A, NARAYANAN A K. Fiat-Shamir signatures without aborts using Ring-and-Noise assumptions[J]. Cryptology ePrint Archive, 2022：1-17.

[129] 胡向东, 魏琴芳. 应用密码学教程[M]. 北京：电子工业出版社，2005.

[130] 谢宗晓, 李达, 马春旺. 国产商用密码算法 SM2 及其相关标准介绍[J]. 中国质量与标准导报，2021，(01)：9-11+22.

[131] 林超, 黄欣沂, 何德彪. 基于国密 SM2 的高效范围证明协议[J]. 计算机学报，2022，45(01)：148-159.

[132] JOUX A. A One Round Protocol for Tripartite Diffie-Hellman[J]. 2000：385-393.

[133] BONEH D, FRANKLIN M. Identity-Based Encryption from the Weil Pairing[J]. Siam Journal on Computing, 2003, 32(3)：586-615.

[134] MAMBO M M, USUDA K, OKAMOTO E. Proxy Signatures: Delegation of the Power to Sign Messages[J]. IEICE Trans Fundamentals A, 1996, 79(9)：1338-1354.

[135] CHAUM D. Blind signatures for untraceable payments [C]//Advances in Cryptology: Proceedings of Crypto 82, Santa Barbara, CA, USA, 1982. Springer New York, NY, 1983：199-203.

[136] KIM S, PARK S, WON D. Convertible group signatures[C]//International Conference on the Theory & Applications of Cryptology & Information Security: Advances in Cryptology — ASIACRYPT'96 ASIACRYPT 1996, Kyongju, Korea, November 3-7, 1996. Springer Berlin Heidelberg, 2005.

[137] LEE W B, CHANG C C. Efficient group signature scheme based on the discrete logarithm[J]. IEE proceedings Part E, 1998, 145(1)：15-18.

[138] TSENG Y-M, JAN J-K. Improved group signature scheme based on discrete logarithm problem [J]. Electronics Letters, 1999, 35(1)：37-38.

[139] 张键红, 王育民, 张福泰. 一种改进 TSENG-JAN 群签名的安全分析[J]. 电子学报，2003，31(004)：624-626.

[140] 马春波, 何大可. 矢量空间秘密共享群签名方案[J]. 电子学报，2005，33(2)：294-296.

[141] 侯建, 李子臣, 张珍珍. 基于格上的一次群签名方案[J]. Software Engineering and Applications, 2022, 11：1064-1070.

[142] WANG S, YIN Z-Q, CHEN W, et al. Experimental demonstration of a quantum key distribution without signal disturbance monitoring[J]. Nature Photonics, 2015, 9(12)：832-836.

[143] ZHU H-T, HUANG Y, LIU H, et al. Experimental Mode-Pairing Measurement-Device-

Independent Quantum Key Distribution without Global Phase Locking[J]. Physical Review Letters, 2023, 130(030801): 1-5.

[144] 吴洋. 电子商务安全方法研究[D]. 天津: 天津大学, 2006.

[145] 张旭珍, 周剑玲, 魏景新. 电子商务安全技术的研究[J]. 计算机与数字工程, 2008, 36(5): 121-124.

[146] 周慧. 基于混沌加密的电子商务安全研究[D]. 大连: 大连海事大学, 2013.

[147] 王茜, 杨德礼. 电子商务的安全体系结构及技术研究[J]. 计算机工程, 2003, 29(1): 72-75.

[148] 郭江洲. 计算机网络安全技术在电子商务中的应用[J]. 网络安全技术与应用, 2022, (3): 98-99.

[149] 邵泽云, 曹建英. 数字签名技术在电子商务中的应用研究[J]. 农业网络信息, 2014, (3): 83-85.

[150] 徐小涛, 杨志红. 物联网信息安全[M]. 北京: 人民邮电出版社, 2012.

[151] 武传坤. 物联网安全架构初探[J]. 中国科学院院刊, 2010, 25(4): 411-419.

[152] 闫韬. 物联网隐私保护及密钥管理机制中若干关键技术研究[D]. 北京: 北京邮电大学, 2012.

[153] 宋戚杨, 刘文志. 基于 GB 15629.11 系列标准的 WAPI 安全机制分析[J]. 信息技术与标准化, 2009: 24-26.